环境微生物及代谢产物基础和检验

张明露 张 灿 张传福 著

中国环境出版集团·北京

图书在版编目（CIP）数据

环境微生物及代谢产物基础和检验/张明露，张灿，
张传福著. —北京：中国环境出版集团，2020.8
ISBN 978-7-5111-4399-0

Ⅰ. ①环… Ⅱ. ①张…②张…③张… Ⅲ. ①环境微
生物学②微生物—代谢物 Ⅳ. ①X172②Q939

中国版本图书馆 CIP 数据核字（2020）第 146681 号

出 版 人	武德凯	
责任编辑	陈雪云	
文字编辑	王宇洲	
责任校对	任 丽	
封面设计	宋 瑞	

出版发行　中国环境出版集团
　　　　　（100062　北京市东城区广渠门内大街 16 号）
　　　　　网　　址：http://www.cesp.com.cn
　　　　　电子邮箱：bjgl@cesp.com.cn
　　　　　联系电话：010-67112765（编辑管理部）
　　　　　发行热线：010-67125803，010-67113405（传真）
印　　刷　北京中科印刷有限公司
经　　销　各地新华书店
版　　次　2020 年 8 月第 1 版
印　　次　2020 年 8 月第 1 次印刷
开　　本　787×1092　1/16
印　　张　14.5
字　　数　290 千字
定　　价　95.00 元

前　言

随着现代社会经济的高速发展，人类在物质文明和精神文明方面不断取得进步，然而人类生存的环境问题却不断恶化，日益下降的环境质量直接影响着人类的生活质量、身体健康和生产生活。近年来，世界许多国家的机构和学者都致力于环境微生物及其代谢产物的快速检测技术和方法的研究，并取得了很多进展，大大加深了人们对环境中生物污染的认识。

本书全面介绍了环境微生物常规检测方法、微生物常见代谢产物的检测方法，着重介绍国际上新兴的快速检测方法和新技术。主要内容包括常规微生物检测方法、不依赖培养的微生物检测方法、生物量的研究方法、生物活性及毒性的测定方法，并重点介绍了近年来新兴生物污染——抗生素抗性基因相关研究和检测技术。同时对内毒素、藻毒素、真菌毒素以及群体感应分子等多种微生物的代谢产物和调控信号分子进行了详细的介绍。

本书在编著过程中参考了国内外大量研究资料，全书共 9 章。本书的主要编著人员有：张明露（第 1 章、第 2 章、第 3 章、第 4 章和第 6 章），张灿（第 5 章和第 9 章），张传福（第 7 章和第 8 章）。全书由张明露统稿。此外，在本书的编著过程中，徐绍峰、白淼、史云、徐梦瑶、林凯宗、张玲悦、咸丽华、咸红卷、王莉莉、孟洋、董德荣、章雷、江海溶、程琰瑞和柴杉杉等参与了部分资料收集和文字校对等工作，在此表示最真诚的感谢。本书部分内容是在国家重点研发计划（No.2017YFF0209903；No.2019YFC1906004）和北京市自然科学基金（8192053）的支持下取得的研究成果，在此一并表示感谢！

限于作者的能力和水平，书中难免有不足之处，敬请广大读者、专家和同行批评指正。

作者

2020 年于北京工商大学

目　录

第1章 绪 论

环境质量与健康息息相关，但近几十年来，全球工业、农业发展所带来的全球范围内的环境污染已对人体健康造成了极大的危害，同时环境污染也给生态系统造成了直接的破坏和影响，包括对水体、大气及土壤的污染等。据统计，全球每年至少有 900 万人因大气、水体、土壤和工作环境污染而死亡，环境污染问题已成为公众日益关注的热点。

环境污染，主要是人为直接造成的污染。尽管也存在自然界中的环境变化，不过这往往也与人类的破坏有关，从而导致地球整体的环境恶化。当各种物理、化学和生物污染物进入大气、水体、土壤环境，如果其数量、浓度和持续时间超过了环境的自净力，以致破坏了生态平衡、影响人体健康、造成经济损失时，称为环境污染。造成环境污染的物质种类繁多，性质各异。按污染类型可分为大气污染物、水体污染物、土壤污染物、海洋污染物、陆地污染物等；按污染物的形态分为气体污染物、液体污染物和固体污染物；按污染物的性质分为化学污染物、物理污染物和生物污染物。微生物污染是生物污染中重要的组成部分。同时随着工业、农业的不断发展，一些新的污染物也引起了广泛关注，比如抗生素抗性基因等生物污染。

微生物污染是主要传染性疾病的源头。由大气微生物污染引起的呼吸道疾病达到20%；世界上最主要的 40 种重大传染性疾病中，其中 14 种是由以空气为传播介质的微生物引起的。近年来发生的一些大型公共卫生事件，如 SARS、禽流感、手足口病等都与微生物污染有关。据世界卫生组织（WTO）估计，在全世界每年数以亿计的食源性疾病患者中，70%的发病原因是食用或饮用了含致病性微生物的食品或饮品。

微生物污染可按污染物种类分为细菌及其内毒素的污染、真菌及其毒素污染、病毒污染等；也可按照危害方式分为病原微生物污染、水体富营养化污染和微生物代谢产物污染。微生物污染对人体健康造成危害的主要原因是引起感染性疾病、过敏性疾病和中毒效应等。

1.1 环境中的生物污染

大气生物污染是指大气中因生物因素造成的对生物、人体健康以及人类活动的影响和危害。大气污染的生物因素涉及诸多种类的微生物，包括各种细菌、真菌、病毒，它们大多吸附到含灰尘等空气颗粒物的气溶胶态物质上形成生物气溶胶，直径为 0.02～100 μm。

水体生物污染是指致病微生物、寄生虫和某些昆虫等生物进入水体，或某些藻类大量繁殖使水质恶化，直接或间接地危害人类健康或影响渔业生产的现象。水体污染包括淡水污染和海水污染，污染物主要来源于生活污水和医院污水、养殖场和屠宰场的废水等，由磷、氮等污染物引起的水华和赤潮也属于生物性污染。其中，生物性病原体主要有致病菌及病毒、线虫、念珠藻、衣原体、致病性钩体等。天然水体中已鉴定存在多种可能的病原微生物，包括细菌、病毒和原虫等，水是这些致病菌的重要传播途径，其主要来源是人畜排泄物。病原微生物通过接触完整或损伤的皮肤或与眼、鼻、耳、口等黏膜直接接触，以及吸入或饮食摄入从而危害人体健康，引发霍乱、伤寒、痢疾等疾病。

土壤生物污染是指病原体和带病的有害生物种群从外界侵入土壤，破坏土壤生态系统的平衡，引起土壤质量下降的现象。引起该现象的原因是使用未经处理的人畜粪便施肥，使用生活污水、垃圾处置场所和医院含有病原体的污水、工业废水用于农田灌溉或作为底泥施肥，病畜尸体处理不当等。通过上述主要途径把大量传染性细菌、病毒、虫卵带入土壤，引起植物体各种细菌性病原体病害，进而引起人体患有各种细菌性和病毒性的疾病，威胁人类生存。致病细菌包括来自粪便、城市生活污水和医院污水的沙门氏菌属、志贺氏菌属、芽孢杆菌属、拟杆菌属、梭菌属、假单胞杆菌属、丝杆菌属、链球菌属、分枝杆菌属等细菌，以及随患病动物的排泄物、分泌物或其尸体进入土壤而传播炭疽、破伤风、恶性水肿、丹毒等疾病的病原菌。土壤中的致病真菌主要有皮肤癣菌（包括毛癣菌属、小孢子菌属和表皮癣菌属）及球孢子菌。土壤致病病毒主要有传染性肝炎病毒、脊髓灰质炎病毒、埃可病毒和柯萨奇病毒等。

1.2 环境微生物污染危害

1.2.1 大气微生物污染及对人体健康危害

大气中微生物气溶胶粒子的直径不同对健康损害程度也有所差异。一般来说，粒子直径越小，对人体健康损伤越大，这是由它们在呼吸道系统的沉积部位、沉积量的差异所决定的。粗粒子由于直径较大，而被滞留在鼻腔部或咽部，直径较小的粒子将会扩散进肺泡，其中一部分留在肺泡内制造危害，另一部分被摄取或者以其他途径进入淋巴系统中被消化。这些粒子对人体健康的损害大部分是通过它们含有的化学物质所引起的。如果人体长久吸入含有较高浓度的二氧化硅粒子，硅肺的发生率会进一步提升，而且较长时间吸入含有汞、铝、砷、铬及硅灰的空气，会引发慢性中毒，或者引发硅肺甚至癌症。

1.2.2 水体微生物污染及对人体健康危害

人体接触了被病原微生物污染的水体后，可能会引发多种疾病，如由伤寒杆菌造成的伤寒、志贺菌属引起的肠道传染病痢疾、霍乱弧菌导致的急性腹泻病霍乱等。WTO 数据显示，每年至少有 500 多万人死于同水有关的疾病，导致这些疾病的有 80%是因为饮用了不卫生的水。人触碰微藻毒素污染的水后，可能会引发皮肤炎、眼过敏、胃肠炎等疾病，甚至会引发中毒性肝炎。另外，水体中的致病性病毒如脊髓灰质炎病毒、腺病毒等，也会引起肠道传染病。

1.2.3 土壤微生物污染及对人体健康危害

被病原体污染的土壤能散播伤寒、副伤寒、痢疾、SARS、病毒性肝炎等疾病。它们往往随病人或携带者产生的生活污水进入土壤，再经由雨水的冲刷和渗透，被冲入水体，从而引发上述疾病的暴发与传播。另外，还有一些人畜共患或禽类的传染病，如禽流感，也是经由土壤传播。污泥、垃圾和粪肥都可能携带大量病原微生物和寄生虫卵。在农村，很多人习惯把病死的禽畜埋起来，这些携带病毒的尸体也是土壤中致病菌的一大来源，容易引起土壤生物污染并扩大疾病的传播。

1.3 微生物污染的种类

1.3.1 常见病原微生物

能够引起人类疾病的微生物种类繁多，包括细菌、病毒、原虫和蠕虫等。

1）细菌类：包括伤寒杆菌、副伤寒杆菌、霍乱弧菌、致病性大肠杆菌、结核杆菌、痢疾杆菌、钩端螺旋体、军团杆菌、空肠弯曲菌、布鲁氏菌、小肠结膜炎耶尔森氏菌等。

2）病毒类：包括肝炎病毒、诺瓦克病毒、轮状病毒、柯萨奇病毒、骨髓灰质炎病毒、肠病毒、胃肠炎病毒、埃可病毒、腺病毒等。

3）原虫和蠕虫类：包括溶组织阿米巴原虫（又名痢疾内变形虫）、贾第鞭毛虫、隐孢子虫、血吸虫、绦虫、麦地那龙线虫等。

对人体健康影响较大的病原微生物及其危害如表 1-1 所示。

表 1-1 常见致病微生物及其对人体的危害

病原体分类	名称	健康危害
细菌 （Bacteria）	志贺氏菌（*Shigella* spp.） 沙门氏菌（*Salmonella* spp.） 大肠杆菌（*Escherichia coli*）	痢疾、腹泻、呕吐、发热、关节炎、结肠炎、心内膜炎、心包炎、脑膜炎、胃肠功能紊乱、呕吐
	霍乱弧菌（*Vibrio cholcrae*）	腹泻、呕吐、死亡
	军团杆菌（*Legionella* spp.）	军团病、肺炎、发烧、死亡
	耶尔森氏鼠疫杆菌（*Yersinia*）	痢疾、腹泻、呕吐、关节炎
原生动物 （Protozoa）	兰伯氏贾第虫（*Giardia lamblia*） 隐孢子虫（*Cryptosporidium*） 阿米巴原虫（*Entamoeba*）	长期慢性痢疾、腹泻痢疾、发烧内变形虫病、阿米巴痢疾
病毒 （Viruses）	脊髓灰质炎病毒（*Poliovirus*） 埃可病毒（*Echovirus*） 柯萨奇病毒（*Coxsackievirus*） 新型肠道病毒（*Enterovirus*）	胃肠功能紊乱、急性胃肠炎、心肌炎、脑膜炎、脑炎及瘫痪性疾病、流行性皮疹、呼吸道感染、气管炎和肺炎、流行性眼结膜炎； 侵犯腮腺、肝脏、胰腺等器官
	甲肝病毒（*Hepatitis A virus*）	肝功能障碍、肝炎
	腺病毒（*Adenovirus*）	呼吸道疾病、眼部感染
	轮状病毒（*Rotavirus*）	胃肠功能紊乱、腹泻、呕吐、肠胃炎
	诺瓦克因子（*Norwalk agent*）	肠型流感的致病因子、胃肠功能紊乱
	呼肠孤病毒（*Reovirus*）	痢疾、腹泻、呕吐、发烧
	星状病毒（*Astrovirus*） 冠状病毒（*Coronavirus*）	胃肠功能紊乱痢疾、腹泻、呼吸道感染、气管炎和肺炎
寄生虫 （Parasite）	蛔虫（*Roundworm*）	蛔虫病
	钩虫（*Hookworm*）	钩虫病
	蛲虫（*Threadworm*）	蛲虫病
	鞭虫（*Whipworm*）	鞭虫病
	绦虫（*Tapeworm*）	绦虫病

　　在实际应用过程中，由于技术手段限制以及某些致病菌数量可能很少，很难对各种可能存在的致病微生物一一进行检测，因此可通过对指示菌的检测和控制来了解水体污染情况和评价水体的质量，以保证水质的卫生安全。目前，世界各国常用的指示菌包括大肠菌群、菌落总数等，我国主要水质标准细菌学项目评价标准如表 1-2 所示。

表 1-2 我国主要水质标准细菌学项目评价标准

标准名称	评价项目		评价结果
生活饮用水卫生标准（GB 5749—2006）	菌落总数/（个/mL）		≤100
	总大肠菌群/（MPN/100 mL）		不得检出
	粪大肠菌群/（MPN/100 mL）		不得检出
	大肠埃希菌/（MPN/100 mL）		不得检出
生活饮用水水源标准（CJ 3020—93）	总大肠菌群/（个/L）		一级≤1 000
			二级≤10 000
地表水环境质量标准（GB 3838—2002）	粪大肠菌群/（个/L）		Ⅰ类≤200
			Ⅱ类≤2 000
			Ⅲ类≤10 000
			Ⅳ类≤20 000
			Ⅴ类≤40 000
地下水质量标准（GB/T 14848—2017）	菌落总数/（个/mL）		Ⅰ～Ⅲ类≤100
			Ⅳ类≤1 000
			Ⅴ类>1 000
	总大肠菌群/（个/L）		Ⅰ～Ⅲ类≤3
			Ⅳ类≤100
			Ⅴ类>100
污水综合排放标准（GB 8978—1996）	粪大肠菌群/（个/L）	医院、兽医院及医疗机构含病原体污水	一级≤500
			二级≤1 000
			三级≤5 000
		传染病、结核病医院污水	一级≤100
			二级≤500
			三级≤1 000
城镇污水处理厂污染物排放标准（GB 18918—2002）	粪大肠菌群/（个/L）		一级 A≤1 000
			一级 B≤10 000
			二级≤10 000
医疗机构水污染物排放标准（GB 18466—2005）	传染病、结核病医院水污染物	粪大肠菌群/（MPN/100 mL）	≤100
		肠道致病菌	不得检出
		肠道病毒	不得检出
		结核杆菌	不得检出
	综合医疗机构和其他医疗机构水污染物	粪大肠菌群/（MPN/100 mL）	≤100
		肠道致病菌	不得检出
		肠道病毒	不得检出

1.3.2 微生物代谢产物

微生物在代谢过程中会产生许多代谢产物,根据其产物与微生物生长繁殖的关系,可以分为初级代谢产物和次级代谢产物两类。初级代谢产物是指微生物通过代谢活动所产生的、对自身生长和繁殖所必需的物质,如氨基酸、核苷酸、多糖、脂类、维生素等。在不同种类的微生物细胞中,初级代谢产物的种类基本相同。此外,初级代谢产物的合成是在不停地进行着的,任何一种产物的合成发生障碍都会影响微生物正常的生命活动。次级代谢产物是指微生物生长到一定阶段才产生的、化学结构十分复杂的、对该微生物无明显生理功能的、并非微生物生长和繁殖所必需的物质,如抗生素、毒素、激素、色素等。不同种类的微生物所产生的次级代谢产物不相同,它们可能积累在细胞内,也可能排到外界环境中。其中,抗生素是一类具有特异性抑菌和杀菌作用的有机化合物,种类多样,常见的有链霉素、青霉素、红霉素和四环素等。

环境中的微生物代谢产物往往处于动态平衡之中,即一边产生,一边转化。但在特定条件下,有些代谢产物会出现积累,造成环境污染,对人类产生致癌、致畸、致突变作用,如生物毒素、气味代谢物、酸性矿水和甲基化重金属等。其中生物毒素是一类由微生物产生的有机毒物,当它们被其他生物吸收,并进入体内之后,会破坏敏感宿主组织和干扰宿主的正常生理功能。微生物产生的毒素化学结构和化学成分十分复杂,具有抗原性质。

(1)生物毒素

1)内毒素:在活细胞中产生,产生后并不释放到周围介质中去,只有当细胞被裂解或溶解后才释放,实际上是大多数 G^- 细菌细胞壁外层的一种组分。绝大部分内毒素不是蛋白质,而是脂多糖。能产生内毒素的细菌有沙门氏菌、痢疾杆菌、大肠杆菌、奈氏球菌、苏云金杆菌等。其中部分微生物引起的疾病症状相同,如机体发热、腹泻、出血性休克。

2)外毒素:某些细菌在生长和代谢过程中,能产生一些有毒物质,并把这些有毒物质释放到周围环境中,这些毒素称为外毒素。能产生外毒素的细菌大多为 G^+ 细菌,为蛋白质,对热和某些化学物质极为敏感。外毒素的功能是能特异地破坏机体细胞的某些成分或抑制细胞的某些代谢功能。外毒素是已知有毒物质中毒性最大的物质。部分外毒素和它们引起的疾病如表 1-3 所示。

3)真菌毒素:以霉菌为主的真菌在代谢时所产生的毒素。真菌毒素中毒常与食物有关,且发病常是季节性或地区性的,真菌毒素是小分子有机化合物,而不是高分子蛋白质,在机体中不产生抗体,也不能免疫,患者无传染性,但是一次性大量摄入会引起急性中毒,长期少量摄入则引发慢性中毒和致癌。至今发现的真菌毒素达 300 种,其中毒性较强的包括黄曲霉毒素、棕曲霉毒素、黄绿青霉毒素、红色青霉毒素 B、青霉酸等。

表 1-3 部分外毒素和它们引起的疾病

产生菌	生境	毒素类型	导致的疾病
炭疽杆菌	土壤	复合型	炭疽
肉毒梭菌	土壤	神经毒素	肉毒梭菌中毒症
金黄色葡萄球菌	人体皮肤	肠毒素	呕吐
白喉杆菌	人体	白喉毒素	白喉
霍乱弧菌	人体胃肠道	毒素	霍乱
破伤风梭菌	土壤	神经毒素	破伤风
痢疾志贺氏菌	人体胃肠道	神经毒素、肠毒素	痢疾、毒素休克综合征
耶尔森氏鼠疫杆菌	鼠，蚤	鼠疫毒素	鼠疫

4）藻毒素：藻毒素是由藻类产生的一类生物活性物质的总称，能够产生毒素的生物包括部分蓝细菌和产毒素的真核藻类。藻毒素是有毒的次级代谢产物，在淡水中有很多种类。根据藻毒素的结构和其作用的部位不同，可将其分为肝毒素（hepatotoxins）、神经毒素（neurotoxins）和其他毒素。部分产生藻毒素的藻类和毒素种类如表 1-4 所示。

表 1-4 部分产生藻毒素的藻种和毒素种类

藻类	毒素	敏感宿主
铜绿微囊藻	微囊毒素—FDF（快速致死因子）	家畜，注射 30 min 便引起小白鼠死亡
束丝藻属	束丝藻毒素	家畜和鱼
鱼腥藻属	鱼腥藻—VFDF（超快速致死因子）	家畜、水鸟和鱼，注射 2～10 min 后便引起小白鼠死亡
巨大鞘丝藻	皮肤炎毒素	人类皮肤炎
膝沟藻	石房蛤毒素	人类出现麻痹，水生贝壳类动物中毒
	—	引起鱼中毒
一种多甲藻	Glenodine 毒素	引起鱼中毒
短裸甲藻	神经毒素	引起水生贝壳类动物中毒

5）放线菌毒素：放线菌毒素是一种可使人中毒，甚至引起肿瘤或致癌的放线菌代谢产物。如洋橄榄霉素是肝色链霉菌（*Streptomyces hepaticus*）的产物，毒性很强，可诱导胃、肝、肾、脑、胸腺等器官发生肿瘤。洋橄榄霉素的结构类似苏铁苷，故认为它的致癌作用也类似于苏铁苷。苏铁苷本身不具致癌性，在动物肠道内被微生物水解后即成致癌物。

（2）气味代谢物

气味是影响环境质量的重要因子。在环境污染中，它有早期预警的作用。当人类可以在环境中通过嗅觉感受到气味时说明污染物已经超过安全阈值。这种污染物对大气和水体会造成极大的危害，并降低大气和水体的质量，而且还可被水生生物吸收并蓄积于体内，影响水产品（如淡水鱼）的品质。土臭素（或土腥味素）是典型的气味代谢物，从放线菌产生的土腥味物质中分离出的一种透明的中性油，嗅阈值极低（<0.2 mg/L），具有土腥味的鱼肉中可检出土臭素。其他引起环境污染的微生物气味代谢物有氨、胺、硫化氢、硫醇、（甲基）吲哚、粪臭素、脂肪酸、醛、醇、酯等。

（3）酸性矿水

一些黄铁矿、斑铜矿等无机矿床内含有硫化铁，经化学氧化，矿水变酸，pH 变为2.5～4.5。耐酸细菌的增殖尤其发生在这种酸性环境下。氧化硫硫杆菌（*thiobacillus thiooxidans*）把硫氧化为硫酸；氧化硫亚铁杆菌（*ferrobacillus sulfooxidans*）和氧化亚铁亚铁杆菌（*ferrobacillus ferrooxidans*）把硫酸亚铁氧化为硫酸铁。通过这些细菌的作用，加剧了矿水的酸化，在一定的条件下 pH 能降至 0.5。

（4）甲基汞

在微生物作用下，汞、砷、镉、碲、硒、锡和铅等离子，均可被甲基化而生成毒性很大的甲基化合物。甲基汞中毒事件频发，日本水俣病事件以及瑞典马群大量死亡的事件给人类敲响了警钟，甲基汞对人们的生活影响极大，避免甲基汞的污染极其重要。

（5）含硫化合物的代谢产物

含硫化合物的代谢产物易造成管道锈蚀与管道堵塞，脱硫弧菌还原硫酸根产生硫化氢、有机硫化合物、二氧化硫和氧硫化碳。

（6）含氮化合物的代谢产物

含氮化合物的代谢产物主要包括 NH_3、NO_3^-、NO_2^-、羟胺和亚硝酸胺等。在人体肠道中，如果存在 NO_3^- 或 NO_2^-，就可能形成亚硝胺。在酸性、中性，有时在碱性条件下，都可以从 NO_2^- 中形成亚硝胺。微生物的作用即在于产生一个适于亚硝化作用的酸性反应条件。

1.3.3　群体感应信号分子

微生物群体感应信号分子是群体感应过程的起始分子，它们在产生后被释放到环境中，影响微生物的生理状态。迄今为止，已发现多种群体感应信号分子，根据作用对象和分子组成可分为：革兰氏阴性细菌的酰基高丝氨酸内酯化合物（acyl-homoserine lactone，AHL）信号分子、革兰氏阳性细菌的自体诱导分子、自体诱导物 II 类分子及其他因子。群体感应信号分子本身并不具有毒性和致病性，但是当高密度的菌落群体产生足够数量的小分子信号后，一旦超过阈值，就可以调控各种不同的功能，包括生物发光、生物膜形成、毒素的产生等，生物膜的形成还会在一定程度上导致耐药性的产生。

1.3.4 抗生素抗性基因

近年来，由于抗生素的滥用首先诱导动物体内产生抗生素抗性基因（antibiotics resistance genes，ARGs），从而加速了抗性基因在环境中细菌间的传播扩散。抗生素抗性基因作为一类新型环境污染物，能够在不同环境介质中传播、扩散，因此其对环境的危害可能比抗生素本身更大。目前抗生素抗性基因在水体、土壤及沉积物和大气环境等介质中均有发现。部分抗生素不能被人和动物吸收利用，并在人和动物胃肠道内残留，从而诱导微生物产生抗生素抗性，这些含有抗生素抗性的微生物会随粪便排出人和动物体外，然后经过污水管网统一进入城市的污水处理厂中。然而污水中所含的 ARGs 在城市污水处理厂的处理过程中很难被消除，污水处理厂的出水和活性污泥中都有高浓度的 ARGs 残留，而且活性污泥经过露天堆放、填埋处理或堆肥农用后，其中的 ARGs 会进入周围环境中，也会随着降雨冲刷和渗透作用进入下游的地表水和地下水中，使得 ARGs 再次进入自然环境中进行迁移转化。

第 2 章　环境微生物实验基础

随着技术手段的不断进步，从传统的依赖培养的平板计数法到群落水平的生理生化方法，再到基于聚合酶链式反应（PCR）技术的现代分子生物学方法，对于环境微生物的研究方法已取得很多进展。本章对常规微生物研究方法和比较成熟的现代微生物检测方法进行了简要介绍，并详细介绍了有关微生物生物量的研究方法。

2.1　常规微生物研究方法

培养法是测定生物膜中生物量最常规的一种方法，即从载体上把生物膜分离下来，之后将破碎菌胶团制成单细胞悬液，然后对生物膜内的总活菌数进行计数。然而，自然界中大部分的微生物虽然具有活性但是不可培养，因此使用培养法培养出的微生物的种类和数量都少于实际微生物总数，一般只占到 0.01%～10%。而且培养时采用的人工培养基和微生物的自然生活环境有很大的不同，部分微生物由于不适合培养基环境，优势菌种会与其发生竞争导致其生长繁殖受到抑制。另外，由于菌胶团破碎后很难制备成单细胞悬液，使得生物膜的预处理非常困难。因此，采用培养法所获得的微生物数量与生物膜中生物量的真实值相比要小得多，只具有有限的相对意义。

依赖培养的方法主要包括多管发酵法、滤膜法和酶底物法。多管发酵法适用于各种水样的检验，但操作烦琐，耗时长，需经过初发酵，分离培养和复发酵三个步骤；滤膜法操作简单快速，适用于杂质较少的水样，如自来水和深井水；酶底物法的原理是大肠菌群产生 β-半乳糖苷酶分解色原底物（ONPG）释放出色原体，使培养基呈现黄色。大肠杆菌产生 β-葡萄糖醛酸酶分解 4-甲基伞形酮-β-D-葡萄糖醛酸苷（MUG）释放荧光产物（4-甲基伞形酮）在紫外光下产生特征蓝色荧光，以此判断是否含有大肠菌群及大肠埃希菌。

对于菌落总数的测定常采用异养菌平板计数（heterotrophic plate counts，HPC）法，检测到的菌落数根据实验方法和条件不同而异。尽管建立了许多标准检测方法，但国际上还没有统一标准的 HPC 方法。可供使用的培养基很多，主要是营养琼脂培养基和 R2A 培养基。其中，R2A 培养基由于检测灵敏度更高，逐渐成为给水处理中使用的一种标准培养基。HPC 法检测的培养温度为 20～37℃，培育时间可能数小时也可能数日。

2.1.1　多管发酵法

（1）概念

多管发酵法是以最可能数（most probable number，MPN）来表示试验结果的。由于一些微生物不适于在琼脂培养基上生长，故无法使用平板菌落计数法进行计数，但这些微生物可以在液体培养基中生长，因此对这类微生物的测定采用 MPN 法。该方法是根据稀释菌液接种培养后能生长微生物的试管数，通过数学统计方法计算出原样品的含菌量。MPN 法测定微生物的存在和丰度的原理是微生物具有特殊生理功能的选择性，能够摆脱其他微生物类群的干扰，通过该生理功能的表现即可判断待测微生物的存在和丰度。适用于测定在微生物群落中具有特殊生理功能的类群（如硝化、纤维素分解、固氮、硫化和反硫化细菌等）的数量，也可用于检测污水、牛奶及其他食品中特殊微生物类群（如大肠菌群）的数量，但是测定所用周期较长，操作复杂，只有出于某种原因不能使用平板计数时才使用该种方法。

MPN 法是通过把待测样品进行一系列的稀释，当少量（如 1 mL）的稀释液接种到新鲜培养基中没有或极少出现生长繁殖时为止。根据没有微生物生长的最低稀释度与出现微生物生长的最高稀释度，采用"最大自然数"理论，可以计算出样品单位体积中细菌数的近似值。具体来说，菌液经多次 10 倍稀释后，一定量菌液中细菌数可以视为极少或无菌，然后每个稀释度接种于适宜的液体培养基中，重复 3～5 次。培养后，以出现细菌生长的最后 3 个稀释度（即临界级数）的管数作为数量指标，查表得出近似值，菌液中的含菌数即为该近似值再乘以数量指标第一位数的稀释倍数。

（2）MPN 法测定步骤

1）在无菌操作的条件下，取 1 mL 相应稀释度的稀释液，接种于 9 mL 装有已灭菌的选择性液体培养基的试管内，摇匀。可以通过增加每个稀释度接种的管数来减小最后估算的误差，每个稀释度的重复接种，应不少于 3 管。若选 5 管的话，重复工作量大，样品消耗大，一般选用 3 管重复。

2）在适温条件下培养 2～15 d 后检查结果，并确定数量指标。以 3 管重复为例，为说明计数原则，假设检查情况如下。

a. 假设情况一：

若情况如表 2-1 所示，无论重复管数是多少，其数量指标总是取 3 位数字，按下述原则确定数量。

表 2-1　MPN 法检查假设情况之一

稀释度	10^{-1}	10^{-2}	10^{-3}	10^{-4}	10^{-5}
有菌生长的管数	3^+	3^+	2^+	1^+	0
数量指标	3	3	2	1	0

　　数量指标的第一个数字为各重复管数中都有细菌生长的稀释度的生长管数，后面两个稀释度的生长管数作为其他的个数，如本例情况，3 个重复生长的有 10^{-1} 和 10^{-2} 两个稀释度，但两者中最高稀释度为 10^{-2}，其生长管数 "3" 为数量指标的第 1 个数字；第二和第三个数字则为 2 和 1，故所得的数量指标应该为 321。

　　b. 假设情况之二：

　　若假设情况如表 2-2 所示，按情况一所得的数量指标应是 "321"，但是更高稀释度中还有 1 管生长（即 10^{-7} 管也有生长），就得把这个管加在第三个数上（1+1=2），所以数量指标为 "322"。

表 2-2　MPN 法检查假设情况之二

稀释度	10^{-3}	10^{-4}	10^{-5}	10^{-6}	10^{-7}	10^{-8}
有菌生长的管数	3^+	3^+	2^+	1^+	1^+	0
数量指标	3	2	2			

　　c. 假设情况之三：

　　若假设情况如表 2-3 所示，则所取数量指标应使有生长菌的稀释度位于中间，则应取 "010" 为数量指标。

表 2-3　MPN 法检查假设情况之三

稀释度	10^{-3}	10^{-4}	10^{-5}	10^{-6}	10^{-7}
有菌生长的管数	0	1^+	0	0	0
数量指标	0	1	0		

　　3）根据数量指标及重复管数，由表 2-4 可知每毫升稀释液所含的最大可能细菌数量。上述三例数量指标 "321" "322" "010"，对应重复管数 "3" 可分别查到的细菌数量近似值分别为 15 CFU/mL、20 CFU/mL、0.3 CFU/mL。由于第一个数字是取自稀释倍数依次为 10^{-2}、10^{-4}、10^{-3} 的稀释管，则原样品中菌的最大可能数（MPN）应分别为：

$$15\,CFU/mL \times 100 = 1\,500\,CFU/mL$$

$$20\,CFU/mL \times 10\,000 = 200\,000\,CFU/mL$$

$$0.3\,CFU/mL \times 1\,000 = 300\,CFU/mL$$

表 2-4　每毫升稀释液的细菌数量近似值

数量指标 近似值 重复管数	3	4	5	数量指标 近似值 重复管数	3	4	5
000	0.0	0.0	0.0	140	—	1.4	1.1
001	0.3	0.2	0.2	141	—	1.7	—
002	—	0.5	0.4	200	0.9	0.6	0.5
003	—	0.7	—	201	1.4	0.9	0.7
010	0.3	0.2	0.2	202	2.0	1.2	0.9
011	0.6	0.5	0.4	203	—	1.6	1.2
012	—	0.7	0.6	210	1.5	0.9	0.7
013	—	0.9	—	211	2.0	1.3	0.9
020	0.6	0.5	0.4	212	3.0	1.6	1.2
021	—	0.7	0.6	213	—	2.0	—
022	—	0.9	—	220	2.0	1.3	0.9
030	—	0.7	0.6	221	3.0	1.6	1.2
031	—	0.9	—	222	3.5	2.0	1.4
040	—	0.9	—	223	4.0	—	—
041	—	1.2	—	230	3.0	1.7	1.2
100	0.4	0.3	0.2	231	3.5	2.0	1.4
101	0.7	0.5	0.4	232	4.0	—	—
102	1.0	0.8	0.6	240	—	2.0	1.4
103	—	1.0	0.8	241	—	3.0	—
110	0.7	0.5	0.4	300	2.5	1.1	0.8
111	1.1	0.8	0.6	301	4.0	1.6	1.1
112	—	1.1	0.8	302	6.5	2.0	1.4
113	—	1.3	—	303	—	2.5	—
120	1.1	0.8	0.6	310	4.5	1.6	1.1
121	1.4	1.1	0.8	311	7.5	2.0	1.4
122	—	1.3	1.0	312	11.5	3.0	1.7
123	—	1.6	—	313	16.0	3.5	2.0
130	1.6	1.1	0.8	320	9.5	2.0	1.4
131	—	1.4	1.0	321	15.0	3.0	1.7
132	—	1.6	—	322	20.0	3.5	2.0

数量指标 \ 近似值 \ 重复管数	3	4	5	数量指标 \ 近似值 \ 重复管数	3	4	5
323	30.0	—	—	500			2.5
330	25.0	3.0	1.7	501			3.0
331	45.0	3.5	2.0	502			4.0
332	110.0	4.0	—	503			6.0
333	140.0	5.0	—	504			7.5
340		3.5	2.0	510			3.5
341		4.5	2.5	511			4.5
350		—	2.5	512			6.0
400		2.5	1.3	513			8.5
401		3.5	1.7	520			5.0
402		5.0	2.0	521			7.0
403		7.0	2.5	522			9.5
410		3.5	1.7	523			12.5
411		5.5	2.0	524			15.0
412		8.0	2.5	525			17.5
413		11.0	—	530			8.0
414		14.0	—	531			11.0
420		6.2	2.0	532			14.0
421		9.5	2.5	533			17.5
422		13.0	3.0	534			20.0
423		17.0	—	535			25.0
424		20.0	—	540			13.0
430		11.5	2.5	541			17.0
431		16.5	3.0	542			25.0
432		20.0	4.0	543			30.0
433		30.0	—	544			35.0
434		35.0	—	545			45.0
440		25.0	3.5	550			25.0
441		40.0	4.0	551			35.0
443		140.0	—	552			60.0
444		160.0	—	553			90.0
450			5.0	554			100.0
451			5.0	555			180.0

如数量指标"212"对应的重复管数为"4"或"5",就以所确定的数量指标查找"4"或"5"对应的稀释液所含的近似菌数,再乘以对应的稀释倍数,其结果就是每毫升或每克原样中所含的最大可能菌数。计算方法用公式表示如下:

1 mL(g)样品中的菌数=菌近似值×数量指标第一位数所对应的稀释倍数

如果在特殊情况下,没有重复稀释倍数管,则有细菌生长的试管中,所含细菌的近似数量就是最大稀释倍数管的稀释倍数。例如,在稀释倍数为 10^{-2} 的培养液中发现有细菌生长,而在 10^{-3} 中没有发现细菌生长,那么在原来的样品中至少含有细菌 100 CFU/mL(g)。

2.1.2 滤膜过滤计数法

(1)滤膜过滤计数法概念与原理

滤膜过滤计数法适用于地表水、地下水及废水中粪大肠菌群数量的测定。滤膜是一种微孔性薄膜,将水样注入装有已灭菌滤膜(孔径一般为 0.45 μm)的过滤器中(图 2-1),开启真空泵进行抽滤,滤膜就将细菌截留在其表面上,然后把滤膜贴在 M-FC 培养基上,在 44.5℃ 条件下培养 48 h 后,统计滤膜上生长的菌落数,每个细菌菌体生长为单个菌落,从而计算出水样中含有的菌数。

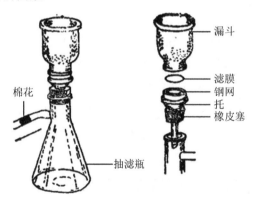

图 2-1 滤膜过滤器

资料来源:俞敏馨,吴国庆,孟宪庭. 环境工程微生物检验手册[M]. 北京:中国环境科学出版社,1990。

(2)滤膜过滤计数法测定步骤

1)滤膜是一种白色薄膜,主要由硝化纤维制成,有不同孔径及直径的规格,可根据实验要求进行选择。使用前,应将滤膜进行灭菌处理,即把滤膜放入装有蒸馏水的烧杯中,在沸水浴中煮沸灭菌,重复三次,每次 15 min。注意在前两次煮沸后需洗涤三次并换水,以去除残留溶剂。

2)用无菌镊子夹取滤膜,将其安装在滤器上,过滤器安装在抽滤瓶上,并与真空泵相连接。

3）在过滤器漏斗内倒入适量水样进行过滤，当水样量较少时，应加无菌水稀释、混匀后再进行过滤，过滤水样的多少可以根据漏斗直径决定。启动真空泵抽滤，水样中的微生物被截留在滤膜上。待水样全部过滤完成时，平衡负压后停止抽滤。

4）打开过滤器，用无菌镊子取下滤膜，将滤膜置于平板培养基上，过滤面向上，使滤膜紧贴于培养基，不可留有气泡。用盖子盖好培养皿，倒置，适温培养，若培养所需时间较长，为了保持皿内湿度，可以把小培养皿放于铺有湿脱脂棉的大培养皿内。每个水样做三个平行样品。计算膜上菌落数，取平均值，再根据公式计算出每毫升水样的含菌数。

$$每毫升水样的含菌数 = \frac{滤膜上的总菌数}{浓缩水样的毫升数}$$

（3）滤膜过滤计数法的优缺点

优点：既适用于悬液中细菌浓度较低的情况，又适用于原水样细菌浓度较高稀释若干倍后再抽滤计数的情况，对细菌浓度范围具有较好的普适性。

缺点：过滤操作、滤膜质量、滤膜堵塞等可能会对细菌数量测量的精度造成影响。

2.1.3 平板菌落计数法

（1）平板菌落计数法的概念

平板菌落计数法（heterotrophic plate counts，HPC）是一种被广泛使用的检测饮用水中细菌数量的方法。平板菌落计数法是将待测样品经适当稀释之后，使微生物充分分散成单个细胞，再取一定量的稀释菌液接种到平板上，经过培养后，每个单细胞生长繁殖形成肉眼可见的菌落，即一个单菌落就代表原样品中的一个单细胞。平板菌落计数法可分为稀释平板法和涂布平板法。涂布平板法在计数时，统计菌落数目及稀释倍数，即可换算出样品中的含菌数。

有研究表明，与吖啶橙染色直接计数法相比，平板菌落计数法获得的细菌总数较少，仅为吖啶橙染色直接计数法获得的总菌数的 30%，能检出微生物的数量很少。还有研究表明，生物膜上微生物的种群多样性与管材有关，不同管材内壁生物膜上微生物的种群多样性有很大差异，而平板菌落计数法只能检出其中的一小部分。另外，平板菌落计数法所得的结果还受培养基的种类、温度及培养条件的影响。

（2）平板菌落计数法测定步骤

1）取 1 mL 水样，用无菌水按 10 的倍数进行一系列稀释，水样稀释浓度要求在平板上长出的菌落数最好在 30～300 个。稀释时应注意尽量使微生物细胞分散开，以避免生长出片状菌苔。

2）以无菌操作用无菌移液管吸取 1 mL 充分混匀的水样，注入无菌平皿中，再倒入约 15 mL 已融化并冷却到 45℃的营养琼脂培养基，迅速旋转，使水样与培养基充分混匀。

3）将平皿置于水平位置，待其静止凝固后，倒置于 37℃培养 24 h。每个水样取三个连续适宜稀释浓度的水样倒平板，各制作三个平行样，同时设置不加水样的空白对照。

4）待菌落生长完成后取出平皿计数，并计算同一稀释度三个平皿上菌落的平均数，再根据以下公式计算求得每毫升菌液中的活菌总数：

$$每毫升菌液中的活菌总数=同一稀释度的菌落平均数×稀释倍数$$

（3）平板菌落计数法注意事项

对菌落进行计数，通常可以直接用肉眼进行观察，必要时可使用放大镜进行检查，以防止遗漏。计数时应注意：如果同一稀释度中某一培养皿出现较大片状菌落生长时，应舍弃，应以该稀释度无片状菌落生长的培养皿作菌落数计数；如果某一培养皿中片状菌落数不到全皿的一半，而另一半菌落分布均匀，则全皿菌落数可以用半个培养皿菌落数乘以 2 来表示；当相似菌落相互间距离很近，但不相接触，只要两者间的距离大于最小菌落直径，应全部计数。而对于特征不同的菌落，虽然它们紧密接触但也应全部计数。以下统计了一些不同情况的计算方法：

① 计算时选择的平均菌落数应在 30～300 个，当只有一个稀释度的平均菌落数符合此范围时，则按该平均菌落数乘以其稀释倍数报告。

② 若有两个稀释度的菌落数均在 30～300 个，则应根据二者的菌落数之比来决定。若比值小于 2，应报告其平均数；若大于 2，则报告其中较小的数值。

③ 若所有稀释度的平均菌落数均大于 300 个，则应按稀释倍数最大的平均菌落数乘以稀释倍数报告。

④ 若所有稀释度的平均菌落数均小于 30 个，则应按稀释倍数最小的平均菌落数乘以稀释倍数报告。

⑤ 若所有稀释度的平均菌落数均不在 30～300 个，则按最接近 30 个或 300 个的平均菌落数乘以稀释倍数报告。

⑥ 菌落计数结果报告，菌落数在 100 个以内时，按实际数报告；大于 100 个时，采用两位有效数字，采用 10 的指数来表示。

（4）营养琼脂培养基的缺点

利用平板菌落计数法测定异养菌总数时使用的培养基通常是常规的营养琼脂培养基，但是营养琼脂培养基属于富营养型的培养基，然而天然水体中可以利用的各种营养基质浓度较低，给水生物处理装置中的微生物长期生长于贫营养环境中，有利于贫营养菌（如假单胞菌、黄杆菌和纤毛菌等）的生长繁殖，使贫营养菌成为给水生物处理装置生物膜中的优势异养菌群。营养琼脂培养基中由于含有较多营养物质，不适合生物膜中一些可培养型的异养微生物的生长，使用平板菌落计数法最终只能检测出生物膜中的部分异养微生物。

（5）R2A 培养基

与传统的营养琼脂培养基相比，R2A 培养基中含有有机物，属于低营养物浓度的培养基。有研究表明，利用 R2A 培养基培养得到的细菌总数比采用传统营养琼脂培养基培养得到的细菌总数更多，并提高了活细菌的检出率，可以更好地反映异养微生物的数量。目前国外给水处理的相关研究中，一般都采用 R2A 培养基对异养微生物进行培养计数。R2A 培养基已经成为给水处理中使用的一种标准培养基。

R2A 培养基的组成成分如表 2-5 所示。

表 2-5　R2A 培养基组成成分

材料试剂	用量	材料试剂	用量
酵母浸出物	0.5 g	葡萄糖	0.5 g
酪蛋白氨基酸	0.5 g	K_2HPO_4	0.3 g
可溶性淀粉	0.5 g	丙酮酸钠	0.3 g
$MgSO_4 \cdot 7H_2O$	0.05 g	蒸馏水	1 L
胨胨 3 号或多胨	0.5 g	—	—

配制方法：按表配制 R2A 培养基待加热溶解各试剂后，再用 K_2HPO_4 或 KH_2PO_4 固体调节 pH 至 7.2，然后加入 1.5%琼脂（w/v）煮沸至全部溶解，分装后 121℃灭菌 15 min。

（6）平板菌落计数法的优点

平板菌落计数法能够测定出样品中的活菌数，且操作简便、准确性高，因而得到广泛应用。

2.2　不依赖培养的微生物检测方法

2.2.1　荧光显微方法

细菌的观察、鉴定和分析由于荧光显微镜技术的应用进入了一个新的时代，荧光显微技术的优点是快速、结果稳定、准确度高、劳动强度小。目前，荧光显微镜计数法主要包括荧光染料直接计数法、荧光原位杂交计数法和免疫荧光技术计数法等。

（1）荧光染料直接计数法

荧光染料是一类可被激发而发射荧光的生物染色剂。常见的荧光染料直接计数法有 AO（acridine orange，吖啶橙）染色法和 DAPI（4,6-diamidino-2-phenylindole，4,6-联脒-2-苯基吲哚）染色法。荧光染料 AO 和 DAPI 可以与细胞中的 DNA 和 RNA 特异性结合，在特定波长光的激发下发出荧光，在荧光显微镜下即可观察经过染色后的细菌。

1973 年，Francisco 首次使用 AO 染色法对天然水体中的细菌总数进行计数，建立了 AO 染色法的基本体系和步骤。1977 年 Hobbie 等改进了该种方法，其操作方法是：取水样加入甲醛固定后，用 AO 染色液染色，然后将细菌过滤到事先用 Irgalan 黑染色的孔径为 0.2 μm 的聚碳酸酯滤膜上，冲洗后置载玻片上，于荧光显微镜下计数，经测量视野面积及滤膜有效面积而换算出样品中所含细菌数量。1980 年 Porter 等进一步改进了细菌的染色方法，用 DAPI 对细菌进行染色。与 AO 相比，DAPI 可以更好地消除其他微粒的干扰，背景更加清晰，使染色的效果更加专一，制片后的保存时间更长，DAPI 的这些优点促进了其在荧光染色中的应用。1986 年，Velji 等使用采集的海水、沉积物中的细菌以及海藻样品，在 Porter 等的基础上首次采用超声波对样品进行了预处理，使其脱离颗粒表面，再使用 DAPI 法对海洋细菌直接进行计数，效果良好。1987 年，Arend 等也运用 DAPI 法来研究浅海水界面沉积物细菌总数，得出了细菌数量在空间和时间上的分布及活动规律，该法逐渐成为一种用于细菌计数研究的方法。

荧光染料直接计数法快速、准确、简便，且样品易于保存，用于水体中细菌总数测定，能够很好地反映样品中细菌的实际数量。吖啶橙染色荧光显微镜直接计数法（AODC）已被国家质检总局列入海洋细菌总数计数方法的国家标准，该方法也广泛应用于各种水环境细菌总数的测定。

（2）荧光原位杂交计数法

荧光原位杂交（fluorescence in situ hybridization，FISH）技术是近年来生物学领域发展起来的一项新技术。这项技术是用特殊的荧光素标记 DNA 探针，在完整的细胞内特异性地与互补核酸序列结合，再使用荧光显微镜等荧光检测设备进行观察和分析。1981 年，Roumam 首次报道了荧光素标记的 cDNA 原位杂交。随着 FISH 技术应用的探针种类不断增多，FISH 技术被广泛应用于细胞遗传学和环境水体中各种细菌的检测和分析等方面。图 2-2 为 TF539 探针对氧化亚铁硫杆菌菌株进行荧光原位杂交实验所得图像，图 2-3 为氧化亚铁硫杆菌菌株经 DAPI 处理的图片。

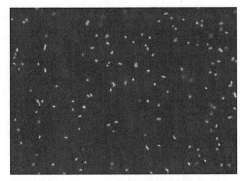 

图 2-2　TF539 与菌株核酸杂交图像　　　　　图 2-3　菌株的 DAPI 染色图像

资料来源：于苗苗. FISH 和 Q-PCR 技术在生物地浸样品分析中的应用[D].东华理工大学，2016。

其实验过程主要包括：① 固定标本；② 样品预处理；③ 用相应的探针进行杂交；④ 洗掉未结合的探针；⑤ 仪器（普通荧光显微镜、共聚焦激光扫描显微镜或流式细胞仪）检测及结果分析。图 2-4 为荧光原位杂交计数法示意图。

图 2-4 荧光原位杂交计数法示意

1996 年，Wagner 等在硝化细菌的检测中使用了 FISH 技术，研究出一套较完善的硝化细菌检测技术。此后，FISH 技术被广泛地应用于活性污泥系统、硝化流化床反应器以及膜-生物反应器等污水处理系统中。2003 年，Satoh 等采用 NSO190、NIT 和 CNIT 等探针研究旋转盘式生物膜法水处理装置中生物膜对脱氮菌的处理机能时，应用 FISH 法快速、准确地对硝化菌进行了定量计数观测。同年，谢冰等将该法成功应用于研究活性污泥中的亚硝化细菌和硝化细菌空间上的数量分布情况，并取得了令人满意的结果。

FISH 计数法的优点在于安全、简便、灵敏、快速，可以检测出环境样品中的大部分细菌，可以从系统发育的角度对不同环境样品中的细菌进行鉴定，尤其在水生生态系统中微生物菌群的系统发育、定性、定量检测方面有着独特的优越性。但是荧光探针价格昂贵，而且需要专业的分子生物学知识，观测结果的可靠性受杂交效率、杂质的干扰、荧光淬灭、清洗过程中的脱落等因素的影响。

（3）免疫荧光技术计数法

免疫荧光技术（immunofluorescence technique，IFT）是一种以荧光染料作为标记物的免疫分析技术，随着一系列新仪器、新方法的出现，免疫荧光技术取得了飞速的发展，免疫荧光技术的标准化、定量化和自动化进入一个新的发展阶段。免疫荧光计数法的原理是利用抗原和抗体相互作用，用荧光素的衍生物 [如异硫氰酸荧光素（fluorescein isothiocyanate，FITC），氨基荧光素（dichlorotriazinyl amino fluorescein，DTAF）等] 标记特异性抗体，检测微生物细胞上的抗原，在显微镜视野下进行荧光点的检测即可得到样品中细菌的数量。Stanley 等最早将该技术直接应用于测定细菌的数量。目前该技术主要用于沙门氏菌、李斯特菌、葡萄球菌毒素、E.coli O157：H7 和单核细胞增生李斯特氏菌等的快速检测。1995 年，朱曜使用该法快速检测肉类、蛋类等食品中的沙门氏菌，取得了良好的效果。2002 年，Yu 等利用时间分辨荧光免疫法检测苹果酒中 E.coli O157：H7，建立了检测的实验方法，指出该法具有较好的灵敏度和特异性。

IFT 计数法快速、操作简便、特异性高、非特异性荧光干扰因素少，结果稳定、准确度高，但敏感度偏低，专一性强，每检查一种抗原需制备相应的特异性荧光抗体，并且由于天然水样品中细菌并不是都能够与之结合，所以该方法不适宜于天然水样品中细菌总数的测定（含有多个细菌种群的水样）。

2.2.2 流式细胞术

（1）流式细胞术概念与原理

流式细胞术（flow cytometry，FCM）是采用流式细胞仪测量水相中悬浮细胞的一种现代分析技术，可以通过染料区分活菌和死菌并计数。其原理是通过将细菌用荧光染料标记，最常用的染料是核酸染料 SYBR Green I/PI，SYBR Green I 可以与水中所有细菌的核酸结合，而 SYBR Green PI 不能通过活细胞膜，只能穿过破损的细胞膜并对核酸染色，同时淬灭 SYBR Green I 产生的荧光。在 50 mW 蓝光激发下，488 nm 波长下，活性细菌产生绿色荧光，非活性细菌产生红色荧光，因此，在 FL1/FL3 二维散点图上可将这两种细菌区分开来。FCM 检测水中的细菌总数与 HPC 呈线性相关，灵敏度高，FCM 检测的适宜细菌浓度一般高于 HPC，是一种比平板培养法更加快速、准确的方法。同时这种检测技术还可以鉴定菌型和进行定量分析。目前该项检测技术已经应用于测定细菌总数、沙门氏菌、大肠杆菌等。

（2）流式细胞仪

该方法所采用的仪器为流式细胞仪（如图 2-5 所示）。流式细胞仪的组成结构主要包括四个部分，即流动室和液流系统、激光光源和光学系统、光电管和检测系统、数据存储及分析系统，有些高配置还包含分选系统。

图 2-5 Cyto FLEXS 流式细胞仪

液流系统的组成部分为鞘液、喷嘴和流式照射室三部分，鞘液是在高压下的液体形成圆柱形的液流，一般使用缓冲盐溶液。液流系统中的重要组件是喷嘴，鞘液和待分析细胞在此汇集，并且被加速，使细胞精确排序通过激光束，在喷嘴处，细胞进入鞘液，且一直处于鞘液的中心位置，大部分流式细胞仪的流式照射室为空中正交结构，即鞘液包裹样品从喷嘴流出，液流在空气中被激光束正交照射。

光学检测系统包括激光光源和光学系统、光电管和检测系统。激光光源具有方向性、单色性、相关性、高强度等特点，可以保证液流中的细胞在很短的时间内得到充分照射，并且有足够的能量激发细胞所携带的荧光素。透镜安装在光学防震台上，用于收集被激光照射细胞吸收的光，并把光信号传输给光电检测器。光学信号检测器主要是由光电二极管和光电倍增管组成。光电二极管用于收集侧向和前向荧光信号，而光电倍增管用于检测细胞发出的不同颜色的光信号，并将收集到的光信号转换成电信号传输到分析系统，最后由计算机进行数据存储和分析。

流式细胞仪的工作原理（图2-6）为：在流式细胞术检测时，一般采用两种散射光，即前向散射光和侧向散射光进行基本的测定和选择。收集散射光信号的光电倍增管竖轴方向与前向散射光激光束照射方向呈 0°，细胞遮挡掉的激光信号由检测器记录，激光信号遮挡的越多，代表细胞越大，即前向散射光可以区分细胞的大小。而侧向散射光激光束与光电倍增管呈90°，检测器记录被遮挡的激光信号，但是在这里遮挡的信号反映的是细胞形态、内部颗粒和细胞器的多少，遮挡信号越多，说明该细胞内部结构越复杂，激光不能完全穿透细胞膜。前向和侧向散光如图2-7所示。

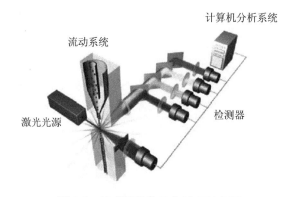

图 2-6   流式细胞仪工作原理示意图

资料来源：梅仕良. 豆制品中菌落总数的流式细胞术检测研究[D]. 上海：上海师范大学，2019。

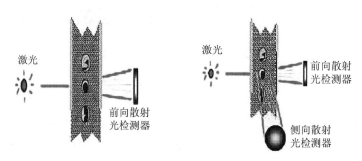

图 2-7   前向和侧向散射光示意图

资料来源：黄学武. 基于微流控芯片的便携式流式细胞检测平台的设计[D]. 成都：电子科技大学，2020。

利用前向和侧向散射光，可以在有非目标颗粒存在的情况下，进行初步的细胞区分，筛选出待检测的目标细胞群落。但是对于与细胞大小相同的干扰物质，仅凭这两种散射光无法进行区分，还需要借助其他荧光染料染色，根据检测到的荧光信号进一步进行分析测试。

（3）流式细胞术的测定方法

1）细菌样品的制备与染色：

取纯化好的 1 mL 菌液离心，以 $10\,000 \times g$ 离心 10 min，弃去上清液，并用 1 mL 无菌生理盐水（0.85%）重悬后，分别加入 1.5 μL 的 SYBR Green PI、SYBR Green I 荧光染料，避光保存 30～45 min。

染色结束后再次以 $10\,000 \times g$ 离心 10 min，弃去上清夜，加入 1 mL 无菌生理盐水（0.85%），用移液枪枪头反复吹打进行洗脱、重悬，此操作重复三次；溶解后的菌悬液取 1 mL，沿管壁缓慢注入盛有 9 mL 的无菌生理盐水试管中，换用 1 支无菌吸管反复吹打使其混合均匀，制备成 1∶10 的样品匀液，依次按照上述步骤制备出 1∶10 的系列稀释菌液。

用去离子水洗净载玻片，擦干后把载玻片放在实验台上，用滴管或移液器在载玻片中央滴一滴稀释后的菌液，用盖玻片从菌液的一侧轻轻盖上去，防止起泡。

2）流式细胞仪参数优化：

① 进样量、进样速度优化。通过观察流式细胞仪 FSC 峰值图，测定标准校准微球（1 μm，1 000 样品/μL），来选定最适合于样品测定的上样量及进样速度。

② 阈值、电压、信号增大倍数。使用浓度较高的纯菌悬液，通过调节阈值、电压（PMT）、信号增大倍数（Gain 值），确定杂质以及样品的散射光 FSC 峰值图范围。确定好范围后，取得细长峰值图为宜，可取对数值（Log-Full）易于观察。

③ 荧光补偿。由于红绿荧光的发射光谱有一定的交叉重叠，因此实验需做相应的荧光补偿。使用无荧光标记原菌液为界限，确定红、绿荧光染色范围的上下限。活菌标记 SYBR Green I 后使荧光位置靠近一二象限，且尽可能少地使荧光落在坐标轴上，确定绿色荧光范围的同时消除红色荧光的干扰。用 70% 的异丙醇处理菌液，静止 1 h 后，用 PI 标记菌液，使荧光位置靠近三四象限的同时，且尽可能少地使荧光落在坐标轴上，确定红色荧光范围的同时消除绿色荧光的干扰。

3）流式细胞仪测定：

选择上述优化参数，将已标记荧光的菌悬液进行流式细胞仪测定，重复三次记录结果。

（4）流式细胞术的优缺点

流式细胞术检测方法在微生物学检测方面有着突出贡献和成果，它可以快速地分析成千上万个细胞，并且能同时从一个细胞中测量多个参数，与传统的检测方法相比速度快、精确度高、准确性好、灵敏度高，是当代用于细胞定量分析的先进技术之一。

但是流式细胞术也存在一定的局限性，该方法由于使用的试剂国产化程度较低、价格昂贵，因此检测成本较高，很难普及推广，且只能直接对液态且组分相对简单的样品进行检测。此外，仪器价格相对昂贵，且需要专业人员来完成样品的制备和检测，甚至结果分析，基层难以普遍适用。

（5）流式细胞术的应用

1）实验室研究：传统方法存在耗时长和误差大的缺点，FCM 可以同时克服这些缺点，快速获得细菌总数。如果检测的是一定体积样品中的菌数，还可得知菌浓度，并可区分活菌和死菌，获得活菌百分比。FCM 还可用于细菌鉴定、分析细菌生理异质性及细菌诱导突变株的选育。

2）临床诊断：该方法样品范围涉及真核细胞、原核生物及更小的病毒。由于该方法具有灵敏、快速的特点，可以使病症得到及时诊断。在医学领域，FCM 起着举足轻重的作用，有着极其广阔的应用前景。

3）工业检测：FCM 在工业产品细菌的检测中主要有菌体计数、活性判断和在线监测三个方面。

4）环境领域：FCM 可用于空气、土壤、水等环境中微生物的检测，可用于环境监测和污染监控。

2.3 微生物多样性的研究方法

分子生物学技术的发展克服了培养法的局限，从分子水平对微生物群落进行分析。常用的方法包括克隆文库法、实时荧光定量 PCR 技术、单链构象多态性分析、变性梯度凝胶电泳技术、末端限制性片段长度多态性技术、宏基因组测序和基因芯片技术等。

2.3.1 克隆文库法

克隆文库法是基于 PCR 扩增技术的方法，以环境样本 DNA 为模板，以 16S rDNA 为目标基因，克隆后进行测序分析，通过与数据库中的已知序列比对来鉴定微生物的种类。该方法能够反映样本中细菌的多样性以及各种细菌的相对丰度，但不能确定各种细菌的绝对数量。目前，该技术已广泛应用于污水、污泥、大气等各种环境中微生物的检测。

2.3.2 实时荧光定量 PCR 技术

实时荧光定量 PCR 技术（real-time PCR）的原理是在 PCR 反应体系中加入荧光基团，利用反应过程中积累和释放的荧光信号实时监测 PCR 产物的数量，并据此推断目的基因的初始量。常采用 SYBR Green I 荧光染料嵌入法和 TaqMan 探针法。real-time PCR 技术适合于特定种类微生物的研究，已广泛应用于对各种水体中病原微生物的检测，如绿脓杆菌、嗜肺军团菌、结核分枝杆菌、幽门螺杆菌以及病毒等。该方法较普通 PCR 更为简便、快速、高效，且具有很高的敏感性和特异性。

2.3.3 单链构象多态性分析

单链构象多态性分析（single strand conformation polymorphism，SSCP）是一种基于 DNA 构象差别来检测点突变的方法。相同长度的单链 DNA，如果碱基序列不同，形成的构象就不同，可以分离相同长度但序列不同的核酸。该方法简便、快速、灵敏，不需要特殊的仪器。用 PCR-SSCP 技术可以进行序列差异的测定，而敏感度会随着片段长度的增加而降低。

SSCP 首先由 Lee 等应用于研究自然微生物群体的多样性，在饮用水领域的应用较少。刘小琳等采用 SSCP 法分析了北京管网生物膜的微生物群落，发现了蜡状芽孢杆菌、假单胞菌等多种潜在致病菌。Henne 等利用 SSCP 法对德国某管网系统中水相和生物膜相以及冷水和热水中的微生物进行研究，检出了多种细菌（如α变形菌、β变形菌、拟杆菌等）。

2.3.4 变性梯度凝胶电泳技术

变性梯度凝胶电泳技术（denatured gradient gel electrophoresis，DGGE）最初是 Lerman 等于 20 世纪 80 年代初期发明的，用来检测 DNA 片段中的点突变，并由 Muyzer 等在 1993 年首次将其应用于微生物群落结构研究。DGGE 是根据 DNA 在不同浓度的变性剂中解链行为的不同而导致电泳迁移率发生变化，从而将片段大小相同而碱基组成不同的 DNA 片段分开。DGGE 已广泛用于分析环境样品中致病菌、真菌以及微生物群落多样性，但不适合对微生物多样性作定量分析，还需结合 RT-PCR 等技术。

2.3.5 末端限制性片段长度多态性技术

末端限制性片段长度多态性技术（terminal-restriction fragment length polymorphism，T-RFLP）是将 RFLP 技术和荧光标记技术相结合的一种较先进的分子生态学方法，由 Liu 等于 1997 年首次应用于微生物群落多样性的研究。T-RFLP 技术是一种快速的、敏感的用于细菌菌株鉴定、群落比较分析的方法，适用于大量样本中微生物的变化趋势研究。Valster 等采用 T-RFLP 鉴定饮用水中的原生动物；Douterelo 等利用 T-RFLP 技术考察了管网生物膜形成初期微生物群落的变化。由于 T-RFLP 技术无法像 DGGE 那样对图谱进行杂交或直接克隆测序分析，而且单酶切的末端限制性片段在数据库中匹配不够精确，无法鉴定至种甚至属水平，在饮用水微生物的研究中应用得相对较少。

2.3.6 宏基因组测序

1998 年，Handelsman 等首次提出了宏基因组（metagenome）概念，即针对环境样品中细菌和真菌的基因组总和进行研究。宏基因组测序是对特定环境样品中的微生物群体基因组进行序列测定，解读微生物群体的多样性与丰度，发掘和研究新的、具有特定功能的基因。对宏基因组的研究主要采用高通量测序技术，是对传统测序一次革命性的改变，又称为第二代基因测序（next-generation sequencing，NGS）技术，主要平台代表有 Roche GS FLX Titanium、Illumina Solexa GA IIx 和 AB SOLID。宏基因组测序首先对 16S rRNA 基因序列进行扩增，以确定细菌群落组成；通过宏转录组技术分析，确定其中具有活性的微生物；通过宏转录组技术分析功能基因表达调控情况。除了基本的微生物群落分析，比如对微生物进行从优势种到稀有种的分类鉴定，目前这些分析方法在饮用水系统的微生物研究中的应用还较为有限。

2.3.7 基因芯片技术

基因芯片是通过缩微技术，将大量已知 DNA 探针固定于基质表面形成 DNA 二维阵列，与带有荧光标记的样品分子进行杂交，通过检测每个探针分子的杂交信号强度获取样品分子的数量和序列信息，它的缺点是只能检测人们已知的序列。基因芯片的代表是以功能基因芯片（Geo Chip），与高通量测序技术相互补充，可用于对原位微生物群落功能结构和代谢功能的研究，因此，Geo Chip 具有广泛的应用前景。

2.4 活的非可培养状态（VBNC）的细菌的检测

1982 年，徐怀恕等首次发现并提出了"活的非可培养状态"（viable but non-culturable，VBNC）的细菌概念，即细菌在不良的环境条件下生存时，细胞体积变小，缩成球状（许多研究还发现有些细菌表现为体积增大，细胞伸长），使用常规方法培养时，无法生长繁殖，但却仍然具有代谢活性的一种特殊的生理状态。许多细菌在不良环境条件下（如寡营养、高/低温、高压、pH 或盐度急剧变化等）进入该状态以渡过难关，这种状态成为细菌的一种特殊存活形式。处于 VBNC 状态的细菌在适当条件下可以复苏，且具有潜在致病性。目前，培养法仍然是微生物检测领域广泛采用的检验方法。但由于细菌活的非可培养状态的存在和发现，且常规培养法无法检验出自然界中实际存在且具有毒力的、在特定条件下可以复苏的非可培养状态的致病菌和粪便污染指示菌，故应该重新审视常规方法所得的结果的可靠性。

对 VBNC 细菌的检测通常是通过细胞的活性或底物的吸收，但直接测定细胞活性会影响结果的准确性，如某些细胞活性低于检测限，或者在一些已失去繁殖能力的细菌中仍然可以检测到代谢活性。细胞活性检测标准应该包括：细胞结构和细胞膜的完整性，DNA 及 RNA 的存在，以及蛋白合成的能力等，但当细菌受到致命损伤时仍具有一定的细胞活性或完整性，因此这些标准也是不充分的，并且多数检测方法只能显示细胞活性的一个侧面。因此细菌的复苏和生长是唯一可以作为细胞活性检测的标准，但一些常用的培养基和培养条件可能会影响细菌的重新生长，从而无法真实反映出细胞活性。检测方法选择不当，可能造成漏检。因此，细胞活性检测方法应根据检测目的是要获取最大可能的活细胞数还是最严谨意义上的活细胞数来进行选择。

目前最常用的 VBNC 细菌检测方法包括：经典方法（AODC、DVC 及 HPC 三者结合法）、Live-dead 试剂盒染色法、间接荧光免疫抗体法、流式细胞仪检测法、EMA/PMA-荧光 PCR 法等。另外，还有一些其他方法，如利用绿色荧光蛋白进行检测。

2.4.1 经典方法

（1）经典方法的作用原理

经典方法是 1975 年由 Fouge 建立的。即吖啶橙染色荧光显微镜直接计数法（AODC）、萘啶酮酸染色直接活菌镜检法（direct viable counts，DVC）、平板菌落计数法（HPC）三者的结合方法。

经典方法的作用原理：吖啶橙与 RNA 或单螺旋 DNA 结合发出红色荧光，与双螺旋DNA 结合发绿色荧光，并且可以使染色的细胞与背景分开，用于测定细菌总数；萘啶酮酸是 DNA 多聚酶的抑制剂，可以抑制 DNA 的合成，并且能够使 VBNC 细胞不分裂，只吸收营养长大，因此这种方法可以检测出具有代谢活性的活菌数。

使用经典方法时，要先将样品、萘啶酮酸或其他 DNA 多聚酶抑制剂与营养物质酵母素溶液（酵母粉、酵母浸膏等）一起孵育若干小时，活细胞会出现体积增大并被染成橘红色的现象，计数即得到活细胞数。再使用 AODC 法测细胞总数，用 HPC 计数可培养活菌数。当 HPC 计数降为零时，加大接种量，连续测定 3 d 可培养数仍为零时，就可以认为细菌进入了 VBNC 状态。但这种方法对萘啶酮酸有强烈抵抗力的 G$^+$菌不具有适用性，这也是 VBNC 研究尚未在 G$^+$菌中大量开展的原因之一。可以应用具有 DNA 多聚酶抑制作用的药物替代萘啶酮酸来改良 DVC 法，改良后的 DVC 法扩大了细菌 VBNC 状态的研究范围。

（2）经典方法的改进

这种方法也存在一定的缺点，因为大部分 G$^+$菌和一些 G$^-$菌对萘啶酮酸会产生抗性，并且所用的营养物质酵母膏能和固定细菌的福尔马林产生沉淀，可以被吖啶橙染色，染色细胞无法与背景分开，影响观察结果。20 世纪 90 年代中期，Ravel 等在 DVC 法中选用环丙沙星作为 DNA 合成抑制剂替代萘啶酮酸，并用 10%的大豆蛋白胨作为营养物，这种方法在有效地抑制 G^+细菌和 G^-细菌的细胞分裂方面有很好的效果，同时应用于活菌的直接计数，还能够很好地解决背景的荧光问题。2003 年，Besnard 等采用环丙沙星替代萘啶酮酸，可以有效区分李氏杆菌的死菌与活菌，并能够检出 VBNC 状态下的李氏杆菌。

2.4.2　Live-dead 试剂盒染色法

（1）作用原理

Live-dead 试剂盒染色法的作用原理是利用活细胞和死细胞的细胞结构不同，会影响染料的渗入。染料与 DNA 具有非特异结合的能力，在激发光源的作用下能够释放较强的荧光并且有较广的可见光谱范围。常用的荧光染料包括菲啶类染料和花菁染料。前者包括吖啶橙、碘化丙锭（PI）、溴化乙啶（EB）、4,6-联脒-2-苯基吲哚（DAPI）等；后者包括 TO-PRO 系列、TOTO 系列及 SYTOX 系列等。基于细胞质膜结构的完整性，该试剂盒由 2 种专染核酸染料组成：一种是绿色荧光染料 SYTO 9，此种小分子染料能够渗入具有完整细胞膜结构的菌体内；另一种为红色染料碘化丙锭（PI），此种大分子染料仅能渗到细胞膜破损的菌体内，并且与 SYTO 9 竞争核酸着染位点。经此染色后，活细胞和死细胞分别呈现出绿色荧光和红色荧光。经 Live/Dead 试剂盒染色处理后的细胞，可配合多种配有荧光检测器的荧光分析系统（如荧光显微镜、多微孔板监测仪、流式细胞仪等）来区分死、活菌，检测总菌数、活菌数。图 2-8 所示为两种染料对活性炭颗粒表面染色的效果。

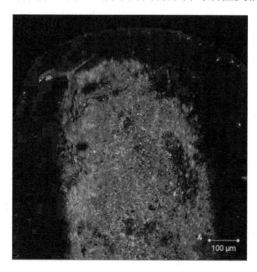

图 2-8　荧光显微镜下活性炭颗粒表面细菌形态特征

资料来源：姚斐，寇运同，陈刚，等. 间接免疫荧光抗体技术检测活的非可培养状态的副溶血弧菌[J]. 海洋科学，2000（9）：10-12。

（2）实验步骤

分别用 2.5 mL 灭菌去离子水溶解 SYTO 9 和 PI 两管染色剂，实验时等比例混合，将待测样品与配制好的染色剂按一定比例混合均匀后避光 15 min，以保证染色均匀有效，再利用流式细胞仪或荧光分光光度计测定荧光强度。激发波长设定为 470 nm，测定 510 nm 附近（绿光吸收波长）和 630 nm 附近（红光吸收波长）的峰值。Boulos L 等结合了 Live/Dead 试剂盒与微孔板检测器，对饮用水中的活菌数与总菌数进行了快速直接定量，认为利用该试剂盒进行检测快速而且结果可靠。该方法也适用于活性炭颗粒、反渗透膜、纳滤膜等表面上活菌与死菌的研究。该方法的优点是操作简便、省时，但是各类染料具有强致癌性，并且价格较贵。

2.4.3 流式细胞仪检测法

流式细胞仪（基本原理与操作见本章 2.2.2）在检测 VBNC 状态的细菌具有诸多优势：

① 可以明显地识别细菌进入 VBNC 状态后形态的变化；

② 流式细胞仪与荧光染料的联合运用可客观评价细菌的活性状态，根据活细胞、死细胞染色的不同，流式细胞仪能够迅速分辨活细胞与死细胞；

③ 可以较为准确地分析出活细胞与死细胞的数量，或者两者数量的比例关系。但是流式细胞仪可以如实反映出某一微生物群落中的细菌总数、存活状态以及活细胞与死细胞数量关系等信息。

但这种方法也存在一些不足，如无法鉴别某一特定微生物，尤其是处于 VBNC 状态的不可培养细菌。此外，流式细胞仪分析样品需要较多的荧光染料，价格昂贵，不适用于大批量样品的检测。

2.4.4 间接免疫荧光抗体染色技术

免疫荧光技术是在 20 世纪 40 年代早期发展起来的。1942 年 Coons 等首次报道用异氰酸荧光标记抗体，检查小鼠组织切片中的可溶性肺炎球菌多糖抗原。当时由于此种荧光素标记物的性能较差，没有得到广泛的应用。直到 20 世纪 50 年代后期，Riggs 等合成了标记性能较好的异硫氰酸荧光黄（fluorescein isothiocyanate，FITC）。Marshall 等也改进了对荧光抗体的标记方法，从而使免疫荧光技术逐渐得到了推广和应用。半个多世纪以来，经过众多学者不断改进和发展，使得该技术成为一种在微生物学、免疫学、病理学及免疫组织化学中常用的免疫学实验方法。20 世纪 70 年代以来，根据放射免疫测定的原理进一步发展建立了各种免疫荧光分析技术（immune fluorescence assay，IFA），可用于体液中抗原或抗体的定量测定。近年来，随着一系列新仪器、新方法的建立，IFA 技术得到了很大的改进和发展。

免疫荧光技术是基于抗原抗体反应的特异性和敏感性与显微示踪的精确性相结合的一种检测技术。用荧光素作为标记物，与已知的抗体（或抗原，较少用）结合，但不影响其免疫学特性。然后用荧光素标记的抗体作为标准试剂，用来检测和鉴定未知的抗原。在荧光显微镜下，可以直接观察呈现特异荧光的抗原抗体复合物及其存在的部位。在实际工作中，较为常见的方法是用荧光素标记抗体检查抗原的方法。所以这种方法通常被称为荧光抗体技术（fluorescence antibody technique）。

根据染色过程中抗原抗体不同的结合方式，免疫荧光技术可以分为以下几种：直接法、间接法、补体法、双标记法等。其中，应用较为广泛的是间接法，其原理是抗球蛋白实验，用荧光素标记抗球蛋白抗体（以下简称标记抗抗体）。检测过程包括两个步骤：第一步是将第一抗体加在含有抗原的标本片上，一段时间后，洗去游离的抗体。第二步是滴加标记抗抗体。如果第一步中的抗原抗体已发生结合，此时加入的标记抗抗体就会和已固定在抗原上的抗体（一抗）分子结合，形成抗原-抗体-标记抗体复合物，并显示特异荧光。这种方法的敏感性高于直接法，且只需要制备一种荧光素标记的抗球蛋白抗体，就可检测同种动物的多种抗原抗体系统，但有时也易产生非特异性荧光。

通过间接免疫荧光抗体技术检测副溶血弧菌发现，正常培养状态下的菌体为棒状、杆状、弧状和球状等多形态（图2-9）。而非可培养状态下菌体变小，缩成球形（图2-10）。姚斐等使用专一性很强的血清，准确地检测出可培养的以及活的非可培养状态的副溶血弧菌，并且所需时间较短（一般3 h内可完成）。因此，在活的非可培养状态的细菌检测中，采用间接免疫荧光抗体技术是一种快速、准确、灵敏的检测技术。

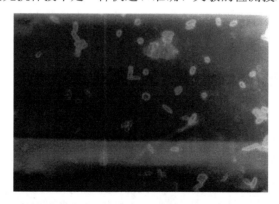

图2-9 间接免疫荧光抗体技术法检测到的正常状态的副溶血弧菌（×1 000）

资料来源：姚斐，寇运同，陈刚，等. 间接免疫荧光抗体技术检测活的非可培养状态的副溶血弧菌[J]. 海洋科学，2000（9）：10-12。

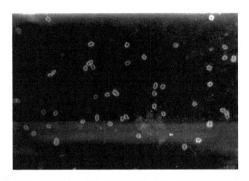

图 2-10　间接免疫荧光抗体技术法检测到的非可培养的副溶血弧菌（×1 000）

资料来源：姚斐，寇运同，陈刚，等. 间接免疫荧光抗体技术检测活的非可培养状态的副溶血弧菌[J]. 海洋科学，2000（9）：10-12。

2.4.5　EMA（PMA）荧光 PCR 法

（1）EMA/PMA-qPCR 的技术原理

qPCR 技术在 PCR 反应过程中，可以同时扩增样本中的死菌和活菌的 DNA，因此该技术的检测结果不能区分死细胞、活细胞数量，只能反映总菌含量。EMA/PMA-qPCR 活菌检测技术是利用不具有细胞膜穿透性的新型核酸染料叠氮溴化乙锭（ethidium monoazide，EMA）或叠氮溴化丙锭（propidium monoazide，PMA）渗入膜损伤的细胞后，插入其 DNA 或 RNA 的碱基之间，在光活化的作用下，与死细胞的 DNA 发生共价交联反应，从而抑制膜损伤细胞 DNA 在 PCR 反应中的扩增，使 qPCR 反应结果只反映活细胞 DNA 含量，结合荧光显微镜或流式细胞仪可以对死细胞、活细胞进行区分（图 2-11）。

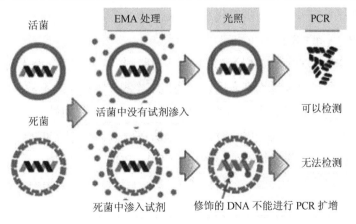

图 2-11　EMA 染色活细菌、死细菌原理

资料来源：凌南，范澍钰，任建鸾，等.食源性人兽共患病病原活菌检测技术研究进展[J]. 中国动物检疫，2018，35（10）：68-73。

EMA-qPCR 的技术原理是利用 EMA 与 DNA 的交联作用来抑制 DNA 在 PCR 反应中的扩增，但不影响活细胞的 DNA 的扩增，可以定向反映活细胞的含量。有研究认为，在死细胞中，EMA 与 DNA 发生共价交联，形成大分子使 DNA 发生沉淀，在细菌基因组 DNA 纯化过程中，交联物与菌体碎片一同被除去。在强光的作用下，溶液中游离的多余 EMA 与水反应，生成羟胺而被钝化，丧失交联活性。因此，只要经过充分的光照，在加入 EMA 的样品溶液中，后续抽提的活菌 DNA 不会受到多余的 EMA 的影响。PI 染料也是一种不具有细胞膜渗透性的荧光核酸染料，这种染料在作用时可以排除活细胞，并且和 DNA 随机结合有很好的效果，因此有着十分广泛的应用范围。PMA 是荧光染料 PI 的一种结构类似物，但它在 PI 分子结构的基础上，连接了一个与 EMA 分子结构中相同的叠氮基团，因此 PMA 应用于活细菌/死细菌检测的作用原理与 EMA 的相似。

（2）EMA/PMA-qPCR 的缺陷

EMA 处理过程会造成部分活菌基因组 DNA 的损失，且 EMA 只能在短暂处理时间以及特定细菌种属的前提下对死细菌、活细菌 DNA 进行选择性结合。有研究证明，EMA 会造成包括大肠杆菌 O157：H7、金黄色葡萄球菌、单增李斯特菌、藤黄微球菌、鸟分枝杆菌和远缘链球菌等活菌的 DNA 损失。Nocker A 等通过荧光显微镜观察发现，EMA 可以进入单增李斯特菌活菌体内，但 PMA 表现出的选择性更佳。一方面，可能是因为 PMA 分子本身比 EMA 多带一个正电荷，因而 PMA 更难渗入活细胞；另一方面，由于 PI 染料的应用范围更加广泛，因而与 EMA 相比，PMA 有更大的应用潜力。此外，Pan Y 等通过对比 EMA-qPCR 与 PMA-qPCR 技术检测单增李斯特菌死、活状态的混合样本的结果，发现 EMA 具有活细胞毒性，且活细胞暴露在 EMA 中的时间、温度会影响毒性的强弱，而 PMA 则没有表现出对活细菌的有毒性。综上，由于 PMA 在各方面表现出更大的优势，因而在活菌检测技术应用方面逐步取代了 EMA。

（3）EMA/PMA-qPCR 技术应用现状

EMA/PMA-qPCR 分子活细菌检测技术在环境监测、医疗卫生、航天科学、食品检验以及饮用水微生物研究等领域均有应用。一些临床检测样本如病人唾液，以及自然水体、饮用水、污水、土壤、植被、微生物的生物被膜，甚至太空空间站的一些灰尘中的微生物，均已被证实可以用该方法进行检测。该方法在致病菌活细菌检测中具有快速、可靠的优点，已先后有研究报道通过使用 EMA/PMA-qPCR 技术对嗜肺军团菌、副溶血性弧菌、沙门氏菌、单增李斯特菌、大肠杆菌 O157：H7 等多种致病菌的纯菌样本进行了检测。

EMA/PMA-qPCR 技术也被广泛应用于对 VBNC 状态的细菌的研究，检测对象也从原核细菌扩展到其他微生物种类，如寄生虫、真菌、孢子和病毒等。Slimani S 等使用该技术定量分析了 VBNC 状态的嗜肺军团菌。Liang Z 等利用 real-time PCR、PMA-qPCR

两种方法对消毒后长期储存的水样进行了检测,并从中检出了新鲜的隐孢子虫卵囊,认为这两种方法对依赖剂量反应进行的蒸馏水过氧化氢处理效果进行评估是稳定可行的。

EMA/PMA-qPCR 技术保留了 real-time PCR 的一些优点,如操作简便,耗时短,避免开盖污染等。此外,还能够区别检测活细菌和死细菌。但也有学者对这种技术的使用保留谨慎态度。有研究发现,当目标基因太短(小于 190 bp)的时候,PMA 不能有效抑制 DNA 在 PCR 反应过程中的扩增。尽管如此,EMA/PMA-qPCR 技术无疑已是目前众所关注的最具前景的一种活菌检测技术。

2.4.6 基于细菌 mRNA 分子的检测方法

细菌的 mRNA 分子在细胞代谢中处于中心地位,而且它的半衰期非常短暂,与细胞活性密切相关,被认为是一个很好的细胞存活的标志。因此基于 mRNA 的 VBNC 细菌的检测技术是公认的敏感的特异性方法。以反转录聚合酶链式反应(reverse transcription PCR,RT-PCR)为基础扩增 mRNA 是目前使用的主要方法之一,它可以准确、客观地评价 VBNC 细菌的潜在危害。

Coutard 等利用 RT-PCR 技术比较副溶血弧菌 Vp4 菌株两种看家基因 16S～23S rDNA 和 rpoS 以及毒力基因 tdh1 和 tdh2 在正常可培养状态和 VBNC 状态的表达情况,结果显示 16S～23S rDNA 和 rpoS 基因能够在 VBNC 状态表达,而毒力基因 tdh1 和 tdh2 没有表达,说明选择的两种看家基因对于 Vp4 菌株是很好的稳定性标志,而在 VBNC 状态 Vp4 菌株无法表达毒力基因。

利用 RT-PCR 技术和基因芯片技术检测 VBNC 状态 *E.coli* O157:H7,选择脂多糖基因(*rfbE*)以及鞭毛蛋白基因(*fliC*)编码的 mRNA 作为检测标记,可以特异性检测到 1L 河水或者饮用水中的少量大肠杆菌。通过该方法,Liu 等检测到河水中 *E.coli* O157:H7 的数量为 7 CFU/L,50 VBNC 细胞/L。Willianms 等利用 RT-PCR 技术以 mRNA 为基础,检测牙齿治疗后处于 VBNC 状态的粪肠球菌(*Enterococcus faecalis*),87 份样品中有 4 份样品用传统方法无法培养,但通过 RT-PCR 可以检测得到。

但是 mRNA 逆转录活性检测方法也存在一定的局限性:一方面 mRNA 不稳定,降解速度快,这就对 mRNA 提取技术提出了更高的要求;另一方面,不同细胞或不同生长状态细胞中,mRNA 的浓度水平与稳定性也不同,且有些非活性细胞中也可能存在 mRNA。因此,要利用基于 mRNA 可转录活性来定量检测具有活性的病原菌,就要选择在细菌体内转录较为稳定且确定处于稳定期的单位细菌体内 mRNA 的含量,选择适合实际水样的 RNA 提取技术。

2.4.7　基于细菌外源蛋白（绿色荧光蛋白）的检测方法

绿色荧光蛋白（GFP）是一种水母荧光蛋白，荧光性稳定，无细胞毒性，其荧光标记系统无需外源性底物及辅助因子，就可以在单细胞中表达 GFP 基因，经过紫外光照射后可以直接观察，主要用于基因表达调控、转基因动物研究、蛋白质在细胞中功能定位、病原菌侵入机体的迁移变化过程、微生态系统及环境监测的分析研究。如有未经 GFP 标记的细胞在 VBNC 状态下表现相似的生理特征，但是 VBNC 细胞可以保持荧光，而死细胞由于不具有细胞膜的完整性，不会产生荧光。利用 GFP 基因作为报告基因在活细胞中诱导表达，作为一种有效的区分死细胞、活细胞的替代法，可以用来检测 VBNC 细胞。

Cho 等利用绿色荧光蛋白标记伤寒沙门氏菌（*Salmonellatyphi* GFP155），通过紫外透射仪观察（360 nm），计数地下水和池塘水中的 VBNC 状态细胞，发现伤寒沙门氏菌在地下水中的存活时间长于池塘水。Lowder 等用绿色荧光蛋白标记假单胞菌，在饥饿环境下（温度 37.5℃）假单胞菌 VBNC 细胞可以保持荧光达 6 个月，而饥饿细胞在低温环境下（温度 5℃或者 30℃）可以保持至少 11 个月荧光，荧光信号强度达到正常细胞在非压力环境下的 80%以上。Gunasekera 等利用变异的 GFP 报告基因的表达，比较了巴氏消毒牛奶热处理前后细菌数量的变化，发现巴氏消毒后的牛奶中存在大量的 VBNC 细菌。

2.5　微生物生物量的研究方法

生物量的测定方法包括建立在传统微生物技术之上的传统的培养法，以及以生物膜中微生物细胞组分含量检测为基础的原位法，原位法是通过直接测定生物膜总量或某细胞组分的总量来测定生物量的一种方法。除此之外，还采用流式细胞术、ATP 生物发光法、荧光显微计数法、比浊度法等方法进行生物量测定。

2.5.1　原位法

培养法中存在微生物细胞分离不完全和培养基的选择性的问题，而原位法测定由于不涉及生物膜与载体的分离及菌胶团的破碎，可以避免这些缺陷。常用的指标有混合液悬浮固体浓度（MLSS）、混合液挥发性悬浮固体浓度（MLVSS）、总有机碳（TOC）、COD、总蛋白质、肽聚糖、脂多糖和脂磷等。

2.5.1.1　重量法

混合液悬浮固体浓度（MLSS）是指曝气池中单位体积的悬浮固体质量，又称为污泥浓度。MLSS 的测定方法较为简便，在实际工程中可以作为活性污泥生物量的评价指标。

混合液挥发性悬浮固体浓度（MLVSS）是指曝气池中悬浮有机物的浓度，因此较 MLSS 更接近活性微生物浓度。

MLSS 测定活性污泥生物量存在较多的干扰因素。分析污泥中成分可知，活性污泥中除了具有活性的微生物，还有一些活性污泥吸附的惰性有机物、代谢残留物和无机物等。如果进水中含有较多悬浮物质，会影响 MLSS 指示活性污泥生物量。农业以及食品加工行业产生的废水中都会含有一定量的有机悬浮物质，影响污泥浓度的测定。另外，活性污泥中微生物在死亡后分解产生的内源性物质和有活性的微生物，MLVSS 无法区分。MLSS、MLVSS 本质上是测定微生物的重量，但微生物的重量并不能够代表微生物活性。在营养过剩、氮磷元素缺乏的条件下，活性污泥中微生物会大量合成胞内能源储存物质，如聚羟基脂肪酸酯等，增加了细胞的重量，同时给污泥浓度的测定带来了一定程度的干扰。为了使活性污泥法高效、稳定运行，开发出更为准确的活性污泥生物量测定方法用来指导污水生物处理的调试、运行等逐渐成为学者们研究的热点。

（1）总固体重量法

该法测定的重量包括各种生物体、有机和无机化合物及溶解性固体。

测定方法：

1）洗净蒸发皿，设置烘箱温度为 105～110℃，烘烤约 30 min，取出后置于干燥器内冷却 30 min 后，用分析天平称重，然后再烘烤称重至恒重，两次称重相差不超过 0.000 4 g。

2）从构筑物中取混匀的活性污泥 100 mL，离心后弃去上清液。用蒸馏水洗涤沉淀，再次离心并弃去上清液。

3）将沉淀污泥用少量蒸馏水重悬后移至上述恒重蒸发皿中，100℃水浴蒸干，再放入 105～110℃烘箱内，约 1 h 后取出，置于干燥器内冷却 30 min，称重。

4）置于 105～110℃烘箱内反复烘干，冷却并称重直至恒重。

5）计算公式如下：

$$总固体（mg/L）= \frac{(W_2 - W_1) \times 1\,000 \times 1\,000}{V}$$

式中：W_1——蒸发皿重量，g；

　　　W_2——蒸发皿和总固体重量，g；

　　　V——水样体积，mL。

（2）挥发性固体重量法

将上述已烘至恒重的干物质，再置于 550～600℃的马弗炉内灼烧至恒重。一般需灼烧 15～20 min。待温度降至 100℃以下，再取出蒸发皿移入干燥器内，停置 30 min 冷却后称重。灼烧失重量即为挥发性固体，主要包括生物体及有机物重量。计算公式如下：

$$总挥发性固体（mg/L）= \frac{(W_2 - W_3) \times 1\,000 \times 1\,000}{V}$$

式中：W_2——蒸发皿和总固体的重量，g；

      W_3——蒸发皿和总固体灼烧后的重量，g；

      V——水样体积，mL。

2.5.1.2 脂磷测定法

（1）脂磷法概念与原理

细胞内含有多种组分或代谢物质，能够成为总生物量的指标理论上至少应满足两个条件：① 这种物质存在于所有的微生物细胞内；② 这种物质保持恒定的量，并且与微生物种类及细胞的生理状态无关。但实际上能够完全满足这两点要求，尤其是满足后者，目前还没有发现。

在常用的微生物指标中，MLSS、MLVSS、TOC 和 COD 表征的是生物膜的总组分，包括细胞和非细胞成分。因此，这些指标无法区分生物膜中的活细胞和死细胞；总蛋白质、肽聚糖、脂多糖及磷脂用来表征细胞内的某一组分或某一代谢物质，可以间接说明生物膜中活菌的数量。如革兰氏阳性菌肽聚糖含量高，而革兰氏阴性菌含较多的脂多糖，细胞的新陈代谢状态则与总蛋白质含量密切相关。

截至目前，脂类物质（Lipids）是所发现的物质中最符合上述两点要求的细胞组分，它是细胞生物膜（biological membrane）的主要组分，在细胞死亡后很快分解，它在细胞中的含量约为 50 μmol/g 干重，不同生理-化学压力下的波动不超过 30%～50%。90%～98%的生物膜脂类是以磷脂（phospholipids）形式存在的，磷脂的化学结构如图 2-12 所示，磷脂中的磷（脂磷，phospholipids-P）含量用比色法可以很容易地测定，用脂磷来表示生物量是一种行之有效的方法。脂磷测定法是目前在饮用水生物处理领域应用最广泛的原位微生物量测定方法。

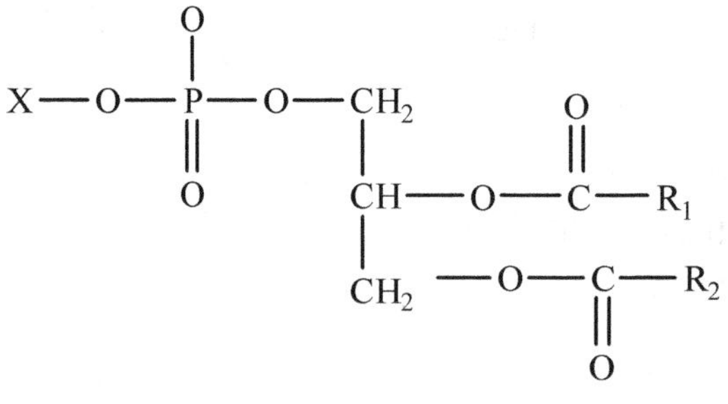

图 2-12 磷脂的化学结构示意

（图中 X 为胆碱、乙醇胺或丝氨酸等基团，R_1 通常为不饱和脂酰基，R_2 通常为饱和脂酰基）

（2）脂磷法测定步骤

1）在 100 mL 具塞比色管中加入待测样品，随后加入体积比为 5：10：4 的三氯甲烷、甲醇和纯水的混合液 19 mL，振荡 10 min 后静置 12 h。

2）再分别加入 5 mL 三氯甲烷和纯水，振荡后静置 12 h。

3）比色管中下层的三氯甲烷中含有萃取出的脂类组分，将该组分转移至 10 mL 具塞试管中，水浴蒸干。

4）将 5%过硫酸钾溶液 0.8 mL 投加至试管中，然后定容到 10 mL，高压灭菌 30 min，测定消解液的磷酸盐浓度。

5）结果以 nmol P/cm^2 膜或 nmol P/mL 溶液表示。

（3）脂磷法的优点

脂磷法可以排除非生物成分的干扰，结果较真实，用脂磷法测定的活性生物量可以更好地代表实际具有生物降解作用的生物量。

2.5.2　三磷酸腺苷（ATP）测定

（1）ATP 测定概念与原理

ATP 是生物体中的一种能量载体与重要辅酶，与许多合成反应和分解反应相偶联，不断处于被合成和消耗的动态平衡中，并且能够调节分解和合成反应，且对不同的生物体的调节机制是相似的。因此，ATP 含量水平在一定程度上可以反映生物体的能量水平和代谢情况。另外，ATP 仅存在于活体细胞中，在死亡细胞中会被水解消失，所以正常生物体细胞内的 ATP 含量是相对稳定的。虽然不同生物的 ATP 含量在不同的生长阶段和环境条件下会有一定的变化，但对于一种微生物，在一定的环境条件下，其 ATP 含量基本是恒定的。因此，ATP 含量可以作为生物量和生物活性的评价指标。

目前用于检测 ATP 的方法主要有生物发光法、荧光定量法和色谱分析法等，这些方法已经开始运用于污水处理系统中活性污泥的 ATP 测定。液相色谱法精密度和准确度较好，常应用于测定动植物组织中代谢水平的研究。生物发光法在测定过程中具有过程简单、反应灵敏的优点，广泛应用于测定活性污泥等环境样本的 ATP。ATP 可以激发荧光素酶产生光，光的强度越大，ATP 的浓度越高，生物发光法通过光度计测定光强度来定量 ATP。

ATP 生物发光技术的基础是生物发光反应。这种技术虽然不需要培养，但需要对样品先进行富集，使样品菌落总数达到有效检测范围，该技术也是 ATP 发光技术能应用于饮用水卫生检验的关键。

（2）ATP 生物发光计数法

ATP 生物发光法的原理就是荧光素酶在 Mg^{2+} 的作用下，通过 ATP 发生腺苷酰化活化荧光素，活化后的荧光素与荧光素酶相结合，形成了荧光素-AMP 复合体，放出焦磷酸

（PPi）。该复合体被分子氧氧化，导致荧光素产生电激发，放出 CO_2 和 H_2O，当荧光素从激发态回到基态时发射光。最后荧光素-AMP 复合体脱离荧光素酶，形成氧化荧光素和 AMP。反应过程如下：

$$荧光素 + 荧光素酶 + ATP \xrightarrow{Mg^{2+}} 荧光素\text{-}AMP复合体 + AMP + PPi \xrightarrow{O_2}$$
$$氧化荧光素 + AMP + CO_2 + hv$$

ATP 发光强度与 ATP 浓度在一定范围内成正比，因此通过发光强度就可以检测出待测液中 ATP 含量。再利用 ATP 含量与细菌数成正比这一原理，推算出菌落总数。具体检测方法步骤为：

1）抽取用磷酸盐缓冲液稀释的水样 1 mL，通过过滤比色杯浓缩，使水样中的细菌细胞、体细胞及其他杂质附集在过滤比色杯的滤膜上。

2）向比色杯中滴加 4 滴 TRA（体细胞裂解试剂组），使体细胞中的 ATP 释放出来，用专用加压器加压排除反应液。

3）重复步骤2），充分排除样品中的外源 ATP。

4）从比色杯架上取下过滤比色杯，将其放入微量光度计的抽屉中，再向过滤比色杯中加入 2 滴 XRA（细菌细胞裂解试剂组），使细菌细胞 ATP 释放。

5）用移液枪抽取 50 μL LLR（荧光反应试剂组）加入过滤比色杯中抽吸两次后，将抽屉迅速推入微量光度计中，测其发光值 RLU。

6）每个稀释水样设置两个平行样进行测定，取平均值。

（3）ATP 生物发光计数法优缺点

优点：ATP 生物发光法不需要培养条件，即可以更为准确、快速地测定活菌数量，操作简便，测定范围广，可以实现自动化，测量时间短暂，整个测定过程只需要 15～20 min，而且检测结果与平板计数法有较好的相关性。

缺点：①ATP 生物发光法灵敏度不够高，有时达不到国标的要求。例如，《生活饮用水卫生标准》（GB 5749—2006）中规定，菌落总数不能超过 100 CFU/mL，而 ATP 生物发光法检测一般达不到这个灵敏度，这就需要先对样品进行富集，使样品浓缩后再测定。而且 ATP 生物发光法的最低检测限受所使用的仪器和试剂影响。采用过滤法和前培养法并用的方法可以提高灵敏度。

②ATP 生物发光法的测定会受多种因素的影响。样品中的离子、盐度、pH、游离态 ATP，酶活性以及环境温度都会影响测定结果。

③ATP 生物发光法不能区别微生物 ATP 和非微生物 ATP，不具有特异性。

④ATP 生物发光法所使用的仪器、试剂都比较昂贵。

⑤ATP 生物发光法是通过生物发光强度来表示的，需转换成细菌数，相较于传统的

计数方法不那么直观。

（4）ATP 生物发光计数法的应用

1）生态环境科学领域。ATP 是微生物生命和活力的标志，是衡量活性污泥中微生物活性的重要指标。在实验室条件稳定的状态下，ATP 可以很好地表示生物的动力学特征和污泥的沉降性能。通过测定活性污泥中的 ATP 含量，可以及时反馈曝气池的运行情况。通过观察 ATP 浓度变化可以分析污水处理过程中 COD 降解情况和微生物活性污泥的增长情况，以便更为有效地控制处理过程中各有关参数，以达到最佳处理效果，这对了解微生物群体的生物活性，提高生化处理构筑物的功效和处理能力，都具有非常重要的意义。

2）食品卫生安全领域。主要应用于食品原料、食品生产过程及设备的检测，以及对食品的微生物浓度检测。

3）医学领域。ATP 作为细胞能量来源，在细胞代谢过程中其水平处于相对稳定的动态平衡。但当细胞与抗白血病药物共同培养一定增殖周期后，白血病细胞死亡，而 ATP 迅速下降，剩余的 ATP 水平与活细胞数呈正相关。因此测定白细胞 ATP 水平可以得知抗白血病药物的敏感性。ATP 生物发光法与细胞增殖无依赖关系，可以用来分析各增殖期白血病细胞对药物的敏感性，准确性好。

2.5.3 比浊度法

（1）比浊度法概念与原理

比浊度法测定生物量是根据混合液微生物浓度与浊度成正比，与光密度成反比的原理，使用分光光度计或浊度计测定混合液的光密度或混合液浊度，进而通过计算得到混合液微生物浓度的一种间接测定方法。

（2）比浊度法测定方法

1）用生理盐水或蒸馏水将待测菌液作一系列的稀释，其浓度可略高于标准管。

2）与浊度相当的标准管进行比较，记下此标准管所示的菌数。

3）原菌液浓度的计算公式如下：

$$每毫升原液菌数（亿/mL）=标准管所示的菌数×稀释倍数$$

（3）注意事项

1）待测菌液取量应适当，一般取 1 mL 为宜，取量太少会造成较大误差，用生理盐水对菌液进行适当稀释，使其浓度略高于标准管，不宜相差太多。

2）标准管内是玻璃粉悬液，理化性质稳定性较差，当发生玻璃粉凝聚或黏附管壁的现象时，会使浊度下降，此时不宜再使用。

3）在光线明亮处进行比浊操作，避免阳光直射。稀释要精确，比浊度时以相纸上黑线的清晰程度判断菌液浓度，经左右置换进行核对两管透明程度一致时为准。每次检验样品应少量多次，以免导致视觉疲劳，影响判断效果。

4）比浊管可保存于室温或冰箱中，但不能冻结，有效期为 1 年。标准比浊管制法及相应菌数如表 2-6 所示。

表 2-6 标准比浊管制法及相应菌数

试管号	1	2	3	4	5	6	7	8	9	10
加 1%（g/mL）（w/v）$BaCl_2$/mL	0.1	0.2	0.3	0.4	0.5	0.6	0.7	0.8	0.9	1.0
加 1%（g/mL）（w/v）H_2SO_4/mL	9.9	9.8	9.7	9.6	9.5	9.4	9.3	9.2	9.1	0.0
相当的菌数/（亿/mL）	3	6	9	12	15	18	21	24	27	30

第3章 生物活性与毒性测定方法

3.1 生物活性的测定

在生物活性的测定中，可用来表征微生物活性的指标包括各种酶（如脱氢酶、蛋白酶等）的活性、三磷酸腺苷（ATP）含量、生物呼吸潜力（BRP）以及耗氧速率（OUR）等。在饮用水生物处理领域，研究人员用来检测微生物活性的指标有 TTC-脱氢酶活性、ATP 含量和耗氧速率。

3.1.1 脱氢酶活性法

（1）脱氢酶活性法概念与原理

酶是生物产生的一种有机催化剂，几乎所有微生物代谢活动中涉及的各种生物化学变化都是在酶催化下进行的，通过酶催化以调控在细胞中发生的数千个独立的产能反应和细胞构建反应的反应速率。酶是细胞中最大、最专业的蛋白质分子群体。

脱氢酶是一种氧化还原酶，可以激活某些特殊的氢原子，从而使这些氢原子通过适当的受氢体转移以氧化原始物质。脱氢酶不仅在糖、脂肪、氨基酸和核苷酸的代谢中很重要，而且在能量转移和物质循环中也发挥着重要作用。在氧化过程中，脱氢酶是第一个作用于代谢产物的酶，脱氢酶涉及的生物反应包括氨基酸合成和降解、丙酮酸氧化、光合作用、戊糖磷酸途径、氧化磷酸化以及脂肪的氧化和合成等，为生命有机体提供了必要的能量和还原当量。微生物脱氢酶是微生物降解有机物并获得能量的必需酶。

脱氢酶活性（dehydrogenase activity，DHA）可以直接反映生物体的活性状态，微生物细胞降解基质的能力也可以直接用脱氢酶活性来表示。脱氢酶活性测定的实质是通过测定微生物的呼吸活性来间接表征生物活性。

通过加入人工受氢体的方法可以检测脱氢酶活性，用于检测脱氢酶活性的常用人工受氢体主要包括 TTC（2,3,5-三苯基氯化四氮唑）、刃天青、亚甲基蓝和 INT（碘硝基氯化四氮唑蓝）等，脱氢过程的强度通常用人工受氢体（指示剂）的还原变色速度来确定。

TTC 是人类第一个发现并应用于生化分析实验中的人工受氢体，也是研究和应用最广泛的人工受氢体。早在 20 世纪 60 年代，一些国外学者就将这种生化分析技术逐步应用到废水生物处理领域。目前，国内有关文献资料中所介绍的 TTC-脱氢酶活性的测定方法，多与 Klapwijk 提出的 TTC 检测改进方法有关。在这种方法中，氧化还原性染料 TTC 作为指示剂，使无色的 TTC 在活性微生物细胞内成为最终受氢体，其主要的优点是反应过程中颜色的加深和生物学条件下的不可逆性。当微生物细胞中发生生物氧化（即脱氢反应）时，TTC 便会接收氢原子并被还原成红色的 TF（三苯甲䐶），TF 可以使用 80%丙酮水溶液、甲苯以及氯仿等溶剂萃取出来，在 485 nm 波长下测量其吸光度或光密度，以 TTC 反应速率来反映脱氢酶活性。其反应原理如图 3-1 所示。

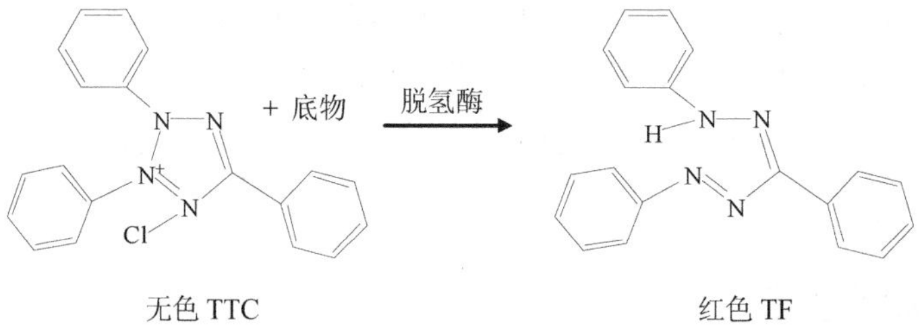

无色 TTC　　　　　　　　　　红色 TF

图 3-1　TTC-脱氢酶活性测定法反应原理图

对于另一种生物染料亚甲基蓝来说，其测定脱氢酶活性的过程是一个退色过程。在生物新陈代谢过程中，脱氢酶从有机物中脱去氢，从而氧化有机物，并将氢转移到氧化性化合物中，在厌氧条件下亚甲基蓝（蓝色）接收氢转化成还原型亚甲基蓝（无色），通过测定亚甲基蓝的退色速率来评价脱氢酶的活性。其反应原理如图 3-2 所示。

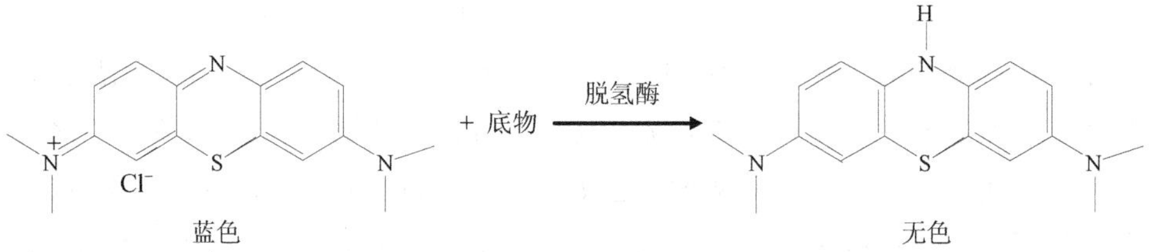

蓝色　　　　　　　　　　　　无色

图 3-2　亚甲基蓝测定脱氢酶活性原理图

生物染料刃天青测定脱氢酶活性的过程也是一个退色过程，但其反应过程较亚甲基蓝来说稍复杂一些，反应步骤如图 3-3 所示。

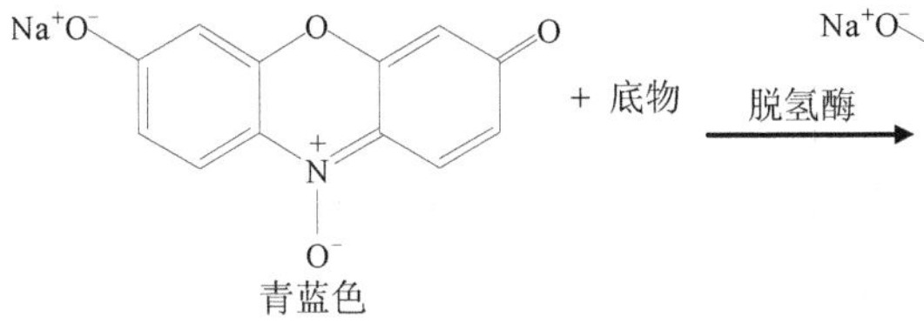

图 3-3　刃天青测定脱氢酶活性原理图

科学家们对 INT 检测脱氢酶活性也做了大量的研究，其测定原理及方法与 TTC 检测脱氢酶活性的原理和方法基本相同，如图 3-4 所示。

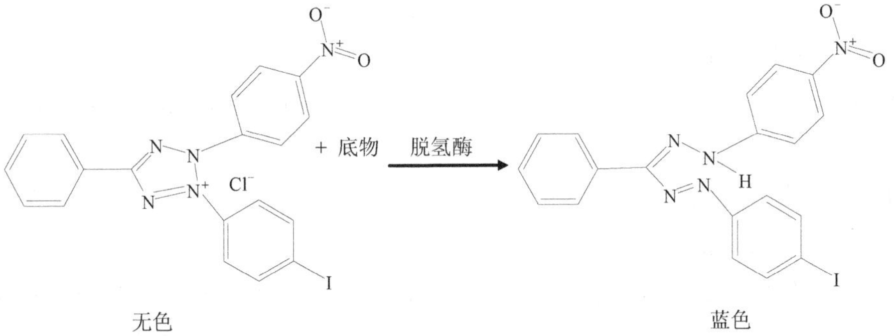

图 3-4　INT 检测脱氢酶活性原理图

（2）TTC-脱氢酶活性测定方法

1）样品制备：

用洁净的刻度吸管吸取 10 mL 样品，放入 10 mL 的离心管中，离心 5 min 后弃去上清液。将其反复用纯水洗涤并离心处理 3 次，最后向离心管中加入纯水至 10 mL，并搅拌均匀。

2）加试剂：

将上述样品转移至 25 mL 比色管中，分别加入 7.5 mL Tris-HCl 缓冲液（pH=8.4）、2.5 mL 0.4%的 TTC 溶液、2.5 mL 0.36%的 Na_2CO_3 溶液和 2.5 mL 纯水，并混合均匀。

3）样品培养：

将加好试剂的 25 mL 比色管于（37±1）℃的恒温水浴振荡器内进行培养，5 min 后用吸管将 5 mL 培养液迅速吸到 10 mL 离心管中，并加入 0.5 mL 甲醛溶液以抑制酶反应，该管作为分析中样品的空白对照。从吸出 5 mL 培养液（样品空白对照）时开始计算样品培养时间，培养时间一般控制在 30 min 左右。

4）终止酶反应：

当达到预定培养时间时，可以通过向 25 mL 比色管中加入 2 mL 甲醛溶液并均匀混合以终止酶反应。

5）样品萃取：

以 5.5 mL 为一份，将 25 mL 比色管中的培养液分别装入 4 个 10 mL 离心管中，然后与样品空白对照管一起离心分离 5 min，弃去上清液，然后向每个离心管中加入 5 mL 丙酮搅拌均匀，在（37±1）℃条件下水浴振荡 10 min。

6）比色分析：

将萃取完毕的离心管离心 5 min，取其上清液作为样品显色溶液，用光程 1 cm 的比色皿于分光光度计波长 485 nm 处进行比色分析，根据所测得的吸光值，首先在标准曲线中找出显色液中的 TF 浓度，然后计算出样品的 TTC-脱氢酶活性。

（3）TTC-脱氢酶活性法优缺点

TTC-脱氢酶活性法具有测定结果稳定可靠、重现性好、准确性高、分析成本低、节省能源、操作方便等优点。

（4）TTC-脱氢酶活性法应用

1）废水生化处理：

废水生化处理本身就是一系列的酶促反应，在废水生化处理中脱氢酶活性检测受到越来越多的关注。国外一些学者通过研究证明，活性污泥中的脱氢酶活性、耗氧速率（OUR）、活细菌数目（MPN）、混合液悬浮固体（MLSS）、混合液挥发性悬浮固体（MLVSS）之间存在很好的相关性，这些参数可以从不同角度反映剩余污泥好氧消化过程中微生物的降解规律。

2）土壤污染：

脱氢酶活性常用于检测各种污染物（重金属、农药、原油等）对土壤微生物活性的影响。

3）化学污染物和金属毒物毒性评价：

在环境污染物毒理学中，常以脱氢酶作为评价污染物整体生物毒性的指标。

3.1.2 耗氧速率法

（1）耗氧速率法概念与原理

污水处理中好氧微生物的耗氧速率（OUR）也称为呼吸速率或氧利用速率，它是指每单位时间单位体积混合液中微生物的耗氧量，是表征好氧微生物活性状态的重要指标。OUR 是在研究给水和废水的生物处理中分析生物膜微生物活性的常用方法。与测定各种酶（如脱氢酶、蛋白酶等）的活性、ATP 的含量相比，OUR 是表征微生物活性的一个简单而快速的指标，测定过程所需设备简单而且操作容易。同时研究证明，OUR 同 ATP 含量之间存在良好的相关性。OUR 的另一个特征是可以通过控制测定过程来分别测定异养菌、硝化菌和亚硝化菌各自的 OUR。

（2）耗氧速率法测定方法

1）取一定量带有生物膜的载体样品，置于磨口广口瓶内，加入一定体积的经过预曝气充氧的水样于广口瓶中，记录原水的温度并保持恒温。

2）将包有生料带的溶解氧仪探头插入广口瓶内，使瓶内无气泡，并密封广口瓶。将广口瓶置于电磁搅拌器上，启动中速搅拌，记录一定时间内溶解氧随时间的变化情况，从而得到载体表面微生物的总 OUR。

3）如果在测定前向水样中加入 10 mmol/L 的 $NaClO_3$ 溶液作为硝化细菌的抑制剂，则可以得到载体表面异养微生物和亚硝化细菌的耗氧速率之和。如果在测定前向水样中加入 10 mmol/L 的 $NaClO_3$ 溶液，同时加入 5 mg/L 的聚丙烯硫脲（ATU）溶液，作为亚硝化细菌的抑制剂，则可以测定异养菌的耗氧速率。

4）基于以上结果，可以分别计算出异养菌、硝化菌和亚硝化菌各自的 OUR，结果均以 $\mu g \, O_2/$（g 载体·h）表示。

（3）耗氧速率法的应用

OUR 测量不仅应用于给水和废水的生物处理研究中生物膜微生物活性，还可以应用于活性污泥工艺的过程控制。

3.1.3 原位基质摄取速率检测法

一般来说，饮用水生物活性滤池中的溶解氧是充足的，生长的微生物主要是好氧细菌，因此总生物活性的大小可以通过溶解氧的变化间接表示出来。

原位基质摄取速率检测法包括四部分：原位氧摄取速率检测法（ISOURM）、原位有机物摄取速率检测法（ISCURM）、原位氨氮摄取速率检测法（ISAURM）和原位亚硝酸盐摄取速率检测法（ISNURM）。

（1）ISOURM

在不改变微生物生长环境的情况下，在过滤材料上生长的微生物每单位时间和每单位体积的耗氧量为原位氧摄取速率（ISOUR），该值除以生物量可得比原位氧摄取速率（SISOUR）。

（2）ISCURM

异养细菌的活性可以用对有机物（以 COD_{Mn} 表示）的摄取速率来表示。在不改变其生长环境的情况下，异氧细菌在单位时间内单位体积滤料上 COD_{Mn} 的降解量即为原位有机物摄取速率（ISCUR），该值除以异养细菌量可得比原位有机物摄取速率（SISCUR）。

（3）ISAURM

亚硝化细菌的作用是将 NH_4^+-N 转化为 NO_2^--N，其活性可通过对 NH_4^+-N 的摄取速率来表示。在不改变其生长环境的情况下，单位时间内单位体积滤料上所生长的亚硝化细菌对 NH_4^+-N 的氧化量即为原位氨氮摄取速率（ISAUR），该值除以亚硝化细菌量则为比原位氨氮摄取速率（SISAUR）。

（4）ISNURM

在不改变其生长环境的情况下，每单位时间内被硝化细菌所氧化的 NO_2^--N 的量即为原位亚硝酸盐摄取速率（ISNUR），该值除以硝化细菌量则为比原位亚硝酸盐摄取速率（SISNUR）。

原位基质摄取速率生物活性检测方法是一种准确、方便、快捷的检测方法，不仅可以检测总生物活性，还可以检测异养细菌和硝化细菌的活性。

3.1.4　CTC 技术

（1）CTC 技术概念与原理

近年来，氧化还原染料 CTC（5-cyano-2,3-ditolyl tetrazolium chloride）已经被广泛应用于测定水环境领域厌氧菌和需氧细菌细胞活性的研究。CTC 是一种无色的细胞膜可渗透成分，可以被细菌细胞通过电子传递链还原，在细胞内形成红色荧光沉淀物质 CTF（CTC-formazan）。那些可以还原 CTC 并产生荧光的细胞即具有呼吸活性的细胞（CTC^+），通常用荧光显微镜直接检测并进行量化，有时也与影像分析系统联用，还有研究者应用流式细胞仪或分光光度计来检测具有呼吸活性的细胞。CTC 在活细菌检测方面具有简便、灵敏及可以指示细菌呼吸活性的特点，是直接表示氧化代谢和存活能力的方法，可用于测定不同环境中脱氢酶的活性。目前已被应用于纯培养，活性污泥，沉积物，土壤、空气、污水、地下水、海水、饮用水、饮用水配水系统中的生物膜，饮用水生物滤池，矿泉水等各种水环境中细菌的研究。根据不同的研究目的，CTC 可以与其他技术相结合，如 CTC-DA-PI 双染色、CTC 染色与扫描隧道电子显微镜结合、CTC 染色与共聚焦激光电子显微镜结合、CTC 标记与原位杂交技术结合等。

用 CTC 法测定活性细菌细胞数的方法已经被广泛应用于生态和环境微生物方面的研究中，CTC 法在检测活细菌数目及活性方面具有简便、灵敏、高效、设备简单及直接表示细菌氧化代谢和存活能力等特点，这是传统平板计数法不能比拟的。该法为饮用水水源、饮用水、供水管网生物膜及其他水环境中的细菌总数和细菌活性的研究提供了一种快速、可靠的检测手段，同时还可与其他技术结合进一步研究微生物的种类和特点等，对于保障水源水质、饮用水微生物学指标监测及相关研究有着重要意义。

（2）CTC-FCM 方法

CTC-FCM 方法以细胞的代谢活性作为活性细菌的评价标准。CTC 可渗透细菌细胞膜，与具有代谢活性细菌内的电子传递链反应，在细胞内形成红色荧光沉淀物，可用流式细胞仪进行检测。流式细胞仪可记录样品中单个颗粒的侧向散射光（side light scatter，SS）、绿荧光（green fluorescence，FL1，530 nm±15 nm）、橙荧光（orange fluorescence，FL2，585 nm±21 nm）和红荧光（red fluorescence，FL3，>650 nm）。

　　CTC-流式细胞仪总菌落数测量方法：取 200 μL 样品加入 96 孔板中，加入 4 μL 50 mmol/L 的 CTC，孵育后采用流式细胞仪进行计数，其检测流程如图 3-5 所示。

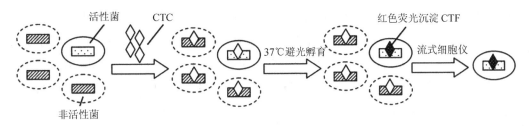

图 3-5　CTC-FCM 法检测活性菌流程图

资料来源：林怡雯，杨天，李丹，等. 基于 CTC-流式细胞仪活性细菌总数的快速检测技术研究[J]. 环境科学学报，2013，33（9）：2511-2515。

　　（3）CTC 技术的应用

　　1）饮用水：

　　用 CTC 法测定水样中细菌总数及活性，只要将水样与 CTC 混合孵育 1 h 之后即可用显微镜观察并得到测定结果，与平板计数法相比大大缩短了检测时间，特别是在检测饮用水中细菌总数时，检测时间的缩短，避免了测定微生物指标的滞后性，当细菌总数超过指标值时可以迅速采取一定的措施，从而避免了细菌数量过多导致的饮水事故，CTC 法也提高了测定值的准确性。

　　2）其他水环境：

　　CTC 方法已被广泛应用于需氧、兼性厌氧和专性厌氧菌代谢活性的研究。其中 CTC 较早应用于需氧水环境中微生物活性的测定，CTC 在厌氧条件下的应用则起步较晚。CTC 还可用于研究处于活的非可培养状态（viable but non-culturable，VBNC）的细菌产生及其引发的一系列形态和生理变化的机理，这对研究细菌在不同状态间的转化和不同细菌代谢特点等具有重要意义。也有研究结果表明 CTC 对某些细菌细胞具有一定的毒性作用，会影响细菌细胞的代谢活性，从而影响测定结果。这种毒性作用只是在某些环境样品的某些菌株中得到证实，因此还需要进一步的研究。

　　（4）CTC 方法存在的问题

　　1）由于细菌自身的代谢特性，一些细胞只能在细胞内积累少量的 CTF，达不到用荧光显微镜检测的最小量，使得测定值低于水样中的实际活性细菌数。如果使用更为灵敏的仪器（如流式细胞计数仪）来检测这些微弱标记的细胞，将会大大提高所测定活性细菌数量的准确度。环境条件也是影响 CTC 方法测定细菌活性的一个重要因素，有资料表明在营养不良条件下生长的细菌群体中，90%或更多的细菌处于休眠状态，而且所有控制细菌生长速度的参数（温度、pH、营养物质和基质的浓度等）都会对 CTC 的还原速度有一定影响。

2）目前 CTC 染色试验流程的多样性也影响了各种研究结果或生态系统间进行有意义的比较。流程中两项主要指标是 CTC 的最终浓度和与样品混合后的孵育时间。在已有的资料中 CTC 的最终浓度最低为 0.5 mmol/L，最高为 10 mmol/L。在大多数研究中，CTC 的最终浓度为 2～6 mmol/L，最常用的浓度为 5 mmol/L。许多资料表明，CTC 的最终浓度过高会影响细菌的代谢，降低对活性细菌的测定值。在不同的研究中 CTC 与样品的孵育时间也发生了很大的变化，有研究报道湖水样品的孵育时间为 1 h，生物膜的孵育时间为 2 h，也有报道孵育时间为 8～10 h，另有研究表明，用 CTC 测定脱氢酶的结果在 14 h 内减弱到背景水平。一般认为，细菌的特性及其与环境间的相互作用是决定反应条件的最终原因。

3.2　生物毒性检测现状

近年来，随着我国工业化进程的快速发展和人民物质生活水平的进一步提高，人们对水的需求量不断增加，在对水资源大规模开发和利用的同时，对水环境造成的污染问题也越来越突出。生态环境部和前瞻产业研究院发布的《污水处理行业市场前瞻与投资战略规划分析报告》数据显示，我国工业废水的排放量逐年减少，但城镇生活污水排放量逐年增加，为了保护环境水体，减少生活污水中污染物的排放量，我国污水处理厂的数量迅速增加。目前，污水厂典型的处理工艺包括一级处理工艺和二级处理工艺，为了进一步改善污水水质，可以在二次处理工艺后增加深度处理工艺。一级处理工艺主要是利用物理方法去除水体中悬浮颗粒物，二级处理即生化处理，比如活性污泥法、A/O 工艺、A^2/O 工艺等，为了达到一定的回用水标准，使污水厂出水可作为生产或生活用水回用，污水处理厂深度处理工艺得到广泛运用，如消毒法、高级氧化法、膜分离法、利用人工湿地技术等。

不过目前，包括生活污水处理技术在内，各行各业的污水处理技术仍存在很多不足，且随着现代工业的快速发展，越来越多的化学污染物进入环境水体，使水体污染呈现复合污染特征；同时，突发性污染事故和水质突变现象频繁发生，并呈现出明显的增加趋势。水质突发性污染事故直接危害生活饮水和城市集中供水的安全，但常规的水质检测方法仅能测定污染物含量，已不能直接、全面地反映水质状况，不能明确评判污染物所引起的环境影响，而生物毒性检测可以弥补这一方面的不足。

生物毒性检测可以综合多种有毒物质的相互作用，利用生物学的方法对污染物的毒性进行测定，并确定有毒物质的质量浓度与生物效应之间的直接关系，通过受试生物特异性指标的变化反映污染物对生物的危害程度，为水质监测和综合评价提供科学依据。

水体生物毒性检测将污染废水作为一个整体来表征水体中所有物质的综合毒性效应，因此污水对水体的整体影响通常利用水生生物的毒性检测来识别，用于水体生物毒性检测的受试生物通常有藻类、溞类、鱼类及发光菌，如图 3-6 所示。

| A. 小球藻 | B. 水溞 | C. 斑马鱼 | D. 试剂盒 |

图 3-6　生物毒性受试物

资料来源：袁雅心. 石家庄污水处理厂进出水生物毒性效应研究[D]. 保定：河北大学，2019。

20 世纪 90 年代，加拿大科学家研究开发了潜在生态毒性效应探针（potential ecotoxic effects probe，PEEP），采用小型生物毒性检测方法，对排放废水进行生物毒性检测，并对潜在的生态风险进行排序。此后，许多发达国家和组织也相继开发了自己的生物毒性检测方法，并将生物毒性研究应用到废水检测系统中。虽然我国水污染物排放标准中排水生物综合毒性指标的应用起步较晚，但利用不同生物针对典型行业的排放废水的综合毒性研究正在迅速展开。生物毒性检测是预测和控制化学物质污染不可缺少的辅助手段，因此得到了广泛的应用和迅速的发展。生物毒性检测技术利用活体生物在水质变化或被污染时的行为生态学改变来反映水质毒性的变化。一旦水环境中的生物受到损害，就可以进行系统的理化检测，从而找出危害的根源。

表 3-1　理化检测和生物检测的比较

比较内容	理化检测	生物检测
污染物种类测定	指标测定有限，无法一一反映所有污染物浓度水平	可全面反映有毒有害物质的毒性水平和相互间联合毒性作用
检测节点	只能检测瞬时浓度	可连续检测污染物浓度水平,反映环境综合质量
指标项目	浊度、色度、pH、BOD、COD、DO、氨氮等 20 多项常规性的检测	包含遗传学、生理学、生物化学等多个毒性参数
预见性	只有化学物质造成环境和人体危害才能发现污染	生物具有高度敏感性，对污染具有预见性
时间	耗时长	耗时短
成本	操作复杂，成本较高	以生物综合反应为基础，效率高，成本低

3.3 生物毒性检测技术

按照检测终点分类，生物毒性检测方法可以分为急性毒性检测、慢性毒性检测、生物累积性检测、遗传毒性检测和内分泌干扰性检测 5 种类型，如表 3-2 所示。

表 3-2 基于多种毒性的成组生物毒性检测方法

试验类型	检测方法	检测端点
遗传毒性	Ames 试验	水样致突变性剂量曲线
	洋葱根尖微核试验	细胞有丝分裂指数
	（未浓缩水样）Trade-scantia 微核测试	幼芽标记四联球菌微核分裂率
	SOS/umu 实验	诱导率
	单细胞凝胶电泳实验	彗星细胞尾矩
急性毒性	费氏弧菌发光测试	15 min 致死率
	明亮发光杆菌抑制实验	Hg^{2+} 与水样预测无效应浓度比
	费氏弧菌发光测试	15 min 致死率
	大型溞类生物运动抑制测试	48 h 运动抑制率
内分泌干扰效应	重组酵母菌测试	诱导率

生物毒性测试可以检测大多数化合物对不同水体造成的污染程度及其对水中生物健康的影响。在实际测试中，根据水体的不同，可以同时使用多种生物毒性测试方法进行检测，使测试具有更高的灵敏度、选择性和更好的生态关联性。

3.3.1 急性毒性检测

急性毒性是指生物体在短时间内多次接触外部化学品后，即可引起受试生物群体产生一定的死亡数量或其他负面效应，目的是找出有毒物质对生物的半数致死浓度和安全浓度，为水环境质量评价提供依据。目前，急性毒性检测广泛应用于水质的快速检测，通常以受试生物的致死效应和抑制效应作为评价水质的生物学指标。水生生物的急性毒性检测方法主要有藻类急性毒性试验，溞类急性毒性试验，鱼类急性毒性试验，发光菌急性毒性试验等，这些试验涵盖了水生态系统生物群落结构中的几个主要营养级。

3.3.1.1 藻类急性毒性试验

（1）实验原理

藻类是水体中的初级生产者，也是水生食物链的基础环节，具有良好的生态敏感性。在毒物或废水对水环境影响的研究中，藻类检测往往是一项重要内容。藻类生长抑制试验的目的是确定受试物对单细胞藻类生长的影响，可用于初步评价受试物对藻类的短期暴露效应。当暴露的藻类生长率低于未经暴露的对照组时，则认为藻类生长受到抑制。通过藻类生长抑制试验，可以在较短时间内获得受试物质对藻类许多世代及在种群水平上的影响。本书选择普通小球藻作为受试物，进行急性毒性试验研究，显微镜下观察到的小球藻如图 3-7 所示。

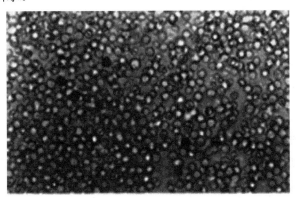

图 3-7　显微镜下的普通小球藻

资料来源：刘海珍. 黄东海生态系统食物网中氨基酸在关键种食物链上的传递[D]. 青岛：中国海洋大学，2006。

（2）检测步骤

1）储备培养。将购得的藻种使用试管分装进行接种培养，7～10 d 转接一次，适应实验室培养环境条件，保证有足够的储备量用于预培养和正式试验，小球藻储备培养见图 3-8。

2）预培养。采用装有 200 mL 藻液的 500 mL 三角烧瓶。在无菌操作台中，向无菌空白培养基中接种初始浓度约 2×10^5 个/mL（±25%）的藻液，使用 8 层纱布封闭瓶口，防止细菌污染，在光照培养箱内进行培养。空白培养基的 pH 为 6.5±0.3。每天定时人工摇动 3 次，以防止藻细胞沉降。在较短的时间内让藻液生长进入对数生长期，然后转接到新鲜培养基中。如此培养驯化转接 3 次，得到处于对数生长期的藻液进行正式试验，图 3-9 为初始接种与对数期藻液的对比。

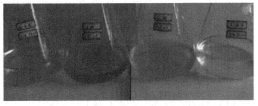

图 3-8　普通小球藻储备培养　　　　图 3-9　初始接种与对数期藻液对比

资料来源：刘璇. 硝化细菌菌剂生态安全性研究[D]. 青岛：青岛理工大学，2010。

3）最佳波长的确定。为了找到适合小球藻的最佳测定波长值，在 400～700 nm 的光谱范围内进行全波长段扫描。确定普通小球藻的最敏感波长，作为试验中吸光度的测定波长。

4）绘制标准曲线。选取处于对数生长期浓度最高的藻液作为母液，并按照母液占 100%、90%、80%、70%、60%、50%、40%、30%、20%、10%的浓度比例用空白培养基稀释，制成一系列浓度由高到低的藻液。然后用分光光度计和体视显微镜的血球计数法测定对应的吸光度和藻液的浓度，制作小球藻的"N-A"标准曲线。

5）测定生长曲线。使用内含 500 mL 藻液的 1 000 mL 的三角烧瓶，在无菌操作台上向无菌空白培养基中接种初始浓度 $2×10^5$ 个/mL（±25%）的藻液，设置两个平行样品。用 8 层纱布密封瓶口防止细菌污染。每 24 h 测试一次吸光度的变化，监测整个生命周期内的吸光度值，经标准曲线换算后绘制小球藻的生长曲线，藻浓度随时间的变化"N-t"图。以此来获得在实验室培养条件下，小球藻正常生长的生命周期长度，以及达到适应期、对数期、平稳期、衰亡期分别所用的天数。同时定期监测藻液不同生长阶段 pH 的变化。

6）毒性试验。水样对小球藻的正式毒性试验，使用含有 300 mL 水样和小球藻混合液的 500 mL 三角烧瓶。按等对数间距，试验组设置 7 个水样浓度组：10 mg/L、30 mg/L、100 mg/L、300 mg/L、900 mg/L、2 700 mg/L、8 100 mg/L。每组三个平行样，另设一组空白对照。试验组和对照组的藻液初始接种浓度均约为 $2×10^5$ 个/mL。每 24 h 测定一次藻液吸光度值的变化，并定期监测藻液 pH 的变化。

对测定结果进行分析：

① 生长曲线下包围面积的比较

$$A = \frac{N_1 - N_2}{2} \times t_1 + \frac{N_1 + N_2 - 2N_0}{2} \times (t_2 - t_1) + \cdots + \frac{N_{n-1} + N_n - 2N_0}{2} \times (t_n - t_{n-1})$$

式中：A——生长曲线以下的面积；

N_0——t_0 时刻每毫升藻液中的细胞数；

N_1——t_1 时刻每毫升藻液中的细胞数；

N_n——t_n 时刻每毫升藻液中的细胞数；

t_1——试验开始后第一次计数的时间；

t_n——试验开始后第 n 次计数的时间。

如果试验结果产生抑制，每一受试浓度细胞生长抑制的百分率 I_A 是对照组生长曲线下所包围的面积 A_C 与每个受试物浓度生长曲线下包围的面积差值的百分率。

$$I_A = \frac{A_C - A_i}{A_C} \times 100\%$$

制作 I_A 与对数浓度的关系曲线，若可以拟合成一条直线，则可通过 I_A=50%的点画一条与横轴平行的直线，与纵轴交点便是 EC_{50} 值。

② 生长率比较。

对数期藻类平均特定生长率 μ，是 $\ln N$ 对时间的回归线的斜率。

$$\mu = \frac{\ln N_n - \ln N_1}{t_n - t_1}$$

每一受试物与对照组相比较后得到生长率下降百分数，用生长率下降百分数与受试物的对数浓度作图，从图中可读出 EC_{50}。

3.3.1.2　溞类急性毒性试验

（1）实验原理

水溞属于甲壳纲、淡水枝角类的浮游水生动物，在世界范围内广泛分布，是水生食物链中的关键生物。水溞的血液中含有血红素，血红素的含量往往随环境中溶解氧量的高低而变化，随着水中溶氧含量的降低，水溞的血红素含量会升高，以此可用于水环境监测。溞类是水体中初级生产者和消费者之间的中间环节，可以滤食水中碎屑和菌类，在水体自净中起着重要的作用，同时也是鱼类的天然饵料。溞类繁殖快，生命周期短，培养简便，对多种毒物敏感。有毒物质会影响水溞的生长、繁殖和发育，致使溞类活动受到抑制或死亡，因此溞类在世界范围内广泛应用于水生生态毒理学研究。本急性毒性试验中，以常用的多刺裸腹溞作为受试生物，如图 3-10 所示。

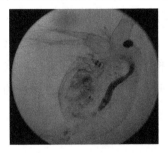

图 3-10　试验用多刺裸腹溞

资料来源：刘璇. 硝化细菌菌剂生态安全性研究[D]. 青岛：青岛理工大学，2010。

（2）检测步骤

1）培养试验。将购得的大量水溞分别存养于 4 只 1 L 的烧杯中，每只烧杯中加入 700 mL 培养用水。通过比较不同培养条件的效果可以看出：要保证水溞健康存活生长，必须保证有充足的光照，为防止水溞在深水位处窒息，利用趋光性使溞类游动到水面呼吸，并在夜间保持光照。溶氧充足（大于空气中饱和值的 80%），pH 保持在适宜水溞生长的 6.5～8.5，并配以充足食料。水溞的死亡残体要及时吸出,防止水质恶化。群体饲养不可换水过于频繁,2~3 天更换一次即可。不允许使群体过于密集,须保持足够的个体生存空间。

2)急性毒性试验。首先,将一批孕卵量较大的健康雌性个体用 5 mL 移液管吸取,分别放入装有 20 mL 试验用水的 50 mL 烧杯中。置于 25℃光照培养箱中以小球藻液喂养。每天应及时吸出死亡残体,定时补充新鲜培养用水,防止水质恶化。以此来获得同一母系稳定遗传的新生个体。

取溞龄 24~48 h 内同一母体稳定遗传的新生幼溞进行试验。采用静态试验方式,实验期间不换水,不喂食。实验容器为 50 mL 烧杯,内装 20 mL 的测试液。设定以下浓度梯度:1 mg/L、10 mg/L、100 mg/L、1 000 mg/L 和 5 000 mg/L,再加 1 组对照。每个浓度设 3 个平行样,每个烧杯加 10 只幼溞。置于 25℃光照培养箱中,实验期间不喂食,试验开始第 3 h、6 h、12 h、24 h、48 h 定期观察记录水溞生长受抑制情况,记录死亡数量。轻轻搅动溶液,观察 15 s 如没有反应,则判断幼溞死亡。以死亡率为纵坐标,以受试物对数浓度为横坐标绘制 24 h 和 48 h 的死亡率-受试物浓度曲线。用内插法分别求得 24 h 的半数致死浓度(LC_{50})和 48 h 的 LC_{50}。并对两者线性相关性进行分析,求得 24 h 的 LC_{50} 和 48 h 的 LC_{50} 95%置信限。

3.3.1.3 鱼类急性毒性试验

(1)实验原理

污染物对鱼类的急性毒性是鱼类毒理学研究的基本内容。鱼类是水生生态食物链中的高级消费者,并且对生活环境的变化非常敏感,鱼类中毒的反应可能表现为:行为和形态的变化,种群数量、个体组织结构、个别基因的变化。因此鱼类毒性试验被广泛用于有毒物质和废水的生物监测和评估,为环境污染提供预警。1946 年,鱼类毒性试验首次用于废水毒性的检验,从那时起,关于鱼类毒性试验方面的研究得到了飞速发展,本实验以斑马鱼毒性试验为例。

(2)检测步骤

选用全长为 3.0 cm 的同种蓝色斑马鱼,在(23±2)℃,(14±2)h 光照条件下驯养两周稳定后用于试验,试验用鱼在驯养一周内死亡率不得超过鱼总数的 10%。在正式试验之前,先进行较大范围的浓度系列的初步试验,为正式试验中受试物的浓度设定提供依据。预试验中每个浓度放 10 条斑马鱼,持续 4 d。用静态方式进行,不设平行组。根据预实验结果,对多个浓度梯度测试水样进行正式试验。在测试过程中,首先进行浓度为100%的极限试验,如果试验用鱼在该浓度下没有死亡,就不再进行下一步试验,直接给出试验结果。以自来水为对照组,每个浓度组设 3 组平行,每组都放入 10 条培养后的蓝色斑马鱼进行试验,试验期间不喂食,每 24 h 定时观察斑马鱼的活动与生存情况,用玻璃棒轻轻按压鱼的尾部来判断鱼的死亡。及时清除死鱼。96 h 后，记录斑马鱼累计活动死亡数。死亡率计算公式为：

$$死亡率 = \frac{死亡的鱼个数}{初始鱼总数} \times 100\%$$

计算半抑制浓度（LC_{50}），测试水样的斑马鱼毒性评价标准见表 3-3。

表 3-3　斑马鱼毒性评价标准

LC_{50}	毒性评价
>100	较低毒性
40～100	中等毒性
1～10	高毒性
<1	极高毒性

3.3.1.4　发光细菌急性毒性试验

（1）实验原理

发光细菌在正常条件下可产生蓝绿色的荧光，而有毒物质会抑制其发光强度，通过检测抑制率大小即可实现对水质的急性毒性检测。20 世纪 30 年代，发光细菌最先应用于药物研究，20 世纪 70 年代，Bullich 首次将发光细菌方法应用于废水的毒性检测。在我国，该方法在 20 世纪 90 年代被列为水质急性毒性检测的标准方法。目前，3 种常用的发光细菌是明亮发光杆菌 T3、费氏弧菌（*V. fisheri*）、青海弧菌 Q67（*V. qinghaiensis* Q67），本实验以青海弧菌 Q67 为例，其发光原理如图 3-11 所示。

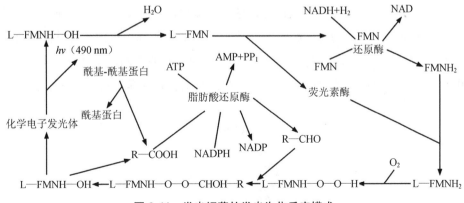

图 3-11　发光细菌的发光生化反应模式

（2）检测步骤

从冰箱冷冻层中取出一支发光细菌，立即加入 3 mL 菌体复苏液（4℃），轻轻摇匀，受试菌种经复苏后用于毒性试验。将测试水样稀释系列浓度（20%、40%、60%、80%和100%），调整样品的渗透压，每个样品各取 1 mL，各加入 0.1 mL 渗透压调节液，轻轻摇匀；向每支测试管中各加入 0.5 mL 菌液，同时在空白样品中加入 0.5 mL 阴性质量控制液，其余对应加入 0.5 mL 经过调节后的样品。摇匀，反应 15 min，使用发光细菌毒性检测仪依次测定发光强度。阴性对照大的测试结果应在 200～1 000 有效。测试结束后，水质毒性分析仪自动计算发光强度抑制率，用于表征污水毒性，每个浓度试验重复 3 次。发光细菌相对抑制率计算公式为：

$$发光抑制率 = \frac{对照发光强度 - 被测样品发光强度}{对照发光强度} \times 100\%$$

3.3.2　慢性毒性检测

慢性毒性检测是指受试生物长期暴露于毒物中引起的毒性效应。慢性毒性检测实验周期较长且费用较高，但可检测微量污染物对水体中生物长期的影响，一般和急性毒性试验并用进行水质检测。本书以大型溞慢性毒性试验为例介绍生物毒性检测中的慢性毒性检测。

（1）实验原理

目前，对水生生物慢性毒性的研究大多基于经济合作与发展组织（OECD）规定的标准方法，其特点是水生生物持续暴露在稳定浓度的污染物中。然而，在自然的水生生态系统中，生物体大都暴露于浓度波动的污染物中，那么与传统的持续暴露相比，脉冲暴露可以模拟自然水环境中污染物的不稳定浓度。由于脉冲暴露与自然状态下水环境中的污染物暴露方式更为相似，因此越来越多的研究人员开始关注水环境中脉冲暴露的慢性毒性研究。本试验以大型溞为受试生物，研究水体污染物对大型溞的慢性毒性效应。大型溞为淡水生态系统中的重要组成部分，繁殖速度快，对环境中化学物质反应敏感，经常被用于水生毒理学生物测定，如图 3-12 所示。实验用不同浓度的水样脉冲处理大型溞21 d，通过对大型溞存活率、繁殖力及体长等亚致死效应的检测，探讨长期暴露于水体污染物中对大型溞生存和繁殖等的影响，为保护淡水生态系统提供科学的理论依据。

图 3-12　试验用大型溞

资料来源：周美霞. 砷脉冲暴露对大型溞和嗜热四膜虫的生态效应研究[D]. 马鞍山：安徽工业大学，2019。

（2）检测步骤

1）预培养。将购买的大型溞于实验室培养 3 代以上。大型溞培养在曝气 48 h 后用 0.45 mm PC 膜抽滤过的自来水中，静止放置于光照培养箱内。培养箱温度设定为 25℃，光暗比为 12∶12，pH 维持在 8.0±0.2。每两天挑出新生的大型溞并更换曝气自来水。大型溞每天喂食一次悬浮淡水绿藻，喂食量为水体呈现淡绿色。培养至对数生长期，以 3 000 r/min 离心收集，重悬于干净的 WC 培养基中，放入 4℃的冰箱保存。

2）慢性毒性实验。实验中使用的大型溞为实验室培养的出生 24 h 龄的大型溞，根据污染水体对大型溞急性毒性的试验结果，确定污染物对大型溞 48 h 的半数抑制浓度 EC_{50}；综合各项因素，设置多个浓度梯度，各浓度设置 4 个平行组，以新鲜的 SM7 溶液作为空白对照组，各个平行处理组分别含有 50 mL 培养液和 10 只提前准备好的大型溞。

整个实验过程分为两个阶段：暴露阶段和非暴露阶段，其中暴露阶段所用培养基为不同浓度污染水体的 SM7 培养基，每次在暴露阶段更换培养基时，应事先用 100 mL 的烧杯配制不同浓度的污染物溶液，调节 pH，平衡 1 h 后备用；非暴露阶段使用的培养基为新鲜的 SM7 培养基，与暴露阶段相同，也需事先准备好更换的新鲜 SM7 溶液，调节 pH，平衡 1 h。实验过程中每 12 h 更换一次培养液，使持续暴露与脉冲暴露交替进行，实验持续 21 d。实验过程中，每隔 12 h 对大型溞的生存个数、蜕壳时间和繁殖个数情况观察并记录，并在更换培养液时移除褪下的壳以及繁殖的幼溞。在试验的非暴露阶段，喂食一次悬浮淡水绿藻，喂食量为水体呈现淡绿色。21 d 后测定存活的大型溞体长，慢性毒性试验结束时，将剩余存活的大型溞过滤收集，在体视镜下观察并测量溞体的长度，从头部的顶端到尾椎的底部。计算出 21 d 内大型溞的死亡率和平均产幼溞数量以及平均体长。

3.3.3　生物累积性检测

生物累积性是指生物食用或体表吸收生活环境中的某些化学物质，这些物质无法被代谢，便累积于生物体内，经由食物链中各阶层消费者的食性关系而累积，出现消费者级别越高体内累积浓度越高的现象。传统的生物累积性测试采用鱼类生物富集试验，在暴露期结束后，计算受试生物体内和水中污染物浓度的比值，试验时间长，操作复杂，目前还没有应用于水体的生物安全性评价中。本次生物累积性测试以鱼体对水中硝基苯的富集试验为例。

（1）实验仪器与材料

1）实验仪器：

气相色谱仪：GC-14C；高效液相色谱仪：LC-6A；离心机：LDZ4-0.8；振荡器：ZHWY200B；培养箱：25℃；电子秤；500 mL 全玻璃蒸馏器及水蒸气蒸馏装置；无水硫酸钠脱水柱：内径 12 mm；玻璃棉上端装入约 10 g 无水硫酸钠。

2）实验试剂：

硝基苯、甲醇、氯化钠、丙酮、正己烷、乙醇、无水硫酸钠、苯、硝基苯标准样品。

3）实验材料：

鲫鱼：购回后于 70 L 水族箱中驯养。采用静态置换法每日更新实验用水。

鱼肝：取鲜活鲫鱼鱼肝，用玻璃纸包好立即放置在冰浴的保温瓶中，带入实验室后马上进行处理。

（2）富集实验鱼样品预处理

鱼样：去鳞、去皮，取鳃、内脏和沿背脊取肌肉部分，加入少量生理盐水将其研磨粉碎，取 10 g（湿重）磨碎的肌肉组织（内脏、鳃取全部）放入具塞三角瓶中，加入丙酮 25 mL，放入恒温振荡器中，40℃，150 r/min 振荡 30 min，3 500 r/min 离心 5 min 后收集上清液。向剩余物中再加入 25 mL 丙酮，重复操作上述步骤，合并上清液。将丙酮相倒入 1 000 mL 圆底烧瓶中，用水蒸气蒸馏，收集馏出液 300 mL（前 50 mL 是丙酮）。将馏出液倒入 500 mL 分液漏斗中，并加入 20 g 氯化钠和 20 mL 正己烷，剧烈振荡萃取 2~3 min，静置分层 30 min。收集正己烷相，再加入 20 mL 正己烷重复萃取一次。正己烷相通过无水硫酸钠脱水柱，再用 10 mL 正己烷分两次清洗分液漏斗和无水硫酸钠脱水柱，合并流出液于 150 mL KD 浓缩瓶中。在 80℃的水浴条件下，将正己烷萃取液用 KD 浓缩器减压浓缩至 3~5 mL，再转入 20 mL KD 浓缩瓶中，用 Snyder 柱相同温度下，常压浓缩至 1 mL，备色谱分析用。

（3）实验水样预处理

水样：取水样 10 mL，置于 25 mL 容量瓶中，加入 1 g 氯化钠，溶解后加入 2 mL 正己烷，剧烈振荡萃取 2~3 min，静止分层 10 min，加入 2 g 无水硫酸钠，使其缓缓通过正己烷相。脱水后取正己烷相进行测定。

（4）鱼体对水中硝基苯的富集实验

水族箱盛水体积 70 L，取自来水经 72 h 曝气、除氯，实验期间高浓度组水温为（7±0.5）℃，低浓度组水温为 8~10℃。将实验鱼放入上述水族箱中，每个水族箱饲养15~20 尾，驯养 3 d 后投毒，驯养期间不喂食，实验过程中用充氧泵给鱼充氧。将硝基苯的乙醇储备液加入水族箱中，使两组水中硝基苯的浓度分别为 0.586 mg/L 和 0.014 mg/L，每 24 h 换水一次，确保水中硝基苯浓度相对稳定，同时设空白作对照。在染毒后的不同时间点采集样本，每次取两尾鱼，分别取其脊肉 10 g、内脏 10 g，水蒸气蒸馏提取方法进行处理，GC/ECD 测定，同时采集水样测定硝基苯浓度。

3.3.4 遗传毒性检测

任何能引起生物体遗传物质变化的化学物质或环境因子都称为诱变剂，因为这些物质对生物体的作用点是遗传物质，所以又称为遗传毒物，遗传毒物的生物效应即为遗传毒性，这种毒性作用是由于化学物质和其他环境因子与 DNA 相互作用，引起生物细胞基因组分子结构的特异改变，这种有害作用即遗传毒性。也可以说，它是对诱变性的深入描述，揭示了这种毒性作用的终点。因此，遗传毒性通常被定义为损伤 DNA 和改变 DNA 序列的能力。

生物遗传毒性试验是指受试物接触有毒物质后会引起体内遗传物质的改变，导致遗传学损伤。通常可从基因、染色体、DNA 三个方面进行研究。随着农药、医药废品和个人护理用品等有机化学污染物的增加，使得对"三致"（致突变、致癌、致畸）效应和雌激素效应的检测越来越受到重视。20 世纪 60 年代以来，短期遗传毒理学试验和雌激素效应试验被广泛应用于水质生物安全性评价。目前已建立了 200 多种遗传毒性试验，较为常用的主要有沙门氏菌回复突变（Ames）试验、SOS/umu 试验、单细胞凝胶电泳试验（SCGE）及微核试验等。

3.3.4.1　SOS/umu 试验

（1）实验原理

SOS/umu 试验是 20 世纪 80 年代中期建立的一种检测环境诱变物的短期筛选试验，其基础是 DNA 损伤物诱导 SOS 反应而表达 umuC 基因。其基本原理是，构建一个含 umuC-lacZ 融合基因的质粒，并将该质粒导入细菌中。当该菌株受到受试物攻击时，可诱发 SOS 反应和 umuC-lacZ 基因表达，通过检测 lacZ 基因产物 β-半乳糖苷酶的活性水平，可以判断其遗传毒性的强弱。选用 4-硝基喹啉-1-氧化物（4-NQO）作为阳性对照。4-NQO 是一种具有强遗传毒性的物质，不仅能诱导细胞凋亡，引起细胞线粒体膜大量损伤，而且细胞凋亡百分率呈现 4-NQO 浓度和时间依赖性，通过线性计算可利用 4-NQO 浓度表示污染物的致毒效果。

SOS/umu 实验周期短、操作简单且重现性高，在污水回用检测和再生水回用检测方面应用广泛。

（2）实验材料

4-硝基喹啉-1-氧化物（4-NQO，Sigma）、二甲基亚砜（DMSO，Sigma）、二氯甲烷、甲醇、丙酮（三种试剂都需色谱纯）、邻硝基苯酚半乳糖苷（ONPG，Sigma）、胰蛋白胨、Hepes 缓冲液（11.9 g）、氨苄青霉素（50 mg）、羟乙基哌嗪硫磺酸（11.9 g）、6-磷酸葡萄糖、辅酶（NADP）、$Na_2HPO_4 \cdot 2H_2O$（2.018 g）、$NaH_2PO_4 \cdot H_2O$（0.55 g）、氯化钾（0.075 g）、$MgSO_4 \cdot 7H_2O$（0.025 g）、十二烷基硫酸钠（SDS）、β-巯基乙醇、HLB 固相萃柱（500 mg，6 mL）、96 孔细胞培养板。

（3）实验试剂配制

1）TGA 增菌液：胰蛋白胨 10 g、氯化钠 5 g，羟乙基哌嗪硫磺酸 11.9 g，溶于 980 mL 蒸馏水中，调节 pH 至 7.0±0.2，溶解 2 g 葡萄糖到 20 mL 蒸馏水中，分别高压灭菌后，将灭菌后的溶液混合，并在无菌条件下加入氨苄青霉素 50 mg，此溶液在–20℃条件下保存备用。

2）10×TGA：（不加 S9 实验）将 10 g 胰蛋白胨，5 g NaCl，11.9 g Hepes 缓冲液溶于 80 mL 蒸馏水中，调节 pH 至 7.0±0.2；溶解葡萄糖 2 g 于 20 mL 蒸馏水中，分别以 121℃ 高压 20 min 灭菌；将灭菌后溶液混合，在无菌条件下加入氨苄青霉素 50 mg。

3）磷酸盐缓冲溶液：将 1.086 g $Na_2HPO_4 \cdot 2H_2O$ 和 0.538 g $NaH_2PO_4 \cdot H_2O$ 溶于 100 mL 水中，调节 pH 至 7.0±0.2，高压灭菌。

4）B-buffer 溶液：2.018 g $Na_2HPO_4 \cdot 2H_2O$、0.55 g $NaH_2PO_4 \cdot H_2O$、0.075 g 氯化钾、0.025 g $MgSO_4 \cdot 7H_2O$，溶于 100 mL 蒸馏水中，调节 pH 至 7.0±0.2，高压灭菌后加入 0.1 g SDS，使用前加入 270 μL 的 β-巯基乙醇，在 2～5℃冰箱中保存备用。

5）以 4-硝基喹啉-1-氧化物（4-NQO）为不加 S9 阳性对照：溶解 4-NQO 5 mg 于 5 mL DMSO 中，于–20℃下保存；实验前用含 30% DMSO 的溶液稀释 2 000 倍后使用。

（4）实验步骤

1）样品预处理：

分别用甲醇和超纯水活化 HLB 柱；再将现场采集的水样通过 HLB 柱进行富集，依次用二氯甲烷和正己烷混合液（1∶1）、二氯甲烷和甲醇混合液（9∶1）、丙酮对柱洗脱；收集洗脱液并氮气吹干（至大约 200 μL），用二甲基亚砜定容至 1.5 mL。

2）预培养：

在实验前一天晚上接种菌株。从–80℃冰箱中取出菌株，缓慢解冻后加入 1 mL TGA 培养基，3 000 g 离心 10 min，去掉上清液，可见细菌在 EP 管底部沉淀，然后再向离心后的 EP 管中加入 1 mL TGA 培养基，使细菌再次悬浮；在无菌条件下，向已灭菌的锥形瓶中加入 20 mL TGA 培养基，接种 0.5 mL 细菌悬液于此锥形瓶中，（37±1）℃，振荡孵育过夜，培养至吸光度大于 800 FNU。

3）制备接种物：

前一天晚上培养的菌液用温的 TGA 培养基稀释 10 倍，在（37±1）℃下继续振荡孵育 2～3 h；以 TGA 培养基为空白对照，测定 600 nm（紫外光）处的细菌溶液吸光度若在 340～350 FNU，即测量值为 0.25～0.3，可以确定细菌处于指数生长期，符合实验要求，必须在 10 min 内进行实验。

4）化学物质暴露：

实验步骤参照 ISO 13829 国际标准，具体移液方案如表 3-4 所示，按照表格以及表格下方所述内容，将制备好的水样、菌液等用移液器移至 96 孔细胞培养板 A 中进行培养。

表 3-4　培养板 A 移液方案

	1	2	3	4	5	6	7	8	9	10	11	12
A	S1 1∶1.5	S1 1∶1.5	S1 1∶1.5	S1 1∶3	S1 1∶3	S1 1∶3	S1 1∶6	S1 1∶6	S1 1∶6	S1 1∶12	S1 1∶12	S1 1∶12
B	S2 1∶1.5	S2 1∶1.5	S2 1∶1.5	S2 1∶3	S2 1∶3	S2 1∶3	S2 1∶6	S2 1∶6	S2 1∶6	S2 1∶12	S2 1∶12	S2 1∶12
C	S3 1∶1.5	S3 1∶1.5	S3 1∶1.5	S3 1∶3	S3 1∶3	S3 1∶3	S3 1∶6	S3 1∶6	S3 1∶6	S3 1∶12	S3 1∶12	S3 1∶12
D	S4 1∶1.5	S4 1∶1.5	S4 1∶1.5	S4 1∶3	S4 1∶3	S4 1∶3	S4 1∶6	S4 1∶6	S4 1∶6	S4 1∶12	S4 1∶12	S4 1∶12
E	S5 1∶1.5	S5 1∶1.5	S5 1∶1.5	S5 1∶3	S5 1∶3	S5 1∶3	S5 1∶6	S5 1∶6	S5 1∶6	S5 1∶12	S5 1∶12	S5 1∶12
F	S6 1∶1.5	S6 1∶1.5	S6 1∶1.5	S6 1∶3	S6 1∶3	S6 1∶3	S6 1∶6	S6 1∶6	S6 1∶6	S6 1∶12	S6 1∶12	S6 1∶12
G	NC	NC	NC	NC	NC	NC	NC	NC	NC	NC	NC	NC
H	PC	PC	PC	SC	SC	SC	BL	BL	BL	BL	BL	BL

注：S1：1 号样品，稀释倍数分别为 1∶1.5、1∶3、1∶6、1∶12
　S6：6 号样品，稀释倍数分别为 1∶1.5、1∶3、1∶6、1∶12
　NC：阴性对照
　PC：阳性对照
　SC：溶剂对照
　BL：空白对照

向每个孔中加入 180 μL 蒸馏水，除去 A～F 的 1～3 和 H 的 1～6；

向阳性对照与溶剂对照孔中加入 153 μL 蒸馏水；

向 A～F 的 1～3 中加入 40 μL 样品+320 μL 蒸馏水；

按表等比稀释样品；从 A～F 的 10～12 中弃去 180μL 混合液；

向溶剂对照孔 H 的 4～6 中加入 27 μL 的 30%蒸馏水/DMSO；

向阳性对照孔 H 的 1～3 中加入 27 μL 的 2 000 倍稀释后的 4-NQO，4-NQO 的终浓度为 50 ng/mL；

向每个孔中加入 10×TGA 20 μL；

向每个孔中加入 70 μL 菌液，混匀（从右至左），A～F 的 1～12；

向阴性对照、溶剂对照、阳性对照中各加入 70 μL 菌液，混匀；

向空白对照中加入 70 μL TGA 培养基，混匀。

5）培养：

盖上培养板 A 的盖子，在（37±1）℃条件下，振荡培养 2 h，转速 120～150 r/min，注意防止交叉污染。准备一个新的 96 孔板 B，每孔加入 270 μL TGA 培养基，预热至（37±1）℃。从培养板 A 每孔中吸取 30 μL 培养物至新培养板相对应的孔中，同样培养 2 h。

6）测试：

分光光度计在 600 nm 波长下测培养板 B 各孔吸光度；准备 96 孔板 C，每孔中加入 120 μL B-buffer，预热至（28±1）℃；吸取板 B 中菌液 30 μL 至 C 中对应孔，迅速加入 30 μL ONPG，混匀；（28±1）℃下振荡培养 30 min；向每孔中加入 120 μL 的反应阻断液，混匀并用冷气流去气泡，分光光度计在 420 nm 波长下测各孔吸光度。

7）计算公式为：

$$\beta\text{-半乳糖酶活性} U_T = \frac{(A_{420,T} - A_{420,B})}{(A_{600,T} - A_{600,B})}$$

$$\text{生长因子} G = \frac{(A_{600,T} - A_{600,B})}{(A_{600,N} - A_{600,B})}$$

$$\text{诱导率 IR} = \frac{(A_{420,T} - A_{420,B})}{(A_{420,N} - A_{420,B})} \times \frac{1}{G}$$

式中：T——样品结果；

B——空白对照结果；

N——阴性对照结果；

A_{420}——菌液在 420 nm 波长下的吸光度（显色剂 ONPG 的显色强度）；

A_{600}——菌液在 600 nm 波长下的吸光度（菌液浊度）。

其中 $G > 0.5$ 的数据可用；IR≥2 可判断阳性。

判定依据：如果实际水样的诱导率 IR≥2，则可判断为阳性，即可认为水样具有遗传毒性。

试验结果的认证：$G > 0.5$ 的数据可用于计算 IR。遗传毒性的强弱用诱导比率 IR 表示，即样品值与阴性对照值的比率。IR＞2，呈阳性，表示该样品有遗传毒性效应；IR=2，表示可能存在遗传毒性效应；IR＜2，呈阴性，表示该水样没有遗传毒性效应。

3.3.4.2 鼠伤寒沙门氏菌回复突变试验

（1）实验原理

鼠伤寒沙门氏菌回复突变试验是以微生物为指示生物的遗传毒理学体外试验，遗传学终点是基因突变，用于检测受试物是否能引起鼠伤寒沙门氏菌基因组碱基置换或移码突变。鼠伤寒沙门氏菌的标准试验菌株为组氨酸缺陷型突变型，在没有组氨酸的培养基上不能生长，但在有组氨酸的培养基上可以正常生长。诱变剂（mutagen），又称为致突变剂或致突变物，能将沙门氏菌组氨酸缺陷型突变型回复突变为野生型，在无组氨酸培养基上也能生长。因此，根据在无组氨酸的培养基上生成的菌落数量，可以判断受试物是否为诱变剂。对于间接诱变剂，可用经多氯联苯（PCB）诱导的大鼠肝匀浆制备的 S-9 混合液作为代谢活化系统。

沙门氏菌回复突变（Ames）实验方法灵敏，检测率高，是最早成形并完善的遗传毒性检测方法，现有国际标准以及国内标准可供参照。

（2）样品的采集

1）仪器设备条件：

采样瓶应为棕色，瓶盖上有聚四氟乙烯衬垫的大口玻璃瓶，或在样品无腐蚀性时使用具铝箔外衬的橡皮塞。

2）样品采集：

用采样瓶手工采集适量样品，地表水和废水样品应完全装满容器，密封，并于 2 h 内送至实验室，尽快进行处理。

（3）地表水和废水的样品预处理

1）仪器设备条件：输液泵；储水器；分液漏斗；树脂柱玻璃管，高不低于 10 cm，柱管直径与柱长比为 1∶10～1∶4；具下口的玻璃容器；旋转蒸发器或 KD 浓缩器；高纯氮气。

2）试剂：纯水；硫酸溶液（1∶1）；1 mol/L 氢氧化钠溶液；1 mol/L 盐酸溶液；10 mol/L 氢氧化钠溶液；二氯甲烷、丙酮、甲醇、正己烷，不低于分析纯级，应在玻璃容器中重蒸馏后方能使用；二甲基亚砜（DMSO）；XAD-2 树脂或等效的大孔树脂：树脂应经纯水及甲醇漂洗后，在索氏提取器中分别用二氯甲烷、甲醇、正己烷、丙酮提取 8 h，去除有机物，净化后的树脂浸于甲醇中，置 4℃ 冰箱备用。

3）样品制备：有机物的分离提取：有机物分离提取前的样品预处理，将采样瓶于 4℃ 静置 24 h，使非水液相、水相、沉积固相分离。水相按下述原则处理：地表水中悬浮物的量低于 5% 时可直接进行有机物的大孔树脂提取；悬浮物的量高于 5% 地表水及废水进行有机物的液-液提取。

有机物的液-液提取：取两份 1 500 mL 的水样分放到两个 2 000 mL 分液漏斗中。用 10 mol/L 氢氧化钠将 pH 调至 11。向每个分液漏斗中加入 150 mL 二氯甲烷，振荡 2 min，注意放气。静置至少 10 min，使有机相与水相分层，分出有机相。再各用 100 mL 二氯甲烷提取两次。将三次提取液合并在 1 000 mL 烧瓶中。如有机相与水相间的乳化层多于溶剂层的 1/3，可离心以达到两相的分层。用硫酸溶液（1∶1）将水相的 pH 调至 2 以下。用二氯甲烷 150 mL、100 mL、100 mL 分三次进行溶剂提取。将这三次提取的有机相也并入 1 000 mL 烧瓶中。

有机物的大孔树脂分离提取：将净化后的树脂连同丙酮一起装入树脂柱，树脂上下端分别垫、盖玻璃棉。排去柱中丙酮，用纯水洗柱三次（注意每次不能把试剂排空）。使水样流经树脂柱，流速为 1～2 倍柱体积/min，水样量不超 2 000 倍柱体积，用真空泵抽去柱中水，然后用 4～8 倍柱体积 85：15 的正己烷、丙酮和 8 个柱体积二氯甲烷分别三次浸柱以洗脱有机物。浸泡时间为每次 10 min。然后缓缓滴流，将洗脱液收集至烧瓶中。

提取液浓缩：使用旋转蒸发器或 KD 浓缩器，将获取的提取液或洗脱液浓缩。浓缩液 50%供重量分析或化学分析，余 50%继续浓缩至 1 mL。

溶剂置换：于 40℃水浴，用氮气流将浓缩的提取液吹干。加入适量 DMSO 溶解提取物，并稀释备用。

样品量计算结果的表示：样品预处理所得水相体积或经树脂柱水样的体积以 L 表示。有机提取物的重量以 mg 表示。结果应换算至原水的水样量。

（4）鼠伤寒沙门氏菌回复突变试验

1）仪器设备：

洁净工作台、恒温培养箱、恒温水浴、蒸汽压力锅、匀浆器等实验室常用设备。低温高速离心机，低温冰箱（–80℃）或液氮罐。

2）培养基制备：

除说明外，培养基成分或试剂应是化学纯或分析纯。避免重复高温处理，注意保存温度和期限。

营养肉汤培养基：用作增菌培养，牛肉膏 2.5 g、胰胨（或混合蛋白胨）5.0 g、氯化钠 2.5 g、磷酸氢二钾（$K_2HPO_4 \cdot 3H_2O$）1.3 g，加蒸馏水至 500 mL，加热溶解，调 pH 至 7.4，分装后于 0.103 MPa 灭菌 20 min，4℃保存，保存期不超过 6 个月。

营养肉汤琼脂培养基：用作基因型（*rfa* 突变，R 因子，pAQ1 质粒，Δ uvrB）鉴定。琼脂粉 1.5 g，营养肉汤培养基 100 mL，加热融化后调 pH 为 7.4，于 0.103 MPa 灭菌 20 min。

底层培养基（用于致突变试验）。V-B 盐储备液：磷酸氢铵钠（$NaNH_4HPO_4$）17.5 g、柠檬酸（$C_6H_8O_7 \cdot H_2O$）10.0 g、磷酸氢二钾（K_2HPO_4）50.0 g、硫酸镁（$MgSO_4 \cdot 7H_2O$）1.0 g，加蒸馏水至 100 mL，于 0.103 MPa 灭菌 20 min。待其他试剂完全溶解后，再将硫酸镁缓慢放入其中继续溶解，否则易析出沉淀。40%葡萄糖溶液：葡萄糖 40.0 g，加蒸馏水至 100 mL，于 0.055 MPa 灭菌 20 min。1.5%琼脂培养基：琼脂粉 15 g，蒸馏水 930 mL，融化后于 0.103 MPa 灭菌 20 min。趁热（80℃）以无菌操作加入：V-B 盐储备液，50×20 mL，40%葡萄糖溶液 50 mL，充分混匀，待降温至 50℃左右时倒入培养皿，每皿（ϕ 90 mm）25 mL，37℃培养过夜，以除去水分及检查有无污染。

顶层培养基。顶层琼脂：琼脂粉 0.6 g、氯化钠 0.5 g，加蒸馏水至 100 mL，于 0.103 MPa 灭菌 20 min。0.5 mmol/L 组氨酸-生物素溶液：D-生物素（分子量 244）30.5 mg，L-盐酸组氨酸（MW191.17）23.9 mg，加蒸馏水至 250 mL，于 0.103 MPa 灭菌 20 min。顶层培

养基制备：加热融化顶层琼脂，每 100 mL 顶层琼脂中加 0.5 mmol/L 组氨酸-生物素溶液 10 mL。混匀，分装于灭菌试管，每管 2 mL，在 45℃水浴中保温。

鉴定菌株基因型用试剂配制法如下。

0.8%氨苄青霉素溶液（无菌配制）：称取氨苄青霉素 40 mg，用 0.02 mol/L 氢氧化钠溶液 5 mL 溶解，保存于 4℃冰箱。0.8%四环素溶液（无菌配制）：称取 40 mg 四环素，用 0.02 mol/L 盐酸 5 mL 溶解，保存于 4℃冰箱。0.1%结晶紫溶液：称取结晶紫 10 mg，溶于 1 mol 灭菌蒸馏水。组氨酸-D-生物素平板：1.5%琼脂培养基 914 mL，V-B 盐储备液 20 mL，40%葡萄糖溶液 50 mL，L-盐酸组氨酸（0.404 3 g/100 mL）10 mL，D-生物素溶液（0.02 mol/L）6 mL，分别灭菌后，全部合并（1 000 mL），充分混匀，待凉至 50℃左右时倒平皿。

氨苄青霉素平板（保存 TA97，TA98，TA100 菌株的主平板），氨苄青霉素-四环素平板（保存 TA102 菌株的主平板）：1.5%琼脂培养基 914 mL，V-B 盐储备液 20 mL，40%葡萄糖溶液 50 mL，L-盐酸组氨酸（0.404 3 g/100 mL）10 mL，D-生物素溶液（0.02 mol/L）6 mL，0.8%氨苄青霉素溶液 3.15 mL，0.8%四环素溶液 0.25 mL（氨苄青霉素-四环素平板），分别灭菌或无菌制备，注入 1 000 mL 瓶中，充分混匀，降温至 50℃左右时倒平皿。

3）代谢活化系统的制备：

大鼠肝 S-9 的诱导和制备：选健康雄性成年 SD 或 Wistar 大鼠，体重 150 g 左右，周龄 5～6 周。将多氯联苯（Aroclor1254 或国产五氯联苯）溶于玉米油中，浓度为 200 mg/mL，按 500 mg/kg 体重一次腹腔注射，5 d 后断头处死动物，取出肝脏称重后，用在 4℃预冷的 0.15 mol/L 氯化钾溶液冲洗肝脏数次。每克肝（湿重）加预冷的 0.15 mol/L 氯化钾溶液 3 mL，用消毒后的医用剪刀剪碎肝脏，用匀浆器（低于 4 000 r/min，1～2 min）在冰浴中制成肝匀浆。以上操作需注意无菌和局部 4℃冷环境。将肝匀浆在高速离心机中，0～4℃条件下 12 000 r/min 离心 10 min。吸出上清液为 S-9 组分，分装。保存于液氮或–80℃低温。S-9 应经无菌检查，蛋白含量测定（Lowry 法）及间接诱变剂鉴定其生物活性合格。

S-9 混合液的配制。0.4 mol/L 氯化镁-1.65 mol/L 氯化钾：称取 $MgCl_2 \cdot 6H_2O$ 8.1 g，KCl 12.3 g 加蒸馏水稀释至 100 mL。于 0.103 MPa 20 min 灭菌或过滤除菌。0.2 mol/L 磷酸盐缓冲液（pH=7.4），每 500 mL 由以下成分组成：磷酸氢二钠（Na_2HPO_4 14.2 g/500 mL）440 mL，磷酸二氢钠（$NaH_2PO_4 \cdot H_2O$ 13.8 g/500 mL）60 mL，调 pH 至 7.4，于 0.103MPa 20 min 灭菌或过滤除菌。10% S-9 混合液的配制：每 10 mL 由以下成分组成，临用时配制。灭菌蒸馏水 3.8 mL，磷酸盐缓冲液（0.2 mol/L，pH 7.4）5.0 mL，0.4 mol/L 氯化镁-1.65 mol/L 氯化钾溶液 0.2 mL，葡萄糖-6-磷酸钠（MW305.9，0.05 mol/L）40 µmol，辅酶Ⅱ（MW765.4，0.05 mol/L）50 µmol，肝 S-9 液 1.0 mL。混匀，置冰浴待用。在 4℃以

下，其活性可保存 4～5 h。当日使用，剩余的 S-9 混合液废弃。

4）受试生物：

试验菌株：采用四株鼠伤寒沙门氏突变型菌株 TA97、TA98、TA100 和 TA102。TA97、TA98 可检测移码型诱变剂；TA100 可检测碱基置换型诱变剂；TA102 检测移码型和碱基置换型诱变剂。

增菌培养：取灭菌的 25 mL 三角烧瓶，加入营养肉汤 10 mL，从试验菌株母板上刮取少量细菌，接种至肉汤中。37℃振荡培养 10 h，存活细菌密度可达（1～2）×10⁹ 个/mL。

5）菌株鉴定和保存：

四种标准试验菌株必须进行基因型鉴定、自发回变数鉴定，以及对鉴别性诱变剂的反应的鉴定，合格后才能用于致突变试验。

菌株基因型鉴定。组氨酸营养缺陷鉴定（组氨酸需求试验）：加热融化底层培养基两瓶各 100 mL。一瓶 100 mL 加 L-盐酸组氨酸溶液（0.50 g/100 mL）1 mL 和 D-生物素溶液（0.5 mmol/L）0.6 mL；一瓶 100 mL 加 D-生物素溶液（0.5 mmol/L）0.6 mL。充分混匀，待凉至 50℃左右时各倒平皿 4 块，即分别为组氨酸-生物素平板和生物素平板。取组氨酸-生物素平板和生物素平板各 1 块，将试验菌株在此两组培养基上划线接种，经 37℃培养 24～48 h，观察生长情况。此四种菌株应在组氨酸-生物素平板上生长，在无组氨酸的生物素平板上不能生长。

深粗糙型（rfa）鉴定（结晶紫抑菌试验）：深粗糙型突变的细菌，缺失脂多糖屏障，因此分子量较大的物质能进入菌体。鉴定方法：用移液器吸 0.1%结晶紫溶液 20 μL，在肉汤平板表面涂成一条带，待结晶紫溶液干后，在与结晶紫带方向垂直划线接种四种试验菌株。经 37℃培养 24～48 h，观察生长情况。此四种菌株在结晶紫溶液渗透区出现抑菌，证明试验菌株有 rfa 突变。

ΔuvrB 缺失的鉴定（紫外线敏感试验）：ΔuvrB 缺失即切除修复系统缺失。鉴定方法：取受试菌液在营养肉汤琼脂平板上划线。用黑纸覆盖培养皿的一半，然后在 15 W 的紫外线灭菌灯下，距离 33 cm 照射 8 s。37℃培养 24 h。对紫外线敏感的三个菌株（TA97、TA98、TA100）仅在没有照射过的一半生长，而菌株 TA102 在没有照射过的一半和照射过的一半均能生长。

R 因子和 pAQ1 质粒的鉴定：4 个试验标准菌株均带有 R 因子，具有抗氨苄青霉素的特性。TA102 菌株含 pAQ1 质粒具有抗四环素的特性。用结晶紫抑菌试验的方法，在 2 个肉汤平板上分别滴加氨苄青霉素溶液 20 μL（浓度为 1 mg/mL，溶于 0.02 mol/L NaOH）和四环素溶液 20 μL（浓度为 0.08 mg/mL，溶于 0.02 mol/L HCl），并在肉汤平板表面涂成一条带，待溶液干后，垂直划线接种四种试验菌株。经 37℃培养 24～48 h，观察生长情况。四个菌株生长应不受氨苄青霉素抑制，证明它们都带有 R 因子。TA102 菌株生长应不受四环素抑制，证明带有 pAQ1 质粒。

自发回变数测定：取已融化并在 45℃水浴中保温的顶层培养基一管（2 mL），加入测试菌菌液 0.1 mL，迅速混匀，倒在底层培养基上，转动平皿使顶层培养基均匀分布在底层上，平放固化。翻转平板于 37℃培养 48 h，观察结果。计数回变菌落数。

对鉴别性诱变剂的反应：试验菌株对不同诱变剂的反应不同，应该在有和没有代谢活化的条件下鉴定各试验菌株对诱变剂的反应。可按下述的点试验或平皿掺入试验的方法进行。

菌株保存。鉴定合格的菌种应加入 DMSO 作为冷冻保护剂，保存在−80℃冰箱或液氮（−196℃）中，或者冰冻干燥制成干粉，4℃保存。主平板保存：主平板保存时，将菌落划线接种于主平板上，孵育 24 h 后保存于 4℃冰箱中。TA97、TA98、TA100 菌株保存在氨苄青霉素主平板上，可使用两个月。TA102 菌株的氨苄青霉素-四环素主平板上，可保存两周。应按时从保存的主平板上移菌，制备新的主平板。

6）试验设计：

实验设计：受试物最低剂量为每平皿 0.1 μg，最高剂量为 5 mg，或出现沉淀的剂量，或对细菌产生最小毒性剂量。一般选用 4～5 个剂量，进行剂量-反应关系研究，每个剂量应有三个平行平板。溶剂可选用水、二甲基亚砜（每皿不超过 0.4 mL）或其他溶剂。每次实验应有同时进行的阳性对照和阴性（溶剂）对照。

方法和步骤：实验方法有平板掺入法和点试法。一般先用点试法作预试验，以了解受试物对沙门氏菌的毒性和可能的致突变性，平板掺入法是标准试验方法。

平板掺入法：在底层培养皿上做上记号。取已融化并在 45℃水浴中保温的顶层培养基一管（2 mL），依次加入受试物溶液 0.1 mL，测试菌液 0.05～0.2 mL（需活化时加 10% S-9 混合液 0.5 mL），迅速混匀，倒在底层培养基上，转动平皿使顶层培养基均匀分布在底层上。平放固化后，将平板翻转，置 37℃培养 48 h 观察结果。

点试法：在底层培养皿上做上记号。取已融化并在 45℃水浴中保温的顶层培养基一管（2 mL），加入测试菌菌液 0.05～0.2 mL（需活化时加 10% S-9 混合液 0.5 mL），迅速混匀，倒在底层培养基上，倾斜平皿使顶层培养基均匀分布在底层上，平放固化。取无菌滤纸圆片（直径 6 mm），小心放在已固化的顶层培养基的适当位置上，用移液器取适量受试物（如 10 μL）点在纸片上，或将少量固体受试物结晶加到纸上或琼脂表面，将平板翻转，置 37℃培养 48 h 观察结果。

（5）质量保证

应对水样预处理和鼠伤寒沙门氏菌致突变试验进行质量控制。

① 设置阴性对照，即用纯水代替水样，完成样品制备全过程。用所得浓缩物作为阴性溶剂对照。

② 设置阳性对照，用适当剂量的阳性对照物经历样品制备全过程。

③ 致突变试验标准菌株应鉴定合格，实验应设置平行样。

（6）数据处理

结果以均数±标准差表达。利用适当的统计学方法处理数据。

（7）结果讨论

1）点试法：凡在点样纸片周围长出一圈密集的 his+ 回变菌落的，该受试物即诱变剂。如只在平板上出现少数散在的自发回变菌落，则为阴性。如在滤纸片周围见到抑菌圈，说明受试物具有细菌毒性。

2）掺入法计数培养基上的回变菌落数。如在背景生长良好条件下，受试物每皿回变菌落数等于或大于阴性对照数的 2 倍，并有剂量-反应关系；或至少某一测试点有重复的并有统计学意义的阳性反应，即可认为该受试物对鼠伤寒沙门氏菌有致突变性。当受试物浓度达到抑菌浓度或 5 mg/皿仍为阴性者，可认为是阴性。

3）试验结果应是两次以上独立实验的重复的结果。如果受试物对四种菌株（加和不加 S-9）的平皿掺入试验均得到阴性结果，可认为此受试物对鼠伤寒沙门氏菌无致突变性。如果受试物在一种或多种菌株（加和不加 S-9）的平皿掺入试验中得到阳性结果，即认为此受试物是鼠伤寒沙门氏菌的致突变物。

3.3.4.3 单细胞凝胶电泳试验

（1）原理

单细胞凝胶电泳试验是 Ostling 等（1984）首创的一种快速检测单细胞 DNA 损伤的实验方法，后经 Singh 等（1988）进一步完善和发展，因其细胞电泳形似彗星，又称彗星试验（comet assay）。单细胞凝胶电泳试验一般在 pH＞13 的碱性条件下进行，其原理为：① 经过遗传毒性物质暴露的细胞在裂解液的作用下破裂，杂质进入裂解液中，细胞核留在原位；② 在解旋液的作用下细胞核中的 DNA 由双链变成单链，RNA 发生降解；③ 碱性条件下，带有负电的 DNA 片段在电场力的作用下向阳极迁移。如果化学物质导致 DNA 损伤，DNA 会形成大小不同的 DNA 片段。由于这些 DNA 片段的分子量和大小不同，因此在凝胶中向阳极的迁移速度也会有所不同，从而形成彗尾，遗传毒性越大，彗尾越长。

单细胞凝胶电泳技术（SCGE）具有敏感、简便、快速、低耗等优点，它可以在细胞水平上检验未修复 DNA 分子的单/双链损伤，是一种灵敏度较高的 DNA 损伤检测手段，因此被广泛应用于 DNA 的损伤与修复、遗传毒理、环境监测以及氧化应激和细胞凋亡等研究领域中。

（2）样品采集

每个水体样品采集 20 L，过滤去除悬浮颗粒物后测定理化指标，毒性试验前 4℃保存。

（3）受试生物选择和驯化

1）选择：斑马鱼是一种遗传性状稳定，与人类基因高度同源（70%）的国际通用标准模式生物。斑马鱼作为水生系统中的一种高营养级别生物，其遗传毒性试验能有效评价废水和环境水体的毒性效应，能够更好地提示供试样品对人类健康的潜在危害。

2）驯化：成年斑马鱼，体长（2.2±0.1）cm，体重（0.35±0.05）g，实验前驯化一周。饲养水质符合《渔业水质标准》（GB 11607—89），曝气 1 d 以上的自来水，水温保持在（22±1）℃。12～14 h 光照，连续曝气，溶解氧浓度 70%以上，pH 为 7.4～8.1。每天早晚 2 次喂食普通观赏鱼鱼食，冲洗更换滤布，保持水质清澈洁净，每周换 1 次水。驯化期间死亡率低于 5%，可用于试验。试验前 1 d 停止喂食，选择活泼健康的鱼准备试验。

（4）斑马鱼暴露

根据预实验结果，以最低有致死效应的浓度（或者略高于）为最高剂量组。设置 3 个浓度梯度，并以试验用水为对照组。在 1.5 L 方形鱼组中暴露 96 h，每组 5 尾。期间不喂食，水温控制在（22±1）℃。

（5）斑马鱼肝组织提取

暴露完成后，取出斑马鱼。用酒精棉消毒后，断尾，4℃下解剖肝脏组织，放入 2 mL 离心管中做好标记。用 PBS 缓冲溶液冲洗肝组织 3 次。保持 4℃条件，在每根离心管中注入 0.4 mL 解冻的胰蛋白酶，用枪头吹打肝组织消化分解为细胞，时间 1 min。消化均匀后，加入 0.8 mL DMEM 以终止胰蛋白酶的消化作用。200 目过滤，将液体移入新的离心管中，1 000 r/min 离心 10 min。取出，除去上清液，加入适量的 DMEM，混匀，显微镜下观察细胞密度。用 DMEM 调节细胞密度，保证细胞悬浮液浓度为 10^6～10^7 个/mL。

（6）单细胞凝胶电泳试验

1）实验仪器：

低速台式自动平衡离心机（TDZ4-WS），光学显微镜（YS100），pH 计（PHS-3C），酶标仪（SUNRISE），倒置荧光显微镜（OlympusIX71），荧光分光光度计（F-4500），电泳仪（DYY-6C），原子摩尔冷光检测仪（LuminMax-C）。

2）实验步骤：

制作单细胞电泳胶板：使用双层胶板，第一层为正常溶点琼脂，第二层为低溶点琼脂和单细胞悬液混合物。取 0.05 g 和 0.035 g 的琼脂糖、低琼脂糖分别加入 2 个小烧杯中，并在烧杯中各加入 10 mL PBS，加热至沸腾。吸取适量溶化后的琼脂糖，迅速将其铺在玻璃板上，4℃下冷却凝固。取 450 μL 低熔点琼脂糖，将其加入装有 150 μL 单细胞悬液的离心管中，充分混合，吸取混合液铺在已凝固的玻璃板上，完成第二层胶板铺制。

裂解细胞：将铺好的胶板浸入裂解液中，在 4℃于避光条件下放置 1.5 h。结束后，用蒸馏水冲洗残留的裂解液。

电泳：将新配的碱性缓冲溶液倒在胶板上，没过胶板 2 mm，在 4℃于避光条件下放置 20 min，然后进行 DNA 解旋。完成后，将胶板水平放入电泳槽中，倒入电泳液，25 V，300 mA，电泳 20 min。结束后用蒸馏水冲洗胶板。

染色：0.4 mol/L Tris-HCl（pH=7.5）缓冲液倒入培养皿中，浸泡胶板 15 min，反复 2 次。避光晾干，Gelred 染色。

（7）结果讨论

如果细胞没有损伤，电泳时，核 DNA 因分子量大而继续留在原位，经荧光染色后，呈圆形荧光团，无拖尾现象。当细胞受到损伤时，在碱性电泳液（pH＞13）作用下，DNA 双链解螺旋变为单链，带负电荷的断裂碎片分子量较小，可以进入凝胶中，在电泳时断链或碎片离开 DNA 向阳极迁移，形成拖尾。细胞核 DNA 损伤越严重，产生的断链或碱变性片段就越多、越小，DNA 在电场作用下的迁移量就越大，迁移的距离也越长，表现为尾部长度增加和荧光强度增强。因此，可以将其放于倒置荧光显微镜下，观察细胞状态并拍照。利用 Casp 软件进行图片分析彗星尾矩。

$$尾矩=尾部\ DNA\%\times彗星长$$

（8）质量保证

斑马鱼遗传毒性试验采用的阳性对照物为重铬酸钾（$K_2Cr_2O_7$）和 4-硝基喹啉-1-氧化物（4-NQO）。遗传毒性结果以尾距表示。图 3-13 为草履虫彗星实验的细胞彗星图像。

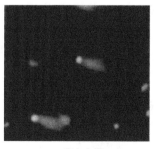 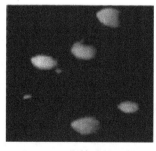 

A. 废水水样   B. 阳性对照   C. 阴性对照

图 3-13 废水水样、阳性对照、阴性对照的草履虫细胞彗星图像

资料来源：郭莉. 综合废水和环境水样遗传毒性评价新方法研究[D]. 大连：大连理工大学，2013。

3.3.4.4　蚕豆根尖微核试验

（1）原理

微核是指位于细胞浆中独立于主核的小核。有害因子作用于细胞后，可导致细胞染色体断裂和缺失，并在细胞浆中形成一个个小核。微核的发生频率与细胞染色体的变异频率紧密相关，因此微核频率也是评价染色体发生损伤的重要指标之一。微核技术有动物微核实验和植物微核实验两种，可应用于工业废水和城市污水的致突变检测。

蚕豆根尖微核技术是检测化学有害物质对生物细胞毒害的一种遗传毒理学方法，广泛应用于环境污染监测和致突变剂检测研究中，其检测结果与动物实验结果高度一致。

（2）材料

松滋青皮蚕豆，无水乙醇、醋酸、盐酸等均为市售国产分析纯。卡诺氏固定液（乙醇和冰醋酸按照体积比 3∶1 配制），席夫（Schiff）试剂。

（3）方法

1）水样采集：

在每个采样点平行取 3 个水样，每个水样 100 mL，装于洁净棕色玻璃瓶中，并置于4℃冰箱中避光保存，尽快分析。以去离子水作为阴性对照。

2）蚕豆根尖的培养及处理：

将蚕豆于 25℃恒温箱中浸泡 24 h 后催芽，当初生根长至 2～3 cm 时，将初生根尖生长良好、根长一致的种子放入装有被测液的培养皿中，被测液浸没根尖即可，染毒 24 h。将染毒后的种子用蒸馏水浸洗 3 次，在 25℃恒温培养箱中恢复培养 24 h。种子恢复后，从根尖顶端切下长 1 cm 左右的幼根，用卡诺氏固定液固定 22～24 h。固定后的根尖如果不及时制片，可置于 70% 的乙醇中，4℃冰箱中保存备用。固定好的幼根用蒸馏水浸洗2 次，在 28℃下用 5 mol/L 盐酸水解约 15 min，至幼根被软化即可。蒸馏水浸洗 2 次，席夫试剂染色 10 min，用二氧化硫洗涤液浸洗幼根 2 次，蒸馏水浸洗 1 次，将幼根放入新换的蒸馏水中，置于 4℃冰箱中保存，可随时用于制片。将幼根放在擦净的载玻片上，用解剖针截下 1 mm 左右的根尖。在根尖上滴上少许 45% 的醋酸溶液，用解剖针将根尖捣碎。然后加盖一片干净的盖玻片，注意不要有气泡。再在盖玻片上加一小块滤纸，轻轻敲打压片，切勿让盖玻片与载玻片滑动。

（4）镜检计数

3～5 个根尖为一组进行观察，每个根尖计数 1 000 个细胞中的微核数，如图 3-14 所示。按下式计算微核千分率（micro nucleus frequency，MCN，‰）和综合污染指数（pollution index，PI）。

$$MCN = \frac{具有微核的细胞数}{细胞总数} \times 1\,000‰$$

$$PI = \frac{样品MCN平均值}{阴性对照组MCN平均值}$$

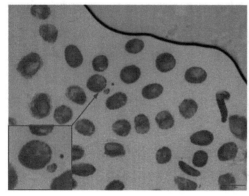

A. 箭头所示为双微核

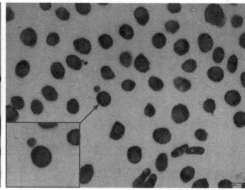

B. 箭头所示为微核

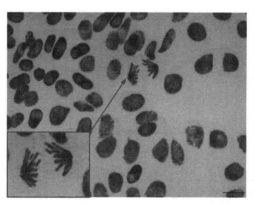

C. 箭头所示为染色体断片（左下角内嵌图为箭头所示处放大图）

图 3-14 自来水厂水样诱发蚕豆根尖微核图片及染色体异常（×400）

资料来源：王超，阮鸿洁，豆捷雄，等. 采用蚕豆根尖微核试验检测自来水厂水体的遗传毒性[J]. 癌变·畸变·突变，2016，28（6）：481-483，490。

为避免因实验条件等因素带来的 MCN 本底的波动，可使用 PI 来划分污染程度。污染指数的评价：$0<PI<1.5$ 时，基本无污染；$1.5 \leqslant PI<2.0$ 时，轻度污染；$2.0 \leqslant PI<3.5$ 时，中度污染；$PI \geqslant 3.5$ 时，重度污染，一般认为 $PI \geqslant 1.5$ 时判断样本具有遗传毒性。

（5）统计分析

实验结果采用 SPSS 13.0 统计软件进行分析，采用 Dunnett's t 检验对各染毒组与对照组之间的 MCN 进行统计检验，以 $\alpha = 0.05$ 为检验水准。

3.3.5　内分泌干扰性检测

在内分泌干扰性检测试验中，传统动物活体试验、卵黄蛋白诱导试验、细胞增殖试验、竞争性配体结合试验与基因重组酵母试验相比都具有各种各样的不足和缺点，所以不常用于内分泌干扰性检测中，基因重组酵母系统试验表达产物有活性、操作方便、经济快速，是目前水质雌激素效应测评中最常用的方法。所以，本书以基因重组酵母试验为例介绍生物毒性检测中的内分泌干扰性检测。

（1）实验原理

基因重组酵母法（YES）检测内分泌干扰物的原理是将人类由 TEF 启动子控制的雌激素受体基因和植酸酶报告基因 *phyky* 以及调控植酸酶报告基因 *phyky* 的启动子 ERE 质粒导入酵母菌体内。当环境中存在内分泌干扰物质时，这些物质可以配体的形式进入细胞并与雌激素受体结合，一个内分泌干扰分子可以与两个雌激素受体结合，且能够使受体蛋白发生构象的改变，成为一个二聚体，该二聚体能够进入细胞核内与调控植酸酶报告基因启动子 ERE 识别，并激活启动子 ERE 使植酸酶报告基因转录表达，生成的植酸酶能够分解 4-硝基苯磷酸二钠盐，产物 4-硝基苯在 405 nm 下可以用分光光度计检测，培养后酵母液的吸光度在 630 nm 下可用分光光度计检测。所得结果根据公式换算成酶活单位 U，1 个酶活力单位 U 是指在 37℃下，植酸酶在 1 min 内能转化 1 mL 底物溶液的酶量。

$$U = 1\,000 \frac{\left(OD_{405} - OD'_{405}\right)}{t \times V \times OD_{630}}$$

式中：OD_{405}——反应后样品的吸光度；

OD'_{405}——反应后空白的吸光度；

OD_{630}——培养后菌液的吸光度；

t——酶反应时间，min；

V——样品体积，mL。

作为受试菌株，基于植酸酶报告基因的耐盐酵母菌不仅能够灵敏地对环境中的雌激素类物质表现出的效应，而且作为耐盐的酵母菌，适于对高盐度的工业排水进行内分泌干扰性的筛查工作，酶反应的产物磷酸盐可以通过电化学作用将化学信号转换成电信号，利于未来在线监测的实现，雌激素诱导下的酵母表达系统如图 3-15 所示。

（2）菌种保存

基因重组酵母菌用液体 YMM 麦芽糖培养基摇床培养 24 h，与 30%灭菌甘油按 1∶1 体积混合后分装，并保存在-80℃冰箱中备用。

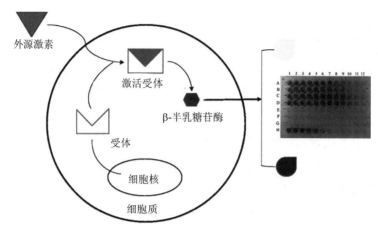

图 3-15　雌激素诱导下的酵母表达系统示意图

资料来源：王丽娟. 基于被动采样的工业区水体内分泌干扰性检测技术研究[D]. 哈尔滨：哈尔滨工业大学，2015。

（3）主要试剂

试验所用试剂如表 3-5 所示。

表 3-5　主要试剂

名称	级别	名称	级别
酵母浸膏	生物试剂	葡萄糖	细胞培养
K_2HPO_4	细胞培养	胰蛋白胨	生物试剂
KH_2PO_4	细胞培养	酵母粉	生物试剂
无水柠檬酸	细胞培养	技术琼脂	生物试剂
二水柠檬酸钠	细胞培养	海盐	
4-硝基苯磷酸钠盐	分析纯	莠去津	优级纯
壬基酚	分析纯	氧化乐果	优级纯
17-磷酸雌二醇	标准品	四溴双酚 A	优级纯
麦芽糖—水合物	分析纯	十溴二苯醚	优级纯
$MgSO_4 \cdot H_2O$	细胞培养		

（4）实验仪器及设备

本试验主要实验用仪器和设备如表 3-6 所示。

表 3-6　实验用仪器与设备

仪器名称	型号	仪器名称	型号
多用 pH 计	FE20	高速离心机	5418R
恒温水浴锅	HH.S21-4	冰箱	SD-567
旋涡混合器	VORTEX-5	纯水机	MiliQ
循环水式多用真空泵	KH-III	—	—

（5）主要溶液配制

各溶液的配制方法见表 3-7。

表 3-7 主要溶液的配制方法

溶液（体积）	成分	灭菌条件
盐溶液（100 mL）	3.7 g NaNO$_3$	121℃蒸汽灭菌 20 min
	8.4 g KH$_2$PO$_4$	
	1 g MgSO$_4$·H$_2$O	
混合维生素（100 mL）	0.4 g 泛酸钙	过滤灭菌
	0.4 g 盐酸硫胺	
	0.1 g 烟酸	
	0.04 g 生物素	
	0.4 g 盐酸吡哆	
	4 g 肌醇	
微量元素（100 mL）	0.05 g H$_3$BO$_3$	121℃蒸汽灭菌 20 min
	0.01 g CuSO$_4$·5H$_2$O	
	0.01 g KI	
	0.04 g MnSO$_4$·H$_2$O	
	0.04 g ZnSO$_4$·7H$_2$O	
	0.02 g Na$_2$MoO$_4$·2H$_2$O	
	0.01 g CoCl$_2$	
基质缓冲液（100 mL）	5.177 g 二水柠檬酸钠	121℃蒸汽灭菌 20 min
	6.224 g 柠檬酸	
麦芽糖（100 mL）	20 g 麦芽糖	115℃蒸汽灭菌 15 min
葡萄糖（100 mL）	20 g 葡萄糖	115℃蒸汽灭菌 15 min
E2 储备液（10 mL 乙醇）	10 mg 雌二醇	—
显影剂（100 mL）	12 g 氢氧化钠	121℃蒸汽灭菌 20 min
琼脂（100 mL）	10 g 琼脂	—
无菌水	—	121℃蒸汽灭菌 20 min
3%氯化钠（100 mL）	3 g NaCl	121℃蒸汽灭菌 20 min

（6）培养基的配制

实验中用到的培养基配制方法如表 3-8 所示。

表 3-8　不同培养基的配制方法

培养基	配制方法
YMM 基本培养基	96.5 mL 盐溶液，1 mL 氯化铁溶液，1 mL 硝酸钙溶液，1 mL 微量元素，0.5 mL 混合维生素，5 倍浓缩
YMM 麦芽糖培养基	YMM 基本培养基和麦芽糖溶液等体积混合，5 倍浓缩
YMM 葡萄糖培养基	YMM 基本培养基和葡萄糖溶液等体积混合，5 倍浓缩
YMM 麦芽糖固体培养基	5 倍浓缩的 YMM 麦芽糖培养基 40 mL，琼脂溶液 40 mL，无菌水 120 mL
YPD 含盐培养基	1%酵母提取粉，2%胰蛋白胨，2%葡萄糖，1%氯化钠
YMM 麦芽糖加海盐培养基	5 倍浓缩的 YMM 麦芽糖培养基 200 mL，海盐 28 g

（7）实验步骤

在酵母粉冻干管中加入 1 mL 稀释一倍的 YMM 麦芽糖液体培养基溶解后，接种到 YMM 麦芽糖固体培养基上，在（30±2）℃，直到有菌落长出。挑取单一菌落至 YPD 加 NaCl 的液体培养基中在（30±2）℃、270 r/min 振荡培养箱让其生长 24 h。从 YPD 菌液中取 100 μL，均匀涂到 YMM 麦芽糖固体平板上，于（30±2）℃、培养 24 h，作为试验用菌株。

① 从上述平板中挑取单一菌落到 5 mL YPD 氯化钠培养基中，让其生长（14±2）h，作为种子液。

② 将上述培养液转移至 50 mL YMM 麦芽糖液体培养基中，摇瓶培养（12～18）h，适当稀释，使 $OD_{630\,nm}$ 达到 2 左右。

③ 将此菌液与待测液接触，于（30±2）℃、270 rpm 下恒温振荡培养。

④ 取 1.5 mL 液体在 700 g 的离心机中离心。

⑤ 取 150 μL 的上清液到 2 mL 离心管中。

⑥ 向⑤中加入 150 μL 的基质反应液，并混匀。

⑦ 将上述混合液在 200 g 下离心 10 s，37℃下水浴，加入 300 μL 显影剂，紫外-可见分光光度计测 405 nm 下的 OD 值。

⑧ 轻轻摇晃④，使沉淀重悬。

⑨ 紫外-可见分光光度计在 630 nm 下测⑧的 OD 值。

⑩ 通过数据处理，计算植酸酶的活性 U。

3.4　生物毒性检测的应用

3.4.1　工业废水生物毒性检测

根据被测水体的不同，在实际的检测中可以采用多种生物毒性测试方法进行同时检测，但由于常用于水体生物毒性测试的受试生物有藻类、溞类、鱼类及发光细菌等各种生物，遍布水体生态系统中的各个营养级，所以在进行成组生物毒性检测之前需对各种生物的性质有所了解，以便各种生物的毒性测试相互配合，使测试具有更高的敏感性、选择性和更好的生态关联性。

Tigini 等利用不同营养级生物测定纺织废水的急性毒性效应，结果表明不同营养级生物对纺织废水毒性的敏感性存在显著差异，其中以微藻最为敏感。张锡龙以 4 种微藻作为受试物种，5 种典型行业废水为受试水体，分别以斜生栅藻、蛋白核小球藻、海水小球藻以及等鞭金藻的生长抑制率为测试指标，评价了行业废水对不同微藻的毒性效应，比较其敏感性差异。结果表明，不同组分的行业废水会对微藻产生不同的毒性效应。杜丽娜等研究了制药厂污水处理站不同工艺节点出水对羊角月牙藻的急性毒性效应，根据半数抑制浓度（EC_{50}），得出制药废水对羊角月牙藻的急性毒性随不同处理工艺呈逐级减弱趋势结论。李丽君等研究了 6 家工业废水的鱼类急性毒性效应并结合理化指标探究了斑马鱼的致死原因。杨京亚等利用斑马鱼研究了腈纶废水在好氧—厌氧处理过程中废水的急性毒性变化，结果表明最终出水对斑马鱼有轻微的致死作用。杨帆利用明亮发光杆菌 T3 研究了制药厂废水处理站不同工艺口排放的废水对发光细菌的急性毒性，结果表明，经过有效的生物处理及化学处理后，出水对明亮发光杆菌 T3 的毒性影响会逐渐减弱。张云芳和陈楚利用蚕豆根尖细胞微核技术对淮北地区 5 家工业废水进行了遗传毒性检测，结果表明 5 家工业废水均可不同程度地导致蚕豆微核细胞遗传损伤；董轶茹和刘文丽研究了焦化废水对蚕豆幼芽和幼根生长情况以及对蚕豆根尖细胞遗传损伤的影响。了解了水中各营养级生物在毒性测试中的不同反应，便可以利用成组生物毒性检测技术来检测工业废水的生物毒性污染水平。

工业废水综合毒性大小和理化指标结果没有必然联系，与传统的理化指标检测相比，污水的生物安全性评价能更好地反映水质的变化情况。邹叶娜等利用发光菌急性毒性实验、大型溞急性毒性实验和单细胞凝胶电泳实验，将成组生物毒性检测技术建立于 PEEP（潜在毒性效应指数）评价方法，对 7 种典型工业废水的综合生物毒性进行评价，结果表明电镀、电子、食品和综合污水处理厂出水的 PEEP 值分别从 5.42、5.50、2.93、4.45 削减到了 1.25、2.58、2.15、2.35，综合生物毒性明显低于原水，可见这些企业的处理工艺能有效地降低废水的生物毒性。化工和印染厂出水毒性明显高于原水,PEEP 值分别从 3.28 和 4.00 增加到 4.55 和 5.73,说明其废水处理工艺导致废水的生物毒性增强,需要进一步确定来源,从而完善相关处理工艺,确保废水安全合理排放。长安大学的曹宇以农药生产企业的排水和某农药工业园区污水处理厂进水和出水作为研究对象,选取发光细菌(分解者)、羊角月牙藻(生产者)、斑马鱼卵(次级消费者)、大型溞(初级消费者)以及鼠伤寒沙门氏菌作为研究对象,以相对发光度、生长抑制率、发育畸形率、生物体死亡率、诱导率作为检测端点,利用 PEEP 法和毒性单位分级评价法共同研究了农药工业园区污水处理厂进水和出水的急性毒性效应和遗传毒性。结果表明,园区废水毒性很大,PEEP 指数为 4.45,但 TUa 值最高为 2.21,经过处理后 TUa 值均小于 1.00,PEEP 值下降到 3.89,废水综合毒性有所减弱。经污水处理厂处理后排放的废水理化指标达到了国家或地方标准要求,但潜在生物毒性风险仍然较高,可见在制定农药工业废水排放标准时,有必要设定生物综合毒性限值。

3.4.2　地表水生物毒性检测

对天然水体的评价主要分为两类,一类是评价水体中本身存在的污染物引起的影响;另一类是评价中水、再生水回用于河道补充、景观用水,农田灌溉后,水体是否存在生物毒性。针对河流中可能存在的环境污染物进行研究,以不同营养级(发光菌、藻类、水溞、鱼)的四种急慢性实验、Ames 试验及 umuC 实验对德国三条污染相对较轻的河流和一条相对较重的河流进行检测,样品的相对当量浓度均在 2~50 μg/L,通过藻类 72 h 半数效应值最高值 2 260 μg/L 判断毒性最高河流地点。

3.4.3　再生水生物毒性检测

近 20 年来,由于水资源匮乏,再生水的发展速度越来越快,经过三级处理工艺的中水被普遍回用于工业用水、景观用水和农业用水。再生水的安全性问题一直是人们关注的焦点,水质是否完全达到可接受标准还需要更多的数据来解释说明。Wei 比较了以发光菌试验和 SOS/umu 试验来测定北京某再生水厂不同处理环节中再生水急性毒性和遗传毒性效应的变化。在二级生物处理、臭氧氧化、臭氧活性炭等工艺环节中急性毒性阳性参考物 Hg^{2+} 浓度降低 15%~79%,遗传毒性阳性参考物 4-硝基喹啉-1-氧化物(4-NQO)浓度降低 47%~80%,而氯化消毒单元导致两种阳性参考物浓度升高,说明氯消毒环节会产生生物毒性较大的消毒副产物。Ai 等通过生物代谢试验、内分泌干扰效应试验、遗传毒性试验和传统的细胞毒性试验,对美国两水厂的再生水生产工艺中各步骤进行了评价,证明臭氧技术能有效去除氧化应激活性度,紫外技术去除糖皮质激素活性最为有效,加氯消毒可显著降低遗传毒性和除草剂活性。在景观回用水方面,Li 等通过沉水植物(水兰、伊乐藻、黑藻、红线草和小茨藻）和浮游动物（大型溞）联用，将它们放于 4 个试验湖中，证明了多种营养级的生物共同作用对氮、磷等营养元素的去除效果良好。

3.4.4　海水生物毒性检测

根据《1972 伦敦公约/1996 议定书》的附件，污水属于可考虑在海上倾倒的废物，此举直接导致海水自净能力减弱，环境污染日趋严重，海洋生产能力下降。20 世纪 90 年代，美国渔业与野生动物局首次利用溶菌酶和 7-乙氧基-3-异吩恶唑酮-脱乙基酶的活性评价多氯联苯（PCBs）、多环芳烃（PAHs）等有机污染物对鱼类健康的影响。苏磊利用发光细菌、黑鲷、卤虫、微藻检测污染海水浸出液的急性毒性，同时检测排放污水提取液的遗传毒性、内分泌干扰效应和芳香烃受体，采用毒性单位分级评价法进行评价，确定污水样品中均检测出了遗传毒性和芳香烃受体效应，毒性当量分别为 ND～25 mg 4-NQO/kg 和 73～6 838 ng 四氯二苯并-p-二噁英/kg，雌激素效应物质当量均低于 0.02 ng 雌二醇/kg，含量水平较为安全。整体毒性实验结果表明，污水对海洋生物的毒性作用明显，按照现行疏浚物安全倾倒标准，不能倾倒入海。

第4章 抗生素抗性基因及其检测

4.1 抗生素抗性基因简述

4.1.1 抗生素抗性基因及作用机制

抗生素是 20 世纪的重要发现，它的出现是人类医学领域的福音，对治疗和遏制传染病有着极大的贡献。目前，抗生素的用途主要包括：人类医疗和动物畜牧养殖业。基于抗生素可以有效杀死细菌的功能，在全球范围内，已有越来越多的抗生素被发现并大量生产以应用于生产生活当中，造成抗生素的使用量迅速增长的现象。《美国国家科学院院刊》（*Proceedings of the National Academy of Sciences*）发表的最新研究显示，2000—2015年抗生素使用量由 211 亿剂急剧增加到 348 亿剂，增长幅度高达 65%。根据这段时间抗生素使用量的数据变化，1 000 名居民当日人均抗生素的使用量从 11.3 剂增长至 15.7 剂，总体增幅达到 39%。研究人员分析了 76 个国家的抗生素消费趋势，主要通过对各国抗生素销售抽样调查，来估算各国抗生素使用量。抗生素使用量的增长主要以人口持续增长的低中等收入国家为主。2000—2015 年，抗生素使用增加量居于前三位的国家包括印度（增幅为 103%）、中国（增幅为 79%）及巴基斯坦（增幅为 65%），由此可见抗生素在世界范围内的使用量在不断增加。

抗生素已被广泛应用于人类与动物传染性疾病的预防和治疗，以及动物的生长促进中。近年来，在医药、畜牧和水产养殖等领域，抗生素的长期、大量、不合理使用，使得环境中细菌的耐药性增加，进而导致环境介质中抗生素抗性基因（antibiotic resistance genes，ARGs）和抗生素抗性细菌（antibiotic resistance bacteria，ARB）的残留出现。抗生素抗性细菌和抗性基因在环境中的停留时间较抗生素更长，并且会在不同环境介质中进行传播，往往比抗生素本身对环境的危害更大。自 Pruden 等首次将 ARGs 作为环境中的新型污染物提出以来，环境中抗生素抗性基因的潜在风险正逐步成为人们关注的焦点。世界卫生组织（WHO）已将抗生素抗性基因作为 21 世纪威胁人类健康的重大挑战之一。已有多项研究表明，抗生素抗性基因在不同环境介质中广泛存在并已扩散，在许多国家的地表水及沉积物、养殖厂水域、污水处理系统进出水、医疗制药废水、空气、土壤沉积物，甚至在饮用水中都检测出了不同程度的抗性基因污染。

抗性基因的传播可引发突发性公共健康事件，全球范围内已经暴发了多起由于超级细菌携带抗性基因并感染人类的恶性事件，如美国圣保罗沙门氏菌感染事件，2010 年携带耐药基因 NDM-1（New Delhi metallo-β-lactamase-1）的"超级细菌"的出现，2011 年在德国发生的由 O104：H4 血清型肠出血性大肠杆菌引起的"毒黄瓜"事件。由于其菌株携带大环内酯类、氨基糖苷类、磺胺类等抗生素的耐药基因，因此抗生素治疗对其无明显作用。耐药菌产生的速度远远超过新药研制的速度，如果不能对耐药菌进行严格的控制，在不久的将来，人类对某些疾病的治疗将会处于无药可用的境地。

一定浓度的抗生素及其代谢产物在生物体和环境中会诱导产生耐药菌，它们对原来接触的抗生素产生抵抗性，使抗生素的作用受到抑制甚至无效。耐药菌从基因层面开始演变进化，通过基因突变、基因转移等方式获得抗性基因，但两种获得抗性基因的方式有所不同。

（1）基因突变

通过抗生素的长期诱导作用使自身基因发生突变产生耐药性。如在人类发展历程中，由于长期不规范地大量使用抗生素，使得环境中耐药菌逐渐增多。因此基因突变是环境中抗性基因的重要来源。

（2）基因转移

细菌主要通过以下三种方式获得抗药性：从环境或其他细菌中通过水平转移因子（如质粒、整合子、基因盒、转座子、病毒等）获得抗性基因，相关基因在生物体内表达其抗药性；在抗生素及其他物质（如重金属、纳米材料、杀虫剂等）的选择作用下产生抗药性；遗传过程中细菌自身发生基因突变而获得抗药性。抗性基因的转移指基因本身或借助其他的转移单元在不同生物个体之间的传递，主要包括抗性子代纵向遗传（vertical gene transmission，VGT）和基因水平转移（horizontal gene transfer，HGT）两种方式。子代纵向遗传是指遗传物质通过繁殖进行的亲代和子代之间的传递，基因水平转移是指遗传物质在差异生物个体之间（种间或种内）或单个细胞内部细胞器之间进行的交流。水平转移主要是抗性基因依靠转移因子（质粒、整合子、转座子和噬菌体），通过接合、转导和转化等途径，在细菌与细菌之间、环境和细菌之间、病毒和细菌之间传播，如图 4-1 所示。①接合：受体细菌和供体细菌之间的生理接触，需要在细胞之间形成通道以供抗性基因传递，抗性基因能通过接合在不同界的生物之间进行遗传物质传递（如细菌和植物之间，以及细菌和酵母菌之间），这种转移方式主要通过可移动的质粒实现；②转导：噬菌体在自我复制的过程中将一个宿主的遗传物质转移到另一个宿主当中（普通转导），或将噬菌体吸附位点附近的 DNA 转移到宿主当中（特异转导）；③转化：从环境中吸收游离的 DNA 成为细菌自身的遗传物质，这种转移方式能够实现亲缘关系较远的微生物之间的传播。

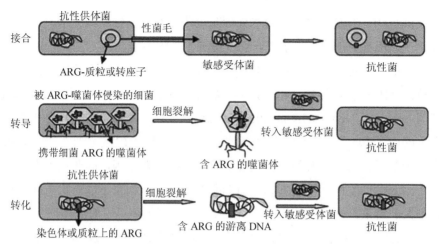

图 4-1 抗性基因水平转移接合、转化和转导的传播途径

资料来源：杨凤霞，毛大庆，罗义，等. 环境中抗生素抗性基因的水平传播扩散[J]. 应用生态学报，2013，24（10）：2993-3002。

携带有抗性基因的抗性菌对抗生素产生抗性机制，主要通过抗生素泵出系统（efflux pump）、失活酶（inactivating enzyme）或钝化酶（modified enzyme）、改变抗生素的作用靶点（modification）、改变代谢途径（bypass）四种机制来抵抗抗生素的作用。

（1）抗生素泵出系统

抗生素被细菌吸收后，细菌通过胞内表达的抗生素外排转运蛋白，将抗生素泵出细胞外，使胞内抗生素的有效浓度下降，从而提高其对抗生素的耐受能力。

（2）表达抗生素失活酶或钝化酶

细菌携带的耐药基因可以表达特异性的失活酶或钝化酶改变抗生素的化学结构，从而使抗生素失去活性达到对其耐受的目的。胞内抗生素发生转化而失去活性是细菌对抗生素的重要耐药机制之一，目前已发现的细菌表达的代表性的抗生素失活酶包括：β-内酰胺酶（如 AmpC、Bla$_{PSE-1}$、Bla$_{TEM-1}$ 等）、氨基糖苷类钝化酶（如 AacA4、AacA29 b、AphA1、AphA2、AadA1、AadA2 等）和氯霉素乙酰转移酶（如 Cat I、CatIII等）。

（3）改变抗生素的作用靶点

通过基因突变或某种酶的修饰使抗生素作用靶点（如核糖体或核蛋白）的结构发生变化，导致抗生素与靶点的接合能力下降，从而无法发挥作用。

（4）改变代谢途径

细菌通过进化新的代谢途径以代替被抗生素抑制的代谢途径，从而提高其对抗生素的耐药性。

迄今为止，研究发现的抗性基因主要有四环素类抗性基因、磺胺类抗性基因、β-内酰胺类抗性基因、氨基糖苷类抗性基因、大环内酯类抗性基因、氯霉素类抗性基因、万古霉素类抗性基因、青霉素类抗性基因，涉及多个种属的抗性细菌，如大肠埃希氏菌（*E.coli*）、沙门氏菌（*Salmonella*）、军团菌（*Legionella*）、不动杆菌（*Acinetobacter*）、葡萄球菌（*Staphylococcus*）等。抗性菌与抗性基因在环境中普遍存在，在养殖场废水、污水处理厂、河流、细菌体内、饮用水、沉积物、土壤、空气等不同的环境介质中抗性基因均有检出。

4.1.2 抗生素抗性基因来源和传播

抗生素的滥用可在动物和人体内诱导抗性菌株的产生，抗性菌株随着排泄物进入污水处理系统，或经雨水冲刷和地表径流等多种途径进入土壤、河流、湖泊或渗入地下水中。水体已成为抗性基因的存储库，同时由于抗性基因极易在水环境中扩散，也使水体成为耐药基因扩散和传播的重要媒介。ARGs 在环境中的污染途径如图 4-2 所示。工业生产的抗生素主要分为医药抗生素和兽药抗生素，其中有一部分抗生素在人和动物体内不能被吸收从而残留于胃肠道内，诱导微生物 ARGs 的产生，这些含有 ARGs 的菌株会随人和动物的粪便一起排出体外，随着各类污水纳入市政管网中后，统一进入城市污水处理厂。然而污水中所含的抗生素在城市污水厂处理过程中很难被消除，如当前常用的污水处理工艺（A/O、A^2/O 等）对抗性基因的处理效果十分有限，污水处理厂的出水和活性污泥中都有高浓度的抗性基因残留，使得抗性基因可以再次进入自然环境中进行迁移转化，威胁人体健康。有研究表明，污水处理厂由于其水质的复杂构成和特殊的处理工艺可以诱导 ARGs 的产生和增殖，成为 ARGs 的一种重要发源地和存储库。污水处理厂产生的活性污泥经填埋、露天堆放或堆肥农用后，ARGs 会随着污泥进入周围土壤环境中，也会随着降雨冲刷和渗透作用进入下游的地表水和地下水中。

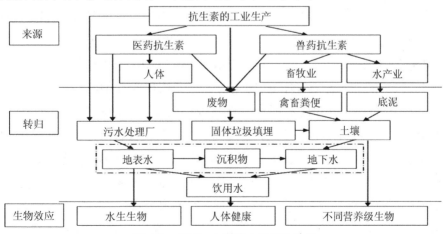

图 4-2 ARGs 在环境中的污染途径

资料来源：王双玲，王礼，周贺，等. 饮用水系统中抗生素抗性基因的研究进展[J]. 环境化学，2017，36（2）：229-240。

4.2 抗生素抗性基因污染水平

4.2.1 水体中的抗生素抗性基因

目前，ARGs 被广泛发现存在于水源水、饮用水处理工艺各个环节，甚至管网水中。水源水和饮用水系统中已检出多种 ARGs，包括四环素类、氨基糖苷类、氯霉素、万古霉素、硫胺类、甲氧氨苄嘧啶、β-内酰胺及青霉素等，涉及多个种属的抗性细菌，如 *E.coli*、*Aeromonas*、*Salmonella*、*Listeria*、*Legionella*、*Acinetobacter*、*Staphylococcus* 等。当前的水处理和消毒工艺仅能去除部分 ARGs，导致管网水中 ARGs 浓度居高不下，甚至有研究发现管网水中的 ARGs 浓度高于出厂水，并且在管网水中发现了一些特殊种类的 ARGs。

ARGs 在地表水中的污染状况早已受到国内外学者的密切关注，近年来，国内外多篇文献报道在地表水环境中 ARGs 均有不同程度的检出。据美国 2008 年公布的一项调查结果发现，美国 24 个大城市的饮用水中含有抗生素、镇静剂、性激素等多种物质，目前至少有 4 100 万人饮水安全受到威胁。Pruden 等在美国科罗拉多州河流中检测到四环素类抗性基因（tetO 和 tetW）与磺胺类抗性基因（sul Ⅰ 和 sul Ⅱ），而且附近城市的饮用水处理厂出水中也都检测到了这 4 种 ARGs 的存在。Stoll 等在欧洲某地区河流中对 24 种 ARGs 的检测发现，磺胺类抗性基因的检出率为 77%～100%，链霉素抗性基因的检出率为 43%～55%。Czekalski 等对瑞士 Geneva 湖的湖水进行了抗性基因和抗性细菌的检测，结果发现湖水中的四环素类、磺胺类和大环内酯类等 ARGs 均有不同程度的检出。Xi 等对美国密歇根州和俄亥俄州饮用水水源地、水厂出水和管网系统中的抗性细菌和抗性基因研究发现，饮用水水厂出水和管网水中细菌对某些抗生素的耐药水平有所增加，而且管网水中大部分 ARGs 的含量要高于水厂出水和饮用水水源地中 ARGs 的含量。

在我国多个河流、水源地等环境中也检测到了不同程度的 ARGs 和 ARB 污染。Luo 等对海河流域的部分支流和底泥所含抗性基因检测发现，磺胺类抗性基因检出率为 100%，同时其他种类抗生素也有不同程度检出。Chen 等在我国南方珠江和珠江口的河流和底泥样品中检测到了 sul Ⅰ 和 sul Ⅱ 等磺胺类抗性基因的存在。Zhang 等在我国长江流域南京段和太湖流域检测到了四环素类抗性基因 tetA 和 tetC。Jiang 等在黄浦江流域的 ARGs 调研中检测到了磺胺类、四环素类和 β-内酰胺类等抗性基因。王青等在九龙江下游水源水中检出了四环素类抗性基因（tetA、tetG），万古霉素抗性基因 vanA 和大环内酯类抗性基因 ermB。Guo 等对我国长三角流域的 7 个自来水厂中磺胺类抗性基因和四环素类抗性基因（tetC、tetG、tetX、tetA、tetB、tetO、tetM、tetW）检测发现，其中两个饮用水水厂的出水中含有抗性基因。Xu 等对钱塘江流域两个城市饮用水处理厂的处理工艺研究中发现了多种 ARGs 的存在，如氨基糖苷类、磺胺类、β-内酰胺类和万古霉素类等。自然水体、饮用水水源地以及生活用水均检测到抗性基因和抗性细菌的存在，甚至在瓶装矿物质水中也分离出了抗性细菌，说明饮用水中的抗性基因污染已经非常普遍。

如今，在医院废水、农场废水、养殖场废水及周边的水体中普遍发现了抗性基因的存在。Rodriguez-Mozaz 等在医院出水检测到基因浓度为 $10^5 \sim 10^6$。在丹麦农场排出废水中，也发现了抗性基因 otc 与 sul 的存在。而在所有抗性基因种类中，四环素类具有较高的检出率。在美国一些奶牛场分离出的产单核细胞中发现了多种 ARGs，包括 floR（占 66%）、penA（占 37%）、strA（占 34%）、tetA（占 32%）和 sul I（占 16%）。而在一些农场废水、池塘土壤和周围地下水中的细菌也发现携带有四环素耐药基因 tet。Nicholas 等研究了养牛厂附近湖泊中 6 种四环素抗性基因的含量水平，结果显示抗性基因含量水平具有季节性特征，秋季比夏季高出 10 ～ 100 倍。此外，抗性基因含量水平还与地域抗生素使用策略密切相关。在中国某水产养殖中，发现 tetA 与 tetB 是细菌中占主导地位的 ARGs。Yuan 等对杭州湾附近的 4 个鱼虾养殖场的水源、池塘水和沉积物中抗生素和抗性基因分别进行检测，结果显示 11 种抗性基因：sul I、sul II、sulⅢ、tetA、tetB、tetC、tetH、tetM、tetO、qnrS、floR 存在于样品当中，且 sul I 和 tetC 是水体和沉积物中最主要的 ARGs。

4.2.2 土壤和沉积物中的抗性基因

抗生素抗性基因存在的环境介质很广泛，多位学者发现 ARGs 在土壤和沉积物中具有一定的污染水平。Esiobu 等研究发现，将奶牛场肥料施用于花园土壤中，70%的抗生素包括青霉素、四环素、链霉素的抗性基因被诱导。造成土壤中抗生素耐药性的主要原因是土壤长期施用畜禽粪便，而畜禽粪便中含有大量未被吸收、降解的抗生素类残留。Sengelov 等在丹麦长期施用猪粪的农田中发现了大量抗药性菌株。而且猪粪使用越多，诱导产生越多的抗性。Burgos 等在墨西哥农场表土中发现了高水平的多药物抗性基因与抗性质粒。刘博等检测北京市潮白河入渗区地表水和土壤中 4 种四环素类 ARGs 的存在水平，其中土壤中 4 种四环素类 ARGs 的检出率均为 100%，绝对量丰度高且变化幅度大，其数量级为 $10^5 \sim 10^7$ copies/g，ARGs 在 3 种土壤中的绝对量丰度均符合底泥＞包气带土＞对照土。这些都表明土壤也是抗性基因的基因库。

沉积物存在耐药性已经被多位学者所证明，Pei 等在美国科罗拉多州北部河流沉积物中发现四环素和磺胺类的抗性基因 sul I、sul II、tetW 与 tetO。在水产养殖地附近采取的沉积物样品中检测到大量的抗生素，而这些抗生素不经过任何净化处理而直接进入沉积物中，耐喹诺酮类、磺胺类和四环素的菌株已经在水产养殖场沉积物中被发现。早期就有学者发现，耐四环素的革兰氏阴性细菌和革兰氏阳性细菌被发现存在于海洋沉积物中。最近，Rahman 等在日本的东京湾、相模湾、太平洋海底沉积物中分离的芽孢杆菌、产黄菌、假单胞菌、不动杆菌中发现了两种不同基因型的抗四环素基因。罗方园等对洪泽湖湖区 42 个沉积物样品进行抗生素的检测，包括常见的两种四环素类抗生素（四环素、土霉素）含量，并采用荧光定量 PCR 定量分析样品中 3 种不同的四环素抗性基因（tetA、tetC、tetM）的含量。数据表明，四环素类抗生素检出率为 100%，含量范围为 1.35～25.43 μg/kg。所有样品中均检出 tetA、tetC 基因，且 tetC 基因含量最高，平均含量为 9.77×10^6 copies/g，但 tetM 只出现在部分样品当中。随着抗生素的使用范围的加大，抗性基因在沉积物中的富集也越来越严重，并逐渐成为另一个基因库。

4.2.3 大气环境中的抗性基因

大气环境也是抗性基因存在的重要介质。Pal 等发现雾霾样品存在一定量的 ARGs 且相对于泥土和水的样品种类更多，达到 64 种，表明气溶胶是 ARGs 的潜在储存库和传播的载体。一些学者研究在畜牧场室内大气环境中发现含有携带抗性基因的细菌，表明抗性基因可以通过空气在环境中传播。Gibbs 等在两个大规模的养猪场的空气中发现所有的气生菌（葡萄球菌、沙门氏菌、大肠菌）同时抗两种或更多种抗生素，包括氨苄青霉素、青霉素、红霉素、泰乐菌素、四环素和土霉素。Chapin 等研究表明，养猪场室内空气中 98%的气生革兰氏阳性菌同时抗两种或两种以上药物，其中包括大环内酯类、四环素与林可酰胺类。Sapkota 等也在大型养猪场室内发现空气中气生革兰氏阳性细菌具有高水平的多药物抗性，抗性肠球菌和链球菌具有 5 种编码大环内酯，林肯霉素，链阳性菌素抗性的基因 ermA、ermB、ermC、ermF、mefA 与 5 种编码四环素抗性的基因 tetK、tetM、tetL、tetO 与 tetS。已有研究表明，从医院呼吸科住院部的微生物气溶胶中分离的许多菌株抗一种或多种抗生素，万古霉素抗性基因 vanB 存在于所有与少动鞘氨醇单胞菌有关的分离株，还有一些样品检测出存在四环素类抗性基因 tetA、tetC 和红霉素抗性基因 ermX。耐甲氧西林金黄色葡萄球菌可导致医院感染的传播，Drudge 等从医院各个部门（急诊、普通门诊、重症监护病房、儿科和胸肺科门诊）的独立空气净化装置中收集灰尘样本，利用 PCR 技术在多个样品中检测到 aac6′-aph2″、ermA 和 mecA 抗性基因。

4.3 抗生素抗性基因的生态风险

研究表明，ARGs 可以随用作农业肥料的粪便进入土壤生态系统。人和动物体内的抗性菌株通过粪便施肥这种方式传递到土壤中，但同时也将 ARGs 转移到土壤中的微生物。ARGs 还可以通过水平基因转移这种方式，在土壤微生物与农作物中间传递 ARGs，从而使得与种植在土壤中的植物也具有一定的抗生素抗性。例如，实验样本烟草中叶绿体上的抗性基因组可以与土壤中的不动杆菌发生水平基因转移。Wilcks 等研究发现抗性基因在实验组样本植株与土壤细菌之间可以发生水平基因转移，这其中的实验组样本植株作为食物会导致人体内也产生耐药性。生活在人体中的细菌可以从实验组样本植株的标记基因获得抗药性性状，除此之外，用来构建实验组样本植株的抗生素抗性基因还可以转移到人和动物的肠道致病菌上。可食用的实验组样本植株在生产加工过程中同样会发生抗性基因的转移，在此阶段转化的 DNA 可能进入人、牛等动物的肠道，并随肠道菌群一起以各种不同的机制进行水平转移。由此可以看出，抗生素抗性基因可以通过植物性食物链对人类健康产生潜在的威胁与危害。

除了植物性的食物链传递，耐药菌还可以通过畜禽养殖动物向人体传递，其中大多集中在沙门氏菌、弯曲杆菌和耶尔森氏菌所引起的革兰氏阴性菌食物感染。人体可以通过与被感染沙门氏菌的动物和其粪便的直接接触传递得到沙门氏菌，但最重要的传递方式还是通过食用这些动物。世界上很多国家地区的肉、牛奶等畜禽食品中检测到的肠球菌都携带抗生素抗性基因。这些抗性基因一旦在人体中聚集，会导致大量抗生素的药用功能下降，由此使得一些疾病出现"无药可用"的境况。

研究发现，水生生态系统的抗生素抗性基因污染情况已经十分普遍，而且在水生生物体内也相继检测出抗性基因。例如，Agerso 等在丹麦、加拿大养鱼场水中，虹鳟鱼、鲑鱼体内发现大量携带编码四环素抗性基因 tetE 的运动型气单胞菌，Kim 等在日本和韩国沿海水产养殖场黄鳍须须石首鱼体内发现了携带编码四环素抗性基因 tetM 与 tetS 的格氏乳球菌、杀鱼巴斯德氏菌、美人鱼发光杆菌和弧菌。海洋中的无脊椎动物体内也含有携带抗性基因的芽孢杆菌。Cooke 研究发现，新西兰海域贝类动物中含有抗生素抗性基因。水中低浓度的抗生素通过消化系统进入水生生物体内，在肠道内诱导出抗性细菌。水中抗生素抗性基因也可能通过水生细菌的水平基因转移进入鱼、贝类等生物体内。有研究发现，抗生素抗性基因还可以通过食物链传递给高营养级的生物，人类食用鱼类等海产品可以使抗生素抗性转移到人体内，影响人类健康。抗生素抗性基因会以陆生、水生动物性食物链传递的方式来威胁人体健康。

早在 20 世纪 80 年代，人们就在饮用水中发现了耐药性细菌，如携带抗性基因 vanA 与 AmpC 的异氧细菌。Hayes 等指出耐药性肠球菌可以直接通过饮用水或水上娱乐活动返回到人体，印度北部地区的饮用水中出现了抗多种药物的大肠杆菌。室内空气中检测到的抗性菌，更说明抗性基因与人们的联系无处不在。

大量的研究表明，抗生素的滥用诱导病原菌产生耐药性，导致出现了一些能够抵抗强力抗生素的病原菌。这些菌株的出现，对人和动物的健康都极具威胁。抗药性基因既可经自发基因突变产生，也可由抗性因子在细胞二分裂阶段通过代与代之间传递，或在不同细菌间传递而产生。因此一些耐药性的菌株虽不具致病性，但能够将耐药基因转移给致病菌。由以上的研究可以发现，致病菌中抗性基因以水平转移的方式从陆地生态系统、水生生态系统或公共卫生系统进入人体或者生物体中，这些会使致病菌携带抗性基因产生耐药性。由于耐药性，治疗疾病的抗生素的剂量也越来越高，疗效却越来越差，从而使疾病的救治更加棘手。近些年，对青霉素的细菌抗性的研究越来越多，不断有新的抗药性致病菌被发现。数据显示，2005 年美国死于抗新青霉素的金黄色葡萄球菌的人数比死于艾滋病的人数更多，死亡人数的实际比例接近 2：1。世界卫生组织调查表明，在全球因呼吸道疾病、感染性腹泻、麻疹、艾滋病、结核病感染造成的死亡病例中，引起这些疾病的致病菌对医院常用药物的耐药性几乎是 100%。从近些年抗生素使用的趋势来看，耐药性的产生已经越来越严重，控制抗生素的使用以及寻找替代治疗途径已经迫在眉睫，耐药性在环境中的传播途径的增加，将会给人类、动物以及生存环境带来巨大的潜在危害。

4.4　抗生素抗性基因检测技术

4.4.1　传统微生物培养法

（1）传统培养法概念与原理

传统微生物培养法是通过膜分离技术或选择性培养基富集，筛选并分离获得具有某种特定抗药性机制微生物的方法。利用平板扩散和稀释法，将其置于不同抗生素浓度梯度中，通过检测不同微生物的抗性率和抗性种类，对抗性菌进行初步诊断，以便后续研究的深入。

传统培养法可用于评估微生物对抗生素的敏感性（或耐受程度），常见的药敏实验主要有纸片扩散法（K-B 琼脂法）、稀释法（肉汤稀释法和琼脂稀释法）、抗生素浓度梯度法（E-test）及利用自动化仪器（如 BD Phoenix、Vitek2 等全自动微生物分析仪）。例如，K-B 琼脂法可测量含抗生素纸片周围抑菌环的直径大小，稀释法可测量抗生素的最小抑菌浓度（MIC）。传统培养法可用于考察环境样品中可培养微生物的耐药率。在选择性培养基中添加适当含量的抗生素，能耐受此浓度的微生物可被视作抗生素抗性细菌（ARB），根据 ARB 数量占总菌数（不加抗生素的空白对照培养基）的百分比可以估算微生物对一种或多种抗生素的耐药率。对于在水体中较为常见的菌属（如大肠杆菌、肠球菌等），通过计算其耐药率，得到抗生素耐药性在环境中的传播和归趋。

常见的选择性培养基有 LB 培养基、M-H 培养基、R2A/R3A 培养基等。Gao 等在对水产养殖系统的耐药性研究过程中，在营养肉汤培养基中加入不同浓度的四环素和磺胺甲恶唑，来统计不同抗生素浓度下 ARB 的存活数目，并利用 LB 培养基对 ARB 进行分离和富集培养，采用分子生物学技术检测其所携带的 ARGs。Su 对中国南部的养鱼塘中的抗性细菌进行了研究，并且用 MacConkey 培养基进行了肠杆菌科细菌的分离，之后用添加了不同浓度抗生素的 M-H 培养基进行细菌的药敏试验，然后分离具有四环素抗性的细菌，进行菌种鉴定。R2A 培养基由于可以修复被氯离子损伤的细菌，使其能在培养基上正常生长，从而可纠正损伤细菌带来的结果偏差。R2A 培养基对来自污水厂、医院等常用氯消毒的地方的样品有更好的检测效果。此外，环境样品中微生物组成大都不同，在培养基中添加一定浓度的抗真菌剂（如放线菌酮）可以有效防止真菌生长。

此外，传统培养法为鉴定 ARB 的种属类型、了解 ARGs 的宿主特征提供了基础，这有助于追踪抗生素耐药性的来源和传播途径。ARB 的种属鉴定可以通过传统的生理生化法完成，如观察菌落形态结构和生长特性，进行生化实验鉴定等，也可借助自动化分析仪器进行鉴定。目前常用的 ARB 种属鉴定方法是 16S rRNA 基因鉴定法，其将传统培养法与分子生物学技术相结合，即对微生物富集培养后，利用 PCR 对 16S rRNA 基因片段进行扩增后再测序，与 NCBI 库中已知序列进行 BLAST 比对，从而得到鉴定结果。

（2）传统培养法的检测步骤

1）培养基制备：

根据所选用的不同培养基（如 LB 培养基、M-H 培养基、R2A/R3A 培养基等）的配方，将各组成分加入一定量的水中，搅拌均匀，加热，煮沸 1 min 至完全溶解，冷却后调节 pH，将培养基进行灭菌处理。

2）抗生素抗性培养基：

在灭菌的培养基中根据需要可分别加入青霉素、链霉素等不同的抗生素，各抗生素的终浓度均大于它们的最低抑菌浓度近 4～5 倍。双抗生素和三抗生素平板的制作是将 2 种或 3 种抗生素按照相应的剂量混合后加入至培养基。

3）抗生素抗性菌落的培养和计数：

经处理后的水样分别进行梯度稀释后按照细菌活菌平板计数方法进行培养和计数。以无抗生素平板上的菌落数作为水体中可培养细菌的总数，计算抗性微生物的比例。

（3）传统培养法的优缺点

该方法的优点主要有：实验操作标准化程度高，可以在实验室等检测平台大范围应用，且具有很好的可重复性；该实验的稳定性较强，可灵活调整培养的条件以得到更为精准的数据；培养法实验流程简单，成本低。但是传统培养法同样存在不足：对于不可培养的微生物不适用；微生物生理因素对检测结果有一定的不确定性；筛选菌株的过程比较困难，实验操作比较费时费力。

（4）传统培养法的应用

传统培养法的不足，制约了该方法的应用范围，只能了解到微生物的基础信息。因此这种传统的研究方法只能作为一种辅助手段，通过与现代生物检测分析技术相结合，从而达到客观而全面地反映微生物群落结构真实信息的目的。传统培养法在分离具有一定功能的特殊目标物种时是非常有用的，利用这种方法已获得许多很有应用价值的微生物种类，并应用于基因介导及生态修复等方面。对于难培养微生物和不可培养微生物，现在的研究方向主要在于使可培养与不可培养菌株均能正常生长，提高微生物在平板培养基上的生长率。Kaebedein 认为实验室培养条件与微生物生活的自然环境相差过远，特别是培养基成分的前后变化是影响微生物实验室培养的一个关键因素。他以海洋微生物为样品，设计了原位培养技术。在该实验中采用潮间带海洋沉积物作为微生物生长所用的培养基，通过独特的扩散小室培养，获得数种在普通琼脂平板上无法获得的菌种。

4.4.2 普通 PCR 技术

（1）普通 PCR 技术的概念与原理

聚合酶链式反应（polymerase chain reaction，PCR）技术，最早是由 Kary Mullis 于 1985 年发明的。近年来，随着 PCR 技术的不断发展与完善，它在环境微生物学中得到了广泛的应用。该技术通过选择某一微生物物种的一段特异性基因区域（即所谓的"目标序列"）进行体外扩增，然后结合凝胶电泳等技术对扩增产物进行分析，从而确定环境样品中微生物的种类与含量。普通 PCR 方法是最为经典的用于环境样品及纯菌株中 ARGs 的检测方法，该方法常常用于确定 ARGs 的类别及性质，属于一种定性检测方法。

聚合酶链式反应是一种利用半保留复制特点，用于放大扩增特定的 DNA 片段的分子生物学技术，它可看作生物体外的特殊 DNA 复制。PCR 是利用 DNA 在 95℃高温时变性成单链，低温（通常是 60℃左右）时引物与 DNA 单链按碱基互补配对的原则结合，再调温度至 DNA 聚合酶最适反应温度（72℃左右），DNA 聚合酶沿着磷酸到五碳糖（5′-3′）的方向合成互补链。双链 DNA 通常可在多种酶的作用下变性解链成单链，在DNA 聚合酶与启动子的参与下，根据碱基互补配对原则复制成同样的两分子拷贝。但在实验中发现 DNA 在高温时也可以发生变性解链，当温度降低后又可以复性成为双链。因此，通过温度变化控制 DNA 的变性和复性，并设计引物做启动子，加入 DNA 聚合酶、dNTP 就可以完成特定基因的体外复制。

PCR 由变性、退火（复性）、延伸三个基本反应步骤构成（图 4-3）：① 模板 DNA 的变性：模板 DNA 经加热至 90～95℃一定时间后，使模板双链 DNA 或经 PCR 扩增形成的双链 DNA 解链成为单链，以便与引物结合，为下轮反应做准备；② 模板 DNA 与引物的退火（复性）：模板 DNA 经加热变性成单链后，温度降至 50～60℃，引物与模板 DNA 单链的互补序列配对结合；③ 引物的延伸：DNA 模板-引物结合物在DNA 聚合酶的作用下，加热至 70～75℃，以 dNTP 为反应原料，靶序列为模板，按碱基配对与半保留复制原理，合成一条新的与模板 DNA 链互补的半保留复制链，再重复循环变性—退火—延伸三过程，就可获得更多的"半保留复制链"，而且这种新链又可成为下次循环的模板。每完成一个循环需 2～4 min，2～3 h 就能将目的基因扩增放大几百万倍。

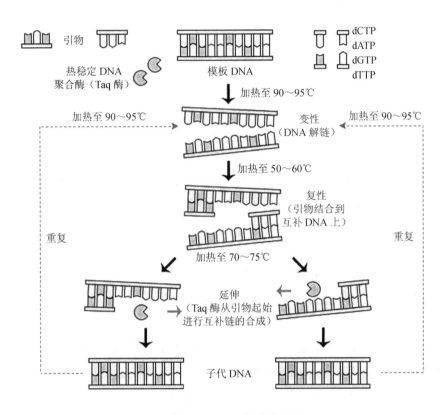

图 4-3 PCR 原理示意图

（2）普通 PCR 法的检测步骤

1）样品的采集与保存：

样品的采集可以直接采样，尤其是对于水体、污泥、沉积物，这种方式较为方便。对一些要求较高的样品，需要用无菌容器进行储存。采集好的样品需要及时进行冷藏或冷冻，以减少运输过程中样品质量的下降，防止造成 DNA 降解，保证实验数据的准确和有效。样品务必放入实验室冰箱以 4℃保存，24 h 内进行预处理。如不能及时处理，应在更低温度下（如−80℃）保存样品。对于水样的预处理，一般采取抽滤的方式对微生物进行富集处理。如抽取一定体积水样通过 0.45μm 或 0.22μm 滤膜，将过滤后含有大量富集样品的滤膜进行收集并及时处理。而土壤、污泥等固体样品可直接对新鲜样品或者冻干后提取 DNA（如后期要对 ARGs 进行定量，需测定新鲜样品的含水率，将结果换算成单位重量干物质中的基因拷贝数，方便比较分析）。

由于空气中微生物生物量相对较低，且携带 ARGs 的微生物在空气中以气溶胶形式存在，因此对空气样品中 ARB 和 ARGs 的采集需要配备一些专业的采样器装置，采样方法主要借鉴生物气溶胶的采集方式，按原理可分为撞击式、离心式、气旋式及过滤式采样法等。目前较常见的是利用固体撞击式采样器（Andersen）和液体撞击式采样器（AGI-30）来采集空气中的抗性微生物。

2）样品 DNA 的抽提：

DNA 的提取是在进行 PCR 扩增之前的重要步骤，其方法主要是抽提法和直接溶解法。前者是指先从环境中分离微生物，再提取其 DNA。该方法不但费时，而且 DNA 吸附在介质中导致 DNA 损失率也较大。Ogram 等提出了直接溶解法，该方法是直接裂解细胞来释放 DNA。该方法不需要从环境中分离微生物，直接通过物理、化学以及酶的作用来裂解细胞，这种方法不仅节省时间，而且操作难度低，误差较小，还可以提高 DNA 提取率，使实验数据更为精准，全面客观地反映微生物群落结构及组成。直接溶解法也是现今进行环境样品 DNA 提取最主要的方法。目前，使用最多的是试剂盒法提取微生物 DNA，常见的试剂盒如：E.Z.N.A.®Water DNA Kit、Fast DNA Spin Kit for soil、QIAamp DNA Stool Mini Kit Cat 等。其原理是，在特定溶液环境下（高盐、低 pH）使核酸吸附在固相介质上，经洗涤去除杂质后，通过纯水或 TE 缓冲液溶解 DNA，使 DNA 释放到溶液中。

根据待测样品来源 DNA 提取所需试剂盒的选择有所不同，如水样中 DNA 的提取选用 E.Z.N.A.®Water DNA Kit（omega biotek），泥样中 DNA 的提取选用 QIAamp DNA Stool Mini Kit（QIAGEN，Germany），详细步骤请参考各试剂盒说明书。

3）目标基因的引物设计：

获得目的基因的全序列是设计引物的前提，研究中所涉及的目的抗性基因可以在 NCBI 美国国立生物技术信息中心（US National Center for Biotechnology Information）上下载获得。1992 年 10 月，NCBI 开始建立 GenBank DNA 序列数据库，主要通过各个实验室递交的序列和同国际核算序列数据库（EMBL 和 DDBJ）交换数据所形成。GenBank 同日本和欧洲分子生物学实验室的 DNA 数据库共同构建了国际核酸序列数据库合作机制，它是所有可以公开获得的、注释过的 DNA 序列收集数据库。目前，GenBank 拥有来自 47 000 个物种的超过 30 亿个碱基。NCBI 数据库包括 Nucleotide、Genome、Structures、Taxonomy、PopSet 等子数据库，其中 Nucleotide 数据库是核苷酸数据库，数据包含多个国际组织以及已申请专利序列的核苷酸数据组成。Genome 数据库即基因组数据库，提供了多种基因组、完全染色体、Contiged 序列图谱以及一体化基因物理图谱。此外，网站数据库还提供 BLAST 序列比对程序，它是一个 NCBI 开发的序列相似搜索程序，还可作为鉴别基因和遗传特点的手段。而且对于 DNA 在数据库中的搜索时间可以缩短到 15 s

之内，BLAST 对于未知核苷酸的发现与认知是个方便快捷的方法。

设计引物可以使用 Primer Premier 5.0，该软件是由加拿大的 Premier 公司开发的专业用于 PCR 或测序引物以及杂交探针的综合检测软件。其主要界面分为序列编辑窗口（Gene Tank）、引物设计窗口（Primer Design）、酶切分析窗口（Restriction Sites）和纹基分析窗口（Motif）。Primer Premier 5.0 在引物设计方面较为全面，能够全面地给出一个引物的各种参数，并在多个方面对引物作出有效的评价。

Primer Premier 6.0 是由加拿大的 Premier 公司开发的专业用于 PCR 引物序列和杂交探针的设计、评估的软件。在定性引物设计中，由于要保持基因具有较好的特异性和区分度，设计的引物多在 400～800 bp；在设计定量引物时，要保持引物特异性的同时，还要保证良好的扩增效率，结合标准质粒制作的要求，引物多在 150～200 bp。需要注意的是，要根据研究实验所检测的目的基因种类，对引物进行设计。

4）PCR 扩增反应：

在找到目的基因并设计好引物之后，要确定整个 PCR 的反应体系以及反应程序和条件，使用 PCR 扩增仪进行目的基因扩增。针对不同类型的抗生素抗性基因，PCR 扩增反应中的部分参数也会有所不同，在高温 DNA 聚合酶、模板 DNA、引物、Mg^{2+}、dNTP 存在及特定离子强度下，通过高温解链、低温模板引物复性、中温延伸反应，如此循环 30～40 次，从低拷贝模板获得高拷贝产物。

PCR 扩增的程序根据不同的检测环境会有所不同。吴楠等提取了北京一规模化养猪场周边土壤的微生物 DNA，并利用普通 PCR 检测到 5 种四环素抗性基因 tetB/P、tetM、tetO、tetT、tetW 为例。该研究中 PCR 反应体系体积为 25 μL，包括 0.125 μL 5 U/μL ExTaqDNA 聚合酶（TaKaRa Biotechnology），2.5 μL 缓冲液（10×ExTaq buffer，含 Mg^{2+}），2 μL 浓度为 2 mmol/L 的 dNTPs，浓度为 20 μmol/L 的引物各 0.25 μL，0.5 μL 的稀释 10 倍的 DNA 样品，加 ddH$_2$O 补至 2.5 μL。PCR 反应条件为：94℃下预变性 4 min；94℃ 45 s；退火（退火温度根据检测基因而不同）45 s；72℃延伸 1 min，35 个循环；最后 72℃下延伸 6 min。

梁惜梅等使用普通 PCR 方法对珠江口典型水产养殖区水和沉积物中 3 种磺胺类、7 种四环素类、1 种喹诺酮类抗生素抗性基因和 1 种整合子基因进行了定性和定量研究，普通 PCR 的反应体系如下：2.5 μL 10×ExTaq buffer（含 Mg^{2+}），2 μL dNTPs（2.5 mmol/L），上、下游引物（20 μmol/L）各 0.4 μL，0.2 μL Taq 酶（5 U/μL）（TaKaRa Biotechnology，China），1 μL DNA 模板（约 20 ng），18.5 μL ddH$_2$O，总体积为 25 μL。普通 PCR 反应程序为：95℃，5 min；95℃，20 s；退火 30～40 s（退火温度根据检测基因而不同），72℃，30 s，40 个循环；72℃，10 min。

5）凝胶电泳验证扩增产物：

琼脂糖凝胶电泳是利用琼脂糖凝胶作为支持介质的一种电泳分离方法，可以对核酸进行分离与鉴定，DNA 分子在 pH 高于其等电点的溶液中带负电荷，并且向正极方向靠近，DNA 分子泳动速率与 DNA 的三个因素关系密切，包括 DNA 的带电量、分子大小与空间结构。在电泳过程中，需要荧光染料和 DNA Marker 作为辅助指示 DNA 样品在凝胶中的位置和 DNA 片段的大小。荧光染料可以嵌入核酸配对的碱基或者碱基之间，在紫外线激发下，吸收紫外线的能量释放出可见光，如使用溴化乙锭（Ethidium Bromide）染色的双链 DNA 是会发出红橙色荧光，而使用 Goldview 染料的双链 DNA 会发出蓝绿光。电泳过程中，DNA Marker 在泳道中会呈现多个 DNA 条带，这些条带本身的碱基长度是固定的，这样根据 DNA 条带与 Marker 中某一条带对应的位置比较，可以粗略估计出目的 DNA 的大小，或者已知目的 DNA 的大小，可以通过比对 Marker 确定样品中是否含目的 DNA。

6）测序和 BLAST 分析：

PCR 扩增后得到的产物可交由测序公司进行测序。BLAST 是一种能迅速与蛋白质数据库或 DNA 数据库进行相似性序列比对的分析工具。BLAST 结果中的得分是一种对相似性的统计说明。BLAST 对一个或多个序列在一个或多个核酸或蛋白序列库中同时进行比较，还能发现具有缺失序列的但可以比对的序列。BLAST 可处理序列能力很强，能够同时分析大量序列，包括蛋白序列和核算序列；也可选择多个数据库但数据库必须是同一类型的，即在蛋白数据库和核酸数据库之间只能选取一种。所查询的序列和调用的数据库则可以是任何形式的组合，既可以是核酸序列到蛋白库中作查询，也可以是蛋白序列到蛋白库中作查询，反之亦然。

（3）普通 PCR 法的优缺点

PCR 技术具有渐变快速和对标本的纯度要求低等优点。PCR 产物的生成量是以指数方式增加的，能将皮克（pg=10^{-12}）量级的起始待测模板扩增到微克（μg=10^{-6}）水平，由此可见其扩增功能的强大。扩增产物一般用电泳分析，无需采用同位素的方式，无放射性污染，可以实际推广。对标本的纯度要求低，不需要分离病毒或细菌及培养细胞，DNA 粗制品及 RNA 均可作为扩增模板。可应用于多种临床标本如血液、体腔液、细胞、活组织等的 DNA 扩增检测。

传统 PCR 技术的局限性主要体现在：反应能够被自然界中一些物质所抑制，例如胡敏酸、富里酸、某些离子及糖类物质等可以干扰 Taq 聚合酶的作用。同样，环境水样在浓缩、保存和提纯过程中可能从环境及中间处理环节带来一些潜在的 PCR 反应抑制剂，例如 EDTA、十二烷基硫酸钠等；另外还可能有一些共存物质抑制 PCR 反应。这些抑制剂会因为干扰反应或者出现假阳性的结果而影响正常的结果。DNA 在检测的过程中会出现无法分辨活细胞与死细胞的现象，这对于一些精细的检测，如在水体卫生学检验中不能确定所检出的病毒粒子是否具有感染能力，是一个亟待解决的问题。

（4）普通 PCR 法的应用

普通 PCR 技术不仅可以单独用于 ARGs 的定性分析，还可以与其他多种方法相结合用于 ARGs 及 ARB 的检测。例如与传统微生物培养法相结合，可检测纯菌株所携带的 ARGs；与变性梯度凝胶电泳技术结合（PCR-DGGE），可以对携带 ARGs 的微生物进行种属鉴定，追溯 ARGs 的来源，还可以考察抗生素胁迫下的微生物群落结构变化。此外，PCR 方法还为其他技术（如 DNA 杂交和 DNA 微阵列技术）成功应用于环境样品中 ARGs 的检测提供了基础。

4.4.3 实时荧光定量 PCR

（1）实时荧光定量 PCR 的概念与原理

荧光定量 PCR 方法是基于 PCR 之上，引入荧光共振能量转移技术所结合成的技术，可以对 ARGs 进行定量分析。基于该方法，1996 年美国 Applied Biosystems 公司推出实时荧光定量 PCR 技术（real-time quantitative PCR）。该技术融合了 PCR 高灵敏性、DNA 杂交的高特异性和光谱技术的高精确定量等优点，通过测定 PCR 过程中荧光信号的变化，直接得到扩增结果，相较于传统 PCR 技术，整个过程无需在之后进行任何处理或凝胶电泳。

实时荧光定量 PCR 的原理是在反应体系中加入荧光基团，荧光基团发出的荧光信号随着反应的进行而不断积累，经过几轮 PCR 循环反应，定量 PCR 仪收集荧光强度信号，通过荧光强度变化检测产物量的变化。其中 PCR 的扩增包含 3 个阶段：线性增长期、指数增长期、平台期。不同浓度的样本，PCR 扩增时进入指数增长期的时长（循环数）是不一样的，高浓度的样本较早进入指数增长期，而低浓度的样本要在较多循环的扩增之后，才能进入指数增长期。通过这个现象，我们可通过 PCR 扩增曲线比较各个样本开始进入指数增长期的循环数，从而计算样本的浓度。所采用系统设备通过计算机系统来实时控制荧光定量系统运行，同时监测定量 PCR 的循环过程中的荧光强度变化量并收集荧光强度变化数据。将数据经过配套的实时分析软件分析处理，这些原始数据被转换成检测到荧光的强度值和关联的循环数值对应的图表显示在计算机上。计算机可以分析这些传输过来的原始数据，软件能实时对这些数据进行修正处理，保证检测到的背景荧光值在某一设定的范围内。实时荧光定量 PCR 检测系统可以对这些数据处理并设定一个阈值，从而进行荧光强度的分析。

实时荧光定量 PCR 检测技术中有两个很重要的概念即循环阈值和荧光阈值。循环阈值（Ct）：它是指每个反应管内的荧光信号到达设定的荧光阈值时所经历的循环数。并且待测样品的循环阈值与该样品的起始拷贝数的对数存在负相关的线性关系，也就是说起始拷贝数越多，Ct 值越小。Ct 值定量过程中主要受反应体系的底物浓度影响，而不受组成的影响。根据标准曲线要对待测样品的浓度进行准确的定量。荧光阈值：是在荧光扩增曲线指数增长期设定的一个荧光标准强度，荧光阈值的设置一般是设置为 3～15 个循环的背景荧光信号的标准差的 10 倍。在实际应用时要综合考虑线性回归方程和扩增效率等因素。

实时荧光定量 PCR 检测方法主要分为 2 类，分别是荧光探针和荧光染料。荧光探针又可分为水解探针、双杂交探针、分子信标和复合探针。荧光染料目前主要是以 SYBR Green I 为主的一种扩增序列非特异性的检测方法。

TaqMan 探针法是具有高度特异性的定量 PCR 技术。如图 4-4 所示，它的工作原理是在 PCR 反应体系中存在一对 PCR 引物和一条探针，探针的 5′端标记有报告基团，3′端标记有荧光淬灭基团，探针只与模板特异接合，其接合位点在两条引物之间。当探针完整的时候，报告基团的荧光能量被淬灭基团吸收，所以仪器搜集不到信号，随着反应的进展，Taq 酶遇到探针，利用 3′→5′外切核酸酶的活性切断探针，导致报告基团的荧光能量不能被淬灭基团吸收，产生了荧光信号，因此信号的强度就代表了模板 DNA 的拷贝数。

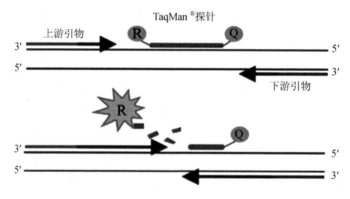

图 4-4   TaqMan 探针实时荧光定量 PCR 原理

资料来源：王惠，钱冲，郭峰，等. 实时定量 PCR 检测技术研究进展[J]. 种子，2013，32（6）：43-47.

实时荧光定量 PCR 常用的荧光燃料有 SYBR Green I 法，SYBR Green I 是一种具有绿色激发波长的染料，最大吸收波长约为 497 nm，发射波长最大约为 520 nm，可以和所有的 dsDNA 双螺旋小沟区域结合。游离状态下 SYBR Green I 发出的荧光较弱，但是当它与双链 DNA 结合后，荧光就会大大增强，而且荧光信号的增加与 PCR 产物的增加完全同步（图 4-5）。此法的优点是它可以监测任何 dsDNA 序列的扩增，检测方法较为简单，成本较低，但也正是由于荧光染料能和任何 dsDNA 结合，如非特异性扩增产物和引物二聚体也能与染料结合而产生荧光信号，使实验产生假阳性结果，因此其特异性不如探针法。不过非特异性产物和引物二聚体的变性温度要比目标产物的低，所以可以在熔解曲线（melting curve）反应过程中利用软件分析仪器收集信号进行鉴别。

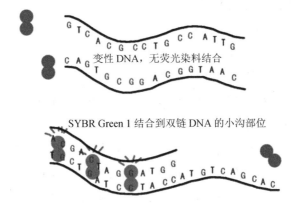

图 4-5　SYBR Green Ⅰ 实时荧光定量 PCR 原理

资料来源：王惠，钱冲，郭峰，等. 实时定量 PCR 检测技术研究进展[J]. 种子，2013，32（6）：43-47。

（2）实时荧光定量 PCR 的检测步骤

1）样品的采集与保存：

参见本章 4.4.2 节。

2）DNA 的抽提：

参见本章 4.4.2 节。

3）目标基因的引物设计：

参见本章 4.4.2 节。

4）实时荧光定量 PCR：

根据不同样品的性质、特征，选择不同的荧光定量的方法。对于抗生素抗性基因的检测最常使用的就是荧光染料法。确定所选荧光定量 PCR 仪后，设计相应荧光定量 PCR 的反应体系以及反应程序，以达到对待测样品最好的定量效果，从而保证结果的准确性。目前主要的实时荧光定量 PCR 仪器有美国 ABI 公司的 ABI-7000 实时荧光定量 PCR 仪、美国 Bio-rad 公司的 Bio-radCFX96 实时荧光定量 PCR 仪和 Roche 公司的 LightCycler-480 等。

荧光定量 PCR 的反应体系与反应程序会在不同的检测中略有不同。王青等对闽西南地区的重要水源九龙江下游水源水中的抗性基因进行了检测。该研究使用 ABI 7500 Real-Time PCR System（Applied Biosystems）对目标基因进行 SYBR Green Ⅰ 绝对定量 PCR 反应，每个样品 3 个平行，在无菌 96 孔板中配制 20 μL 的 PCR 反应体系：LATaq 溶液 10 μL；前引物、后引物各 0.3 μL；稀释后的 DNA 样品溶液 0.5 μL；无菌水 8.9 μL。反应过程为：95℃下变性 5 min；95℃，15 s，40 次循环，各指标退火温度 1 min。在 72℃下采光，以一系列已知浓度的 10 倍梯度稀释的质粒 DNA 绘制标准曲线，对结果进行分析。

（3）实时荧光定量 PCR 的优缺点

实时荧光定量 PCR 的优点有：

① 荧光探针的使用，提高了检测基因的特异性。

② 光谱技术与计算机技术的联合应用提高了灵敏度，大大减少了工作量。实时荧光定量 PCR 使用氩激光来激发荧光的产生，利用荧光探测仪检测荧光信号，通过计算机进行数据分析，灵敏度达到了极限，可以检测到单拷贝的基因，这是传统的 PCR 难以做到的。

③ 定量准确，通过对 DNA 扩增过程进行实时监测。由于 PCR 扩增效率的差异和平台效应，传统 PCR 在定量方面始终受到制约，而荧光定量 PCR，由于利用扩增进入指数增长期的 Ct 值来定量起始模板的数量，则突破这一瓶颈，并且可以对核酸进行准确迅速定量。

④ 减少实验过程中的污染和对人体的危害，传统的 PCR 在扩增结束后需要电泳或紫外光下观测结果，除了易造成污染，还对人体有害，而荧光实时定量 PCR 在闭管状态下实现扩增及产物分析。在检测过程中还可以实现同时检测多个样本的处理，可快速、有效地得到结果。

⑤ 实时荧光定量 PCR 技术检测目标核酸的范围和数量大，简便快捷，对靶 DNA 的实时荧光定量 PCR 的标准曲线，通常可以超过 7 个数量级以上。

实时荧光定量 PCR 的缺点有：

① 实时荧光定量 PCR 技术在环境微生物检测的应用过程中容易受到许多因素的影响，其中包括寡核苷酸杂交特异性、Taqman 探针比例、SYBR Green Ⅰ 浓度大小以及 PCR 产物的尺寸长短等，这些因素都有可能对定量结果造成直接影响。

② 实验室间的差异较大，要根据实验条件调整 PCR 的反应条件，因此所得的数据间对比性较差。

③ 实时荧光定量 PCR 技术所采用的是特异性 DNA 的体外扩增，这种方式的检测从理论上可以对所有类型的样品进行 PCR 扩增，与传统 PCR 一样，实时荧光定量 PCR 无法分辨活细胞与死细胞。例如，无法对检测到的病原体是否具有感染力做出准确的判断。

④ 实时荧光定量 PCR 技术对设备要求较高，荧光探针价格昂贵，实验成本较高，还需之后的改进与优化。

（4）实时荧光定量 PCR 的应用

实时荧光定量 PCR 技术的出现，使在 mRNA 转录水平上研究基因表达量的差异成为可能。目前，该技术已被广泛应用于遗传学、育种学、营养学、医学、农牧、环境和生物相关分子生物学定量研究的各个领域。其中用于检测环境中抗生素抗性基因极为广泛。Yuan 等对杭州湾养殖区的养殖池塘中的水体和沉积物共提取 8 个样品进行抗生素抗性基因的分析。采用检测方法为实时荧光定量 PCR 法，通过含有 SYBR Green Ⅰ 预混剂

Ex Tap Ⅱ的 CFX96 实时荧光定量 PCR 检测系统对 11 种抗生素抗性基因进行测定，研究发现杭州湾地区抗性基因的时空分布以及养殖品种和密度对抗性基因的丰度有一定的影响。邹世春等对北江河水的抗性基因含量进行分析，使用 SYBR Green Ⅰ实时荧光定量 PCR 法测定样品中 2 种磺胺抗性基因（sul Ⅰ和 sul Ⅱ）的含量水平，样品中均检出 sul Ⅰ和 sul Ⅱ磺胺抗性基因，它们与内对照基因 16S-rRNA 表达量比值分别在 $10^{-2.56} \sim 10^{-0.52}$ 及 $10^{-3.25} \sim 10^{-1.24}$ 范围内，并且发现 sul Ⅰ和 sul Ⅱ磺胺抗性基因的含量水平与该区域水中磺胺含量分布具有一定的相关性。

该技术未来的应用前景是令人期待的，一方面实时荧光定量 PCR 技术与其他分子生物学技术相结合使定量极微量的基因表达或 DNA 拷贝成为可能；另一方面荧光标记核酸化学技术和寡核苷酸探针杂交技术的发展，使该荧光定量 PCR 技术应用于更广阔的研究领域。

4.4.4　高通量荧光定量 PCR

（1）高通量荧光定量 PCR 的概念与原理

一般情况下传统实时荧光定量 PCR 技术只能同时定量分析几种或几十种抗性基因，因此它限制了人们深入认识不同环境介质中抗性基因的分布情况。高通量实时荧光定量 PCR 技术是一种新型 PCR 技术，它是在荧光定量 PCR 的基础上，使用 384 孔板，采用最新的低密度表达谱芯片（微流卡），利用 TaqMan 技术，可同时定量分析多达上百种抗性基因，或者对多个样品进行定量分析，及时满足了芯片数据验证和高通量基因表达定量的需要。高通量实时荧光定量 PCR 技术拥有低污染、高通量、自动化程度高、用外参照等特点，其灵敏度、准确性和重复性均较好，反应体积较传统实时荧光定量 PCR 技术大大降低，因此可使用该技术对环境中已知的抗性基因进行全面检测。高通量实时荧光定量 PCR 技术可以用来描述抗性基因在不同环境样品中的分子特性，它能为抗性基因的分布特征进行更为全面的概括。

高通量实时荧光定量 PCR 仪器主要有 ROCHELC480、LightCycler®1536、ABIVIIA™7 和 ABI 7900HT 等。ROCHELC480 具有超高品质光学系统和温控循环功能，可任意选择 96 孔或 384 孔的热循环模块，在 40 min 内完成 40 个循环，广泛应用于绝对定量、相对定量和产物鉴定等研究。LightCycler®1536 是罗氏在 ROCHELC480 的基础上研发的超高通量实时荧光定量 PCR 系统，其含有全球独创的 1536 微孔板、流水线式操作软件和灵活便利的试剂。ABIVIIA™7 系统是开展中等通量到高通量荧光定量 PCR 的理想选择，它与 TaqMan 微流体芯片完全兼容，每张 Taq 芯片可同时检测 1～8 个样品；12～384 种不同的靶分子，无需复杂的移液装置，只需加入预混合液和样品，就可以在 ABIVIIA™7 系统上运行，并可以经过优化得到清晰简洁的数据。ABI 7900HT 型荧光定量 PCR 仪

（图 4-6）可使用 SYBR Green 荧光染料法和 TaqMan 荧光探针法等试剂进行中通量或高通量检测，SYBR Green 荧光染料法适用于目标鉴定（筛选测定）或少量样品测定，而 TaqMan 荧光探针法适用于单核苷酸多态性分析（SNP）或者多重定量的 PCR 反应。

图 4-6　ABI 7900 型高通量快速实时荧光定量 PCR 仪

（2）高通量荧光定量 PCR 法的检测步骤

1）样品的采集与保存：

参见本章 4.4.2。

2）DNA 的抽提：

参见本章 4.4.2。

3）目标基因的确定：

参见本章 4.4.2。

4）高通量荧光定量 PCR：

使用高通量荧光定量 PCR 法检测抗性基因的方法通常采用 Smart Chip Real-time PCR Systems（Wafer Gen 公司，美国）的高通量荧光定量的反应平台。需提前设置并选择抗性基因的引物，由于一个基因有多个引物，因此会有更多的抗性基因的引物（基本上覆盖目前所有的抗性基因种类）。确定好引物之后，要对反应体系和反应程序进行设计。多位研究学者对各自的抗性基因均选择了高通量荧光定量 PCR 法且设计了相同的反应体系和反应程序，具体为采用 100 nL 反应体系，各试剂浓度为：LightCycler480 SYBR Green Ⅰ MasterMix 1×，DNA 浓度 5 ng/μL，BSA 浓度 1 ng/μL 和 1 μmol/L 引物。反应程序为：95℃预变性 10 min；95℃变性 30 s；60℃退火延伸 30 s，40 个循环；程序自动升温进行熔解曲线分析。

（3）高通量荧光定量 PCR 法的优缺点

首先是整体性，高通量荧光定量 PCR 操作系统采用多基因扩增、结果分析一体化，操作简便。其次是 PCR 芯片检测多个基因所需时间较传统 PCR 大大缩短。最后是试剂，传统 PCR 所用试剂用量较大，如果试剂量低会对扩增效率产生不小的影响，而 PCR 芯片则可以在极少试剂量的条件下达到很好的效果，这相应减少了试剂如 Taq 酶的用量，这在降低了实验成本的同时也缓解了实验排放的废液对环境的污染。目前国内的启因生物公司能做到 1 μL 的荧光定量反应体系，极大地节省了试剂支出。

但该技术在实际应用中也存在一些缺陷，如需要特殊的热循环仪器和试剂，检测的过程中，很多因素都可能导致定量结果出现偏差或假阳性结果，如探针比例、同源和异源 DNA 背景、dNTP 的浓度、Taq 酶活性/细胞裂解效率、PCR 产物尺寸的长短等。

（4）高通量荧光定量 PCR 法的应用

新近发展起来的高通量荧光定量 PCR 技术可对多达上百种抗性基因或者多个样品进行定量分析，因此该技术可应用于环境中已知抗性基因的全面检测。多位学者将这个方法应用到 ARGs 在环境介质中的检测，Looft 等发现饲料中添加了抗生素的猪肠道内的抗性基因丰度要显著高于未服用抗生素的对照组。Wu 等对我国 3 个城郊大型养猪场及周边地区分别采集了猪粪、猪粪堆肥和施用堆肥的土壤样品，采用了高通量荧光定量 PCR 技术对样品中的 244 种抗性基因进行了检测和定量分析，最终共检测到 149 种抗性基因。黄福义等采用高通量荧光定量 PCR 法对城市生活污水和垃圾渗滤液中的抗性基因多样性和丰度进行了分析研究，其中城市生活污水检测出 187 种抗生素抗性基因，垃圾渗滤液检测出 39 种抗生素抗性基因。张丹丹等采用高通量定量 PCR 技术，选取福建省连江县县城所在的敖江（岱江）下游及入海口区域 3 个采样点，共检测出了 151 种抗生素抗性基因，且发现敖江下游城市河流抗生素抗性基因丰度达到了 3.9×10^{10} copies/L，显著高于城区上游（6.8×10^9 copies/L）和河流入海口（7.2×10^9 copies/L）的丰度。Ouyang 等对中国的九龙江的抗生素抗性基因使用高通量荧光定量 PCR 的方法分析测定。在城市河流水样中 ARGs 的总丰度为 $9.72 \times 10^{10} \sim 1.03 \times 10^{11}$ copies/L，河流源头所收集的水样的 ARGs 总丰度为 7.18×10^8 copies/L。

4.4.5　高通量测序法

（1）高通量测序法的概念与原理

配合新一代测序技术，宏基因组学方法（metagenomics）可以发掘环境中新型的 ARGs，而不局限于已知序列的 ARGs。宏基因组学方法是将环境样品中的 DNA 直接克隆到合适的载体并导入宿主细菌中，进而筛选目的基因及进行测序分析等。利用该方法可以检测环境微生物的抗生素抗性组学（antibiotic resistome），即微生物中所有 ARGs 的集合，如致病菌和抗生素产生菌所携带的 ARGs，存在于细菌染色体上通常不表达或低表达的抗性基因（cryptic embedded genes），以及具有较低抗性或者与抗生素密切相关，有可能进化为 ARGs 的抗性基因前体（precursor genes）。此外，通过检测转移基因组（mobilome），宏基因组学方法还能为研究微生物之间的 ARGs 水平转移提供技术支持。

宏基因组学是在微生物基因组学的基础上发展起来的以微生物多样性、种群结构、进化关系、功能活性、相互协作关系及与环境之间的关系为研究目的的新的微生物研究方法。一般包括从环境样品中提取基因组 DNA，进行高通量测序分析，或克隆 DNA 到合适的载体，导入宿主菌体，筛选目的转化子等工作。宏基因组是生物行业近年来研究的热点，宏基因组有着相当大的数据量，是可以同时具有高通量的测序技术和高效的数据处理能力的第二代测序技术。

对宏基因组的测序分析，目前主要有 Sanger/鸟枪法和高通量测序技术（high-throughput sequencing）。高通量测序技术由英国生化学家 Frederick Sanger 所发明，为基因组的检测提供了可能，其发明的方法称为第一代测序技术。第二代测序技术是目前普遍使用的测序技术，其在第一代的基础上，根据核心思想"边合成边测序"，通过捕捉新合成的带有末端标记来确定 DNA 的方法，主要以 Illumina 公司 Solexa、Roche 公司 454、ABI 公司 SOLiD 等技术为主。用不同颜色的荧光标记 4 种碱基，当 DNA 复制过程中，每复制一种碱基即释放出一种荧光，根据捕捉的荧光信号分析，就得出 DNA 的序列信息，根据基因库信息即可比对得到该 DNA 的分子生物学信息。在目前的研究中，学者利用该技术来得到更为广泛的遗传信息，各类基因数据库得到充实，包括抗生素抗性基因相关研究。

1）Illumina Solexa 测序法：

Illumina 公司包含 HiSeq 和 MiSeq 测序平台，基于 Solexa 技术，其基本原理是单分子簇边合成边测序（sequencing by synthesis，SBS）和 dNTP 可逆终止化学反应。该方法将打断成小片段的 DNA 接上接头后连接到固相表面，通过桥式 PCR 将这些小片段的单分子 DNA 扩增成上千拷贝的单分子簇（cluster）。在扩增达到测序反应所需的信号强度模板量之后，向反应体系添加带有特异荧光的碱基（dNTP），这些 dNTP 由于 3′羟基被化学基团保护，因此每次反应只能添加 1 个 dNTP。洗去本次反应添加物后，激发 dNTP 上的不同颜色的荧光基团，记录荧光信号、转化并得到反应结果。通过 dNTP 可逆终止的特性，依次添加各种 dNTP，最终完成对 DNA 的测序。

该测序方法的主要优点是通量高、准确率高以及成本低等。Illumina HiSeq2000 仅在短短 11 d 的运行周期内即生成 600 G 的数据。2012 年年初，HiSeq2000 的升级版 HiSeq2500 则达到了在 27 h 内获取人类基因组 40 倍覆盖率的数据量。HiSeq 和 MiSeq 测序平台是有保障的，它们的错误率分别在 0.26% 和 0.80%，尤其是测序连续碱基的准确率很高。MiSeq 读长已经可达 2×250 bp 双向测序（PE），并且有望可以达到 2×400 bp（PE），而测序成本只为传统 Sanger 测序技术的 1%。同时由于 Solexa 双向测序的特点，在构建基因组 PE 文库时，插入片段大小可长至 10 kb 文库，这大大扩展了其在基因组中的应用。

2）Roche 454 GSFLX System 测序法：

Roche 早在 2005 年发布的 454 测序平台，是第一个商业运营的第二代高通量测序平台。454 测序主要是利用 DNA 乳胶扩增系统和皮升体积的焦磷酸为基础的测序方法，如

图 4-7 所示，其主要原理是：一个特别设计的 DNA 捕获磁珠，与独特的短 DNA 片段结合，并用扩增试剂使之乳化，形成包含有一个磁珠和一个独特 DNA 片段的微反应体系，确保每个反应体系都是 DNA 单拷贝。DNA 片段在各自反应体系中发生扩增反应之后，打破乳化体系，将携带有 PCR 产物的磁珠随后放入只能容纳单个磁珠的 Pico Titer Plate（PTP）板中开始测序。A、T、C、G 四种碱基依次进入 PTP 板，如果发生碱基配对就会释放一个焦磷酸，焦磷酸在 ATP 硫酸化酶和荧光素酶的作用下发出光信号。通过对光信号的捕获、转化和记录，获得待测 DNA 的碱基序列。

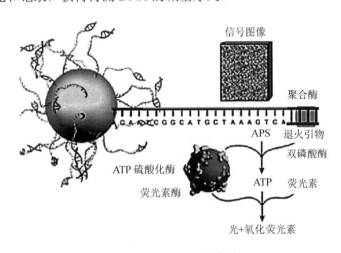

图 4-7　Roche 454 测序原理

资料来源：陈霞. 具有益生功能的 *Bifidobacterium animalis subsp. lactis V9* 的安全性评估、生理功效及其全基因组学研究[D]. 呼和浩特：内蒙古农业大学，2010。

　　该测序方法的主要特点是通量高、读长长和速度快等。在一个运行周期 10 h 的时间里，可以获得 100 万条序列，比传统 Sanger 测序法快 100 倍。10 h 的运行可以获得平均读长达 450 bp，而在 23 h 一个运行周期的运行中最长读长可达到 1 000 bp，该测序长度是所有第二代高通量测序中与 Sanger 测序法最接近的。另外 454GSJunior 的错误率仅为 0.38%。

　　（2）高通量测序法检测步骤

　　1）高通量 Illumina Solexa 测序步骤：

　　i. 样品处理：以基因组 DNA 测序为例，使用超声或氮气打断，将这些 DNA 分子片段化。

　　ii. 文库制备：文库制备过程可分为末端修复、3′段腺苷化、接头连接、片段选择、PCR 扩增以及文库纯化。

　　iii. 芯片准备：利用有单链引物的芯片将 DNA 分子片段固定在芯片上扩增，形成单克隆 DNA 簇。

iv. 上机测序：加入改造过的 DNA 聚合酶和带有 4 种荧光标记的 dNTP，统计每轮收集到的荧光信号结果，就可以得知每个模板 DNA 片段的序列。

2）高通量 454 平台测序步骤：

i. 样品处理：利用超声或氮气先将大片段的 DNA 打断，通过琼脂糖凝胶电泳回收或磁珠纯化来选择 500～800 bp 的 DNA 片段。

ii. 文库制备：包括接头连接和磁珠纯化两步，片段的两端被加入接头，只有两端接头是不同种类的才会被磁珠富集。

iii. PCR 扩增：将文库与测序磁珠等加入相关物质形成油包水乳浊液体系。每一个液滴，包含一个磁珠和一条单链 DNA，经过 PCR 扩增后，每一个磁珠上形成密集的 DNA 簇。

iv. 反应板准备：反应板上有 350 万个小孔，每个孔中仅能容纳一个磁珠，将磁珠与测序试剂加入 PTP 中，使之可用于上机测序。

v. 上机测序：4 种碱基依次加入反应板，每延伸 1 个或若干个碱基，就会发出 1 次光信号，通过记录信号的有无和强度，即可测定 DNA 序列。

（3）高通量测序法优缺点

高通量测序法的优点：

① 利用芯片进行测序，可以在数百万个点上同时阅读测序，允许同时大规模对样品进行平行测序。

② 高通量测序技术有完美的定量功能，这是因为样品中某种 DNA 被测序的次数反映了样品中这种 DNA 的丰度。

③ 成本低廉。虽然现在的成本消耗依然处在一个较高水平，但相较于传统测序法成本降低了几十倍，随着技术的发展，测序成本还会进一步降低。

高通量测序法的缺点：

① 对于微生物类群的相对丰度及多样性会因为活细胞与死细胞难以区分而造成评估不准确，将高通量测序技术与传统技术的结合仍然具有很大的空间。

② 高通量测序技术产生的海量数据分析难，这种海量数据使得生物信息学分析面临挑战，对实验人员分析数据的能力较为依赖，新统计学方法和分析软件的开发成为当前的迫切需求。

③ 高通量测序仪成本较高，一些学校的实验室难以负担，需要到指定公司测定。

（4）高通量测序法的应用

宏基因组测序和数据分析技术的蓬勃发展，逐渐冲破了微生物学研究的技术屏障，基于宏基因组技术的研究在医疗诊断与人类健康、生物能源、生物技术、环境修复、农业和环境生态等方面取得了丰硕的成果，对于微生物的物种和多样性组成、生态功能、进化演替、相互作用等也有了新的研究突破。Chen 等基于宏基因组测序技术，在研究受人类影响的河口沉积物与深海沉积物的差异时发现，抗生素抗性基因的丰度与可移动遗传元件（包括整合子及可移动质粒）具有显著的相关性，并且人类活动会加速其扩散，致使细菌获得抗生素抗性。Xue 等利用宏基因组测序技术，在研究小鼠肠道细菌的抗性基因受到重金属砷和铁的影响时发现，抗性基因在同时受到两种重金属影响时，比单独受到任意一种重金属的影响时丰度更高，且重金属暴露是引起小鼠肠道菌群发生变化的重要原因。Jih-TayHsu 等基于宏基因组测序技术，在研究中国台湾北部猪场周边环境中磺胺类抗生素抗性菌、抗性基因及整合子相关的水平基因转移情况时发现，来自猪场废水中的抗性基因不断增加，成为周边环境抗性基因的储存库，但并不依赖于环境中的磺胺类抗生素。在未来的研究中，高通量测序技术在微生物中的运用会越来越普遍，将应用于微生物学与统计学、生物信息学和计算机学等基础学科交叉结合的研究之中，以促进该学科不断发展。

4.4.6　基因芯片技术

（1）基因芯片概念与原理

基因芯片（gene chip）的原型最早是在 20 世纪 80 年代中期提出的。基因芯片的测序原理是杂交测序方法，即通过与一组已知序列的核酸探针杂交进行核酸序列测定的方法。在一块基片表面固定了序列已知的八核苷酸的探针。当溶液中带有荧光标记的核酸序列 TATGCAATCTAG，与基因芯片上对应位置的核酸探针产生互补匹配时，通过确定荧光强度最强的探针位置，获得一组序列完全互补的探针序列。据此可重组出靶核酸的序列。基因芯片又称为DNA 微阵列（DNA microarray），可分为三种主要类型：① 固定在聚合物基片（尼龙膜、硝酸纤维膜等）表面上的核酸探针或 cDNA 片段，通常用同位素标记的靶基因与其杂交，通过放射显影技术进行检测。这种方法的优点是所需检测设备与目前分子生物学所用的放射显影技术相一致，相对比较成熟。但芯片上探针密度不高，样品和试剂的需求量大，定量检测存在较多问题。② 用点样法固定在玻璃板上的 DNA 探针阵列，通过与荧光标记的靶基因杂交进行检测。这种方法点阵密度可有较大的提高，各个探针在表面上的结合量也比较一致，但在标准化和批量化生产方面仍有不易克服的困难。③ 在玻璃等硬质表面上直接合成的寡核苷酸探针阵列，与荧光标记的靶基因杂交进行检测。该方法把微电子光刻技术与 DNA 化学合成技术相结合，可以使基因芯片的探针密度大大提高，减少试剂的用量，实现标准化和批量化大规模生产，有着十分重要的发展潜力。

基因芯片通过应用平面微细加工技术和超分子自组装技术，把大量分子检测单元集成在一个微小的固体基片表面，可同时对大量的核酸和蛋白质等生物分子实现高效、快速、低成本的检测和分析。基因芯片技术与其他分析基因表达谱的技术，如 RNA 印迹

（Northern blot）、cDNA 文库序列测定、基因表达序列分析等的不同之处在于，基因芯片可以在一次实验中同时平行分析成千上万的基因。

（2）基因芯片法检测步骤

基因芯片技术流程如图 4-8 所示，其中最主要的四个步骤为：

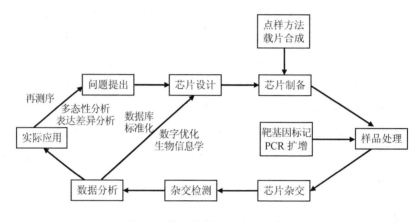

图 4-8　基因芯片技术流程示意图

资料来源：晏子俊，陈彦清，蒋利华，等. 基因芯片技术的概述及其应用前景[J].中国优生与遗传杂志，2016，24（8）：1-3，30。

1）芯片制备：

目前制备芯片主要以玻璃片或硅片为载体，采用原位合成和微矩阵的方法将寡核苷酸片段或 cDNA 作为探针按顺序排列在载体上。芯片的制备除了用到微加工工艺，还需要使用机器人技术。这些技术快速、准确地将探针放置到芯片的指定位置上。

2）样品制备：

生物样品常常较为复杂，需要提前对样品进行处理。通过提取、扩增技术，从而得到检测所需的蛋白质、DNA、RNA，并且以荧光进行标记，这样可以大大提高实验准确性。

3）杂交反应：

杂交反应是荧光标记的样品与芯片上的探针进行反应产生一系列信息的过程。选择合适的反应条件能使生物分子间的反应处于最佳状况中，减少生物分子间的错配率。

4）信号检测和结果分析：

杂交反应后的芯片上各个反应点的荧光位置、荧光强弱经过芯片扫描仪和相关软件可以分析图像，将荧光转换成数据，即可以获得有关生物信息。基因芯片技术发展的最终目标是将从样品制备、杂交反应到信号检测的整个分析过程集成化以获得微型全分析系统（micro total analytical system）或称缩微芯片实验室（laboratory on a chip）。使用缩微芯片实验室，就可以在一个封闭的系统内以很短的时间完成从原始样品到获取所需分析结果的全套操作。

（3）基因芯片的优缺点

优点：

① 分析速度快，效率高，由于基因芯片集成大量分子探针，因此可以在短时间内获取和分析样品分子的信息；

② 基因芯片采用平面加工技术，可批量生产，提高集成度的同时使成本有所降低；

③ 运用微流控技术，可把不同的生物处理和分析技术过程集成在一起，制成微型化、自动化的生物芯片，可使检测更便捷、结果更可靠。

缺点：

① 基因序列信息缺乏；

② 基因及基因芯片技术专利的限制；

③ 相关技术急需改进与提高；

④ 实验室操作过程需要标准化；

⑤ 费用过高。

（4）基因芯片的应用

基因芯片在生命科学研究领域中的应用几乎是全方位的，已经广泛应用于 DNA 测序、基因表达分析、检测基因突变和基因组的多态性、基因诊断、药学研究、农作物的优育优选、司法鉴定、食品卫生监督、环境检测、国防、航天和环境保护及其他领域。

目前 DNA 微阵列被广泛应用于临床医学上检测致病菌中的 ARGs，但其用于检测环境样品中 ARGs 的报道较少，这主要是由于环境样品组成较为复杂，前处理较为困难，会有其他物质干扰测定。另外，由于该技术的检测限较低，用于检测环境样品时往往还要配合 PCR 方法。Patterson 等利用基因芯片从土壤和动物粪便样品提取的 DNA 中检测出 23 种四环素类抗性基因和 10 种红霉素抗性基因。

第 5 章　细菌内毒素及其检测技术

5.1　细菌内毒素的特性

细菌内毒素，又称热原，是革兰氏阴性菌和部分蓝藻细胞壁的脂多糖复合物，主要由菌体死亡解体释放。内毒素分子由多糖 O 抗原、核心多糖、类脂 A 三部分构成（图 5-1）。多糖 O 抗原是由若干个低聚糖的重复单位组成的多糖链，有特异性，该部分因微生物的不同而存在很大的多变性。内毒素分子依据是否存在多糖 O 抗原，分为光滑型（S）和粗糙型（R）两大类。拥有完整多糖 O 抗原的为光滑型，缺失多糖 O 抗原的为粗糙型。由于多糖 O 抗原位于内毒素分子的最外侧，因此是整个内毒素分子被宿主抗体识别的位点。核心多糖由庚糖、半乳糖、2-酮基-3-脱氧辛酸（2-keto-3-deoxyoctulosonic acid，KDO）等组成。KDO 以酮糖键与类脂 A 的氨基葡萄糖连接。类脂 A 是内毒素的主要活性成分，几乎参与内毒素介导的所有生物活性。类脂 A 是一种独特的糖脂化合物，它是以脂化的葡萄胺二糖为单元，由焦磷酸酯键连接而成的。类脂 A 的结构差异会导致内毒素生物活性的不同。不同种属细菌的类脂 A 部分的脂肪酸排列不同，也会导致内毒素活性的差异；同一种属的不同菌株的细菌，其内毒素的类脂 A 所含脂肪酸数目及种类不同；处于不同生长期的细菌，其类脂 A 所含的脂肪酸种类及数目可能不同，这都会导致内毒素活性有所差异。来源于革兰氏阴性菌的内毒素与蓝藻内毒素具有结构差异，其生物活性比蓝藻内毒素高 10 倍以上。

20 世纪 70 年代以前，国内外都采用质量单位纳克（ng）来计量内毒素，但是这种计量方法并不科学。因为相同质量的内毒素，由于菌株来源不同、提取方法不同以及所加赋形剂不同，其生物活性相差很大。20 世纪 80 年代以后内毒素计量单位改为活性单位（endotoxin units，EU），目前国内外对 EU 与 ng 的转换系数并未统一，一般按 1 ng=5～10 EU 换算。此外，内毒素的热稳定性很高（100℃高温下加热 1 h 仍无法灭活），160℃条件下加热 2～4 h，或用强碱、强酸或强氧化剂加温煮沸 30 min 才能破坏它的生物活性，因此常规消毒和处理措施不易将其去除。

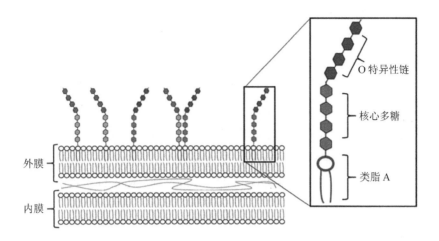

图 5-1　内毒素的典型结构示意图

资料来源：Bidne K，Dickson M，Ross J W，et al. Disruption of female reproductive function by endotoxins[J]. Reproduction，2018，155：169-181。

5.2　环境内毒素污染水平

5.2.1　内毒素在水中的赋存状态

水中内毒素主要包括游离态内毒素和结合态内毒素两种类型。游离态内毒素是指以溶解状态在水中游离存在的内毒素分子。结合态内毒素会受到水中颗粒物、浊度、细菌总数和蓝藻数量等多种参数的影响，主要分为以下 3 类：① 当细菌或者蓝藻死亡后，与菌体残体相连的内毒素分子；② 附着在水中悬浮颗粒物表面的内毒素分子；③ 由于内毒素分子具有两亲性，容易聚集成团从而形成体积较大的内毒素聚集体。内毒素单体的分子量为 10～20 kDa，粒径为 0.002～0.02 μm，形成聚合体后，分子量超过 1 000 kDa，粒径增大至 0.1～1.0 μm。游离态内毒素和结合态内毒素都具有内毒素活性。但二者在总内毒素活性的所占比例有很大的差异，这主要是受到水质、流速和流态等条件的影响，而且不同的水处理工艺会对不同形态内毒素的控制效果产生差异。

2015 年，张灿针对北京自备井水源内毒素污染及与其他水质参数进行相关分析。结果表明，总内毒素与水质参数的关联顺序为细菌总数-流式细胞术法（$r=0.88$）＞HPC（$r=0.79$）＞DOC（$r=0.77$）＞UV_{254}（$r=0.57$）＞总大肠菌群（$r=0.50$）＞菌落总数-平板法（$r=0.49$）=浊度（$r=0.49$）＞颗粒物总数（$r=0.41$）。结合态内毒素与水质参数的关联顺序为细菌总数-流式细胞术法（$r=0.81$）＞HPC（$r=0.66$）＞总大肠菌群（$r=0.65$）＞

浊度（$r = 0.62$）>颗粒物总数（$r = 0.58$）>菌落总数-平板法（$r = 0.22$）。游离态内毒素与水中 DOC、UV_{254} 的相关系数分别为 0.58 和 0.26。1979 年，Jorgensen 报道再生水中总内毒素与菌落总数-平板法和总大肠菌群的相关系数分别为 0.74 和 0.82，总大肠菌群和结合内毒素的相关系数为 0.47。1987 年，Korsholm 和 Søgaard 比较了 229 份未经氯化的饮用水样品的菌落总数-平板法和内毒素之间的相关性，发现总内毒素与 HPC 具有很高的相关性，相关系数为 0.60。1978 年，Evans 报道河水中的内毒素与部分细菌学指标的相关性，HPC 与总内毒素和结合态内毒素的相关系数分别为 0.88 和 0.95，总大肠菌群与总内毒素和结合态内毒素的相关系数分别为 0.83 和 0.91。2002 年，Rapala 报道水华水体的水质指标与内毒素的相关性，结果表明内毒素与 HPC（$r = 0.48$）、藻胆蛋白浓度（$r = 0.47$）和气单胞菌（$r = 0.39$）之间存在相关性，内毒素与总大肠菌群（$r = 0.26$）、粪大肠菌群（$r = 0.10$）和粪链球菌（$r = 0.11$）的相关性较低。

5.2.2 水源水内毒素

目前，国内外对地表水源内毒素的污染状况均有报道，各水源的内毒素水平差异较大。例如，日本淀川的内毒素活性为 311~2 430 EU/mL，其原因是污水处理厂出水引起了该地地表水内毒素的升高。芬兰水源蓝藻暴发后内毒素活性高达 38 000 EU/mL。津巴布韦首都哈拉雷的地表水源 Chivero 湖的内毒素活性高达 1 000~7 750 EU/mL。加拿大蒙特利尔的 13 个地表水源的内毒素活性为 32~1 188 EU/mL。澳大利亚水库水内毒素活性最高为 83 EU/mL。日本采集自 5 个水处理厂的河水和水库水样品的内毒素活性为 57~237 EU/mL。芬兰湖水发源地（蓝藻较多）的内毒素活性为 200~1 000 ng/mL。国内关于地表水源的内毒素污染只有极少数的报道。北京市水源——河北 4 个水库水在北京—石家庄段输送断面中内毒素活性为 21~41 EU/mL。我国长江（武汉段）、汉江（武汉段）的内毒素活性分别为 101 EU/mL 和 86 EU/mL（表 5-1）。

国内外关于地下水源中内毒素污染报道较少。1988 年 Korsholm 和 Søgaard 报道丹麦的 233 个地下水样品的内毒素活性在 1~200 EU/mL，其中大部分在 1~30 EU/mL。美国使用污水后的土地区域地下水中的内毒素活性高达 480 ng/mL。北京某地区地下水中内毒素活性为 0.2~13.2 EU/mL。日本两个水处理厂的地下水中内毒素活性 0.02~0.36 EU/mL。从现有调查报道看，水源中微生物增殖、蓝藻暴发或者被污染时，水中内毒素活性会骤升。此外，水源的内毒素污染水平的差异也会受到水源地纬度、水温和采样季节等因素的影响（表 5-1）。

表 5-1　国内外研究的不同环境内毒素活性结果

水样类型	样品信息	国家/地区	总内毒素	游离态内毒素	结合态内毒素	气溶胶中内毒素
地表水源	首都哈拉雷水源（Chivero 湖）	津巴布韦	1 000～7 750 EU/mL			
地表水源	蓝藻暴发后的水源	芬兰	20～38 000 EU/mL			
地表水源	淀川（被污水处理厂出水污染）	日本	311～2 430 EU/mL			
地表水源	蒙特利尔的 13 个水源	加拿大	32～1 188 EU/mL			
地表水源	北京市水源——4 个河北水库（京石段的 5 个取样点）	中国	21～41 EU/mL	14～22 EU/mL	8～20 EU/mL	
地表水源	长江（武汉段），汉江（武汉段）	中国	101 EU/mL，86 EU/mL			
地表水源	水库水	澳大利亚	43～83 EU/mL			
地表水源	5 个水处理厂的河水和水库水样品	日本	57～237 EU/mL			
地表水源	湖水发源地（蓝藻较多）	芬兰	200～1 000 ng/mL（1 000～10 000 EU/mL）			
地下水	土地利用污水后的地下水	美国	高达 480 ng/mL（2 400～4 800 EU/mL）			
地下水	233 个地下水样品	丹麦	1～200 EU/mL			
地下水	北京地下水	中国	0.2～13.2 EU/mL	0.1～5.3 EU/mL	0.01～8.6 EU/mL	
地下水	2 个水处理厂的地下水样品	日本	0.02～0.36 EU/mL			
管网末梢水	哈拉雷	津巴布韦	60～205 EU/mL			
管网末梢水		桑给巴尔	0.5 EU/mL			
管网末梢水	澳大利亚的自来水	澳大利亚	最大值为 119 EU/mL			
管网末梢水	海水淡化后	科威特	2.4～33.8 EU/mL			
管网末梢水	北京自来水	中国	0.1～9.1 EU/mL			
管网末梢水	武汉自来水	中国	17.62～44.44 EU/mL			
瓶装水	9 个瓶装水	中国	最大值为 16.0 EU/mL			
景观水	雨水再生景观水	中国	438 EU/mL			

水样类型	样品信息	国家/地区	总内毒素	游离态内毒素	结合态内毒素	气溶胶中内毒素
污水	污水及生物处理出水	日本	$10^3 \sim 10^4$ EU/mL			
污水	一级处理污水	澳大利亚	54 600~183 000 EU/mL			
污水	二级处理污水	澳大利亚	1 670~14 700 EU/mL			
污水	2个污水处理厂的二级出水（A^2/O工艺）	中国	600~2 510 EU/mL			
污水	下水道溢流	荷兰	高达 18 170 EU/mL			
气溶胶	67个污水处理厂	荷兰				0.6~2 093 EU/m³
气溶胶	孟买6个污水处理厂	印度				0.8~741 EU/m³
气溶胶	污泥脱水车间	荷兰				44.3~172.7 EU/m³
气溶胶	11个污水处理厂	瑞士				最大值为500 EU/m³
气溶胶	干污泥处理	挪威				高达3 200 EU/m³
气溶胶	犊牛舍、猪舍、兔舍					44~262 EU/m³，398~10 000 EU/m³，65~217 EU/m³
气溶胶	医院病房内外					33~276 EU/m³，66~512 EU/m³
气溶胶	柏林					最大值为27.8 EU/m³
固体废物	垃圾聚集，堆肥，垃圾燃料厂，生物废物渗出物		0~5 ng/m³，7~53 ng/m³，2~4 ng/m³，450 000~1 500 000 EU/mL			
土壤	草地（柏林郊区），土壤	德国	5 900~59 000 EU/g，3 000~7 400 EU/g			

5.2.3　管网末梢水内毒素

管网末梢水中也存在一定程度的内毒素污染。据报道，津巴布韦首都哈拉雷的自来水中内毒素活性为 60～205 EU/mL，桑给巴尔的自来水中内毒素只有 0.5 EU/mL。澳大利亚自来水内毒素活性最高为 119 EU/mL。科威特的自来水（海水淡化后）内毒素活性为 2.4～33.8 EU/mL。武汉市管网末梢水中内毒素活性为 17.62～44.44 EU/mL，北京市管网末梢水的内毒素活性范围为 0.1～9.1 EU/mL（表 5-1）。

城市水处理厂工艺流程不能完全去除水中内毒素，如芬兰 9 个自来水厂进水的内毒素活性为 18～356 EU/mL，水厂出水的内毒素活性高达 3～15 EU/mL，对内毒素的去除率为 59%～97%。武汉市平湖门、宗关水厂自来水常规处理工艺对内毒素的去除率分别为 81.65% 和 51.76%。北京市某自来水厂进水的内毒素活性为 5.82～11.17 EU/mL，出水内毒素活性为 4.13～9.56 EU/mL，水厂处理流程对内毒素去除率为 49%。其中，传统水处理工艺（混凝、沉淀与过滤）具有较高的内毒素去除效率（高达 63%），而活性炭吸附工艺和氯消毒可引起内毒素的释放。此外，同样的水处理工艺对不同形态的内毒素的控制效果也会有差异，如混凝和沉淀工艺对游离态内毒素和结合态内毒素都有去除效果，煤砂滤池对水中游离内毒素没有去除作用，只对结合内毒素有少许去除作用。此外，各消毒工艺对内毒素的去除效果不同，无明显控制效果时还会导致内毒素的大量释放。Anderson 报道氯、氯胺消毒对内毒素的去除效果不明显，氯的去除速率为 1.3～1.4 EU/（mL·h），氯胺的去除速率为 0.7～0.9 EU/（mL·h）。Gehr 报道饮用水的低压紫外消毒剂（40 mJ/cm² 和 100 mJ/cm²）对内毒素无明显灭活作用，臭氧对内毒素的去除率达到 57%～74%。此外，输配水管网的生物膜菌体解体释放的内毒素，是管网末梢水内毒素污染的另一个重要原因。2002 年，Rapala 报道荷兰某自来水厂的出水，经过长度为 3.5 km、11 km、14 km、33 km 的输水管网后末梢水内毒素为 14～32 EU/mL，虽然较水厂出水的内毒素活性高，但是未表明内毒素污染与管网长度有明显关联。

5.2.4　深度处理水内毒素

经过深度处理工艺处理的水属于贫营养状态，但是仍有革兰氏阴性菌滋生，因此也会释放内毒素。据报道，科威特瓶装饮用水的内毒素活性最高为 20.10 EU/mL，波多黎各瓶装饮用水的内毒素活性最高为 32 EU/mL，我国市面上 9 种瓶装饮用水内毒素活性最高为 16.0 EU/mL（表 5-1）。此外，透析用水以市政供水为水源，尽管经过单级反渗透和双级反渗透等深度处理工艺制备，也经常发现内毒素污染超标。美国、加拿大、德国和希腊分别对当地的 51 家、36 家、30 家和 85 家透析中心进行调查，结果表明透析用水的细菌总数超标达 17.8%～35.3%，内毒素超标达 12.2%～44.0%。以膜技术、去离子、软化和活性炭为代表的深度处理工艺并不能完全去除水中内毒素污染。2013 年，祝倩倩报道截留分子量相同、材质不同的 4 种超滤膜对注射用芪红脉通中内毒素的去除效果存在差异。此外，深度处理工艺的设备在运行过程中会形成生物膜，向水中持续释放内毒素。

5.2.5 污水和再生水内毒素

污水和再生水通常具有较高的内毒素活性。污水处理过程能够去除部分内毒素，但是由于进水的内毒素污染严重，再加上污水生物处理过程中会发生内毒素的释放，因此出水中的内毒素污染水平仍然较高。Guizani 报道污水和生物处理出水内毒素活性一般为 $10^3 \sim 10^4$ EU/mL。2008 年，O'Toole 报道污水一级处理出水的内毒素活性为 54 600 ~ 183 000 EU/mL，污水二级处理出水内毒素活性为 1 670 ~ 14 700 EU/mL，二级处理工艺对内毒素活性去除率达到 91%。2011 年，黄璜报道中国两个污水处理厂二级出水中的内毒素活性为 600 ~ 2 510 EU/mL。Man 报道下水道溢流会造成内毒素污染水平升高，检测到的内毒素活性最高达 18 170 EU/mL。2013 年张灿报道雨水再生景观水中的内毒素活性为 438 EU/mL（表 5-1）。

5.2.6 空气内毒素

气载内毒素是细菌死亡后释放的内毒素，通过人或动物活动黏附于各种灰尘颗粒上形成的。它是空气中生物气溶胶的重要构成部分，能在空气中稳定留存，存在积累、增长的可能性，会对机体产生持续的毒害作用。研究表明，犊牛舍空气内毒素活性为 44 ~ 262 EU/m³、猪舍空气内毒素活性为 398 ~ 10 000 EU/m³、兔舍空气内毒素活性为 65 ~ 217 EU/m³；医院病房内外的空气内毒素活性分别为 33 ~ 276 EU/m³ 和 66 ~ 512 EU/m³；柏林郊区空气内毒素活性最高为 27.8 EU/m³。在污水处理厂，长期暴露在含有内毒素的生物气溶胶中的工人面临着更严重的健康风险。2010 年，Heldal 报道了挪威干污泥处理过程中，工人会暴露在内毒素活性高达 3 200 EU/m³ 的生物气溶胶中。2005 年，Smit 报道了荷兰 67 个污水处理厂的工人暴露在内毒素活性为 0.6 ~ 2 093 EU/m³ 的空气中，认为空气内毒素活性一旦高于 50 EU/m³ 就会对健康产生影响。Gangamma 在 2011 年报道印度孟买 6 个污水处理厂空气内毒素活性为 0.8 ~ 741 EU/m³，约 49% 的空气样品内毒素活性高于 50 EU/m³。Douwes 在 2001 年报道了荷兰某污泥脱水车间空气中内毒素活性为 44.3 ~ 172.7 EU/m³。Oppliger 在 2005 年报道瑞士污水处理厂中负责清洗水槽的工人会接触到含有高浓度内毒素的生物气溶胶，最大值为 500 EU/m³。以上部分场所空气中的内毒素浓度超出了推荐标准的值，即 100 EU/m³，这可能会对该场所的工作人员有一定的健康影响（表 5-1）。

5.2.7　土壤与固体废物内毒素

Rylander 报道了垃圾处理中心空气的内毒素活性，其中垃圾聚集为 0～5 ng/m³，堆肥为 7～53 ng/m³，垃圾燃料厂为 2～4 ng/m³。生物废物渗滤液内毒素的活性为 450 000～1 500 000 EU/mL。Zucker 报道柏林郊区草地的内毒素活性为 5 900～59 000 EU/g，土壤的内毒素活性为 3 000～7 400 EU/g（表 5-1）。

5.2.8　其他职业环境内毒素

Dutkiewicz 等监测了波兰东部的 36 个农作物处理点，数据表明农场工人在处理农作物时的工作环境内毒素浓度较高，经检验空气中的内毒素浓度在谷物脱粒时为 0.05～993 μg/m³、破碎谷物时为 40.2～69.6 μg/m³、土豆处理时为 0.009 5～0.015 5 g/m³、亚麻脱粒时为 16.9～172.1 μg/m³、处理荨麻叶时为 0.8～715 μg/m³、处理薄荷叶时为 0.18～16.0 μg/m³。Oldenburg 等对德国一家棉花纺织工厂进行监测，其内毒素含量为 4～7.2 EU/m³。Rylander 报道的各职业环境所处的内毒素浓度分别为：农场 50～2 800 ng/m³、牛奶场 25～3 480 ng/m³、家禽养殖场 33～301 ng/m³、动物饲料场 0.2～1 870 ng/m³、谷物场粉尘 286～721 ng/m³。

5.3　内毒素对健康的影响

内毒素具有广泛的生物活性，与人类多种疾病相关。内毒素进入机体后，并非直接引起机体反应，而是与机体靶细胞作用诱导产生一系列炎症介质和细胞因子，如白细胞介素 1（interleukin-1，IL-1）、肿瘤坏死因子（tumor necrosis factor，TNF）、干扰素（interferon，IFN）等。这些细胞因子相互诱导和调节，导致更多的炎症细胞因子释放，形成一种"瀑布效应"的恶性循环，迅速活化不同组织器官的细胞，从而引发机体严重的病理生理反应，导致机体代谢、激素水平和神经内分泌的改变，造成细胞功能异常，出现发热、低血压、心动过速、休克、多器官功能衰竭甚至死亡等情况。机体对内毒素反应极为敏感，1981 年，Elin 报道 0.1～0.5 ng/kg 内毒素体内注射能够引起人体发热。在自然感染的情况下，发热反应将持续至体内病原菌完全消除，这是由于革兰氏阴性菌不停地生长和繁殖总伴随着细菌的陆续死亡和内毒素的释放。内毒素对体内的巨噬细胞、中性粒细胞等产生作用，使之生成白细胞介素 1、6（IL-1、IL-6）和肿瘤坏死因子 α（TNF-α）等细胞因子，这些细胞因子又对宿主下丘脑的体温调节中枢产生作用，促使体温升高引起发热反应。细菌死亡后释放出的内毒素能通过血液、呼吸和肠胃等多种接触途径导致潜在的健康风险。

5.3.1　血液暴露风险

在血液暴露方面，为了控制患者的热原反应，与血液接触的水（如透析用水）和制药用水中的内毒素污染必须得到严格控制。我国透析用水的内毒素标准为 1 EU/mL，美国和欧盟的内毒素标准要求控制在 0.25 EU/mL，日本透析用水的内毒素标准已经提高至 0.05 EU/mL。此前曾发生过因血液透析用水遭受内毒素污染从而造成患者发生热原反应甚至死亡的事件。1975 年，Hindman 报道了因水源水中蓝藻大量繁殖导致市政水中内毒素污染水平升高，造成 23 名血液透析患者发生热原反应，其中 1 人死亡的情况。与上述情况相似，1996 年，巴西某水库蓝藻暴发，使得市政水内毒素污染严重，医院以该市政水作为血液透析用水的来源，最终造成 126 名患者发生了不同程度的热原反应，其中 60 人死亡。为了防止患者发生热原反应，需要从血液透析水中去除微量的内毒素。虽然血液透析用水中低水平的内毒素不会引起明显的发热反应，但是会增加循环中的促炎细胞因子，从而触发患者的氧化应激和炎症。

5.3.2　呼吸暴露风险

呼吸暴露是内毒素危害机体健康的一个重要途径。国际职业卫生委员会提出，为了避免呼吸道炎症，空气中内毒素活性需低于 10 ng/m^3。饮用水的内毒素污染可以通过洗漱、淋浴、桑拿或者加湿器用水等，以气溶胶形式通过呼吸暴露途径危害机体健康。1980 年，芬兰自来水中的内毒素通过洗浴引起当地多人严重的呼吸疾病和发烧，但是饮用此自来水的人并没有出现不适症状。1993 年，美国某游泳馆发生过敏性肺炎事件，原因是池水中内毒素水平高达 95～120 ng/mL，经馆内水雾喷射和水幕等设施形成气溶胶，通过呼吸暴露危害馆内人员。当采用臭氧对池水进行处理后，内毒素水平下降至 1 ng/mL，工作人员的咳嗽、胸闷等肺炎症状便逐渐消失。2001 年，Thorn 报道呼入内毒素超过 30～40 μg（按 1 ng=5～10 EU 计）引起炎症反应，具有明显的临床症状和肺功能改变。2002 年，Anderson 报道空气内毒素达到 100～200 ng/m^3 影响肝功能。

饮用水的内毒素污染引起的症状与普通肺炎感冒相似，不易识别，并且持续时间较短，容易恢复。因此，饮用水中内毒素通过呼吸暴露途径引起的风险至今没有引起人们关注，也没有确定相应的限值。Anderson 报道，按照荷兰的职业卫生学标准 50 EU/m^3 和 8 h 暴露时间计算，水中内毒素浓度要高达 1 000 EU/mL 才会危害健康。目前，国内外报道的管网末梢水内毒素活性远远低于 1 000 EU/mL，因此按照 Anderson 的计算，管网末梢水的内毒素活性还不足以通过呼吸暴露途径达到危害机体的限值。然而，这并不代表饮用水中内毒素不会通过呼吸暴露危害人体。这是因为 Anderson 的换算方式是否符合国际认可的毒理学惯例，需要进一步探讨。另外，还需要考虑内毒素对水中其他污染物毒性的强化作用，例如藻华时期水中内毒素和藻毒素会产生联合毒性。此外，饮用水的内毒素污染影响人群十分广泛，除了考虑成年人的耐受范围，应该进一步考虑婴幼儿和免疫力低下人群的耐受能力。因此，饮用水内毒素污染通过呼吸暴露所致健康风险有待进一步研究。

5.3.3　胃肠暴露风险

内毒素通过饮用途径引起的健康风险远远小于血液暴露和呼吸暴露，这是因为胃肠具有屏蔽功能。1973 年，Diluzio 和 Friedmann 认为人体通过饮用途径接触内毒素没有危害，因为通过饮用水接触内毒素数量有限，而且人的肠胃可以灭活内毒素活性。1977 年，Senlla 和 Rylander 报道人的胃肠上皮细胞中存在自然防御内毒素的抗体，可以去除内毒素的危害，因此认为内毒素通过饮用途径不妨碍机体健康。目前尚没有足够的研究结果可以确定水中内毒素通过饮用途径所致风险及其安全阈值。2013 年，Fei 和 Zhao 报道由于肠道里的条件致病菌阴沟大肠杆菌过度生长，产生的内毒素进入血液后，造成了严重的肥胖症和糖尿病的早期症状——胰岛素抵抗。Creely 研究发现Ⅱ型糖尿病患者体内内毒素水平较正常人高出 2 倍，且与胰岛素水平呈负相关。以前的研究认为胃肠上皮细胞具有抵御作用，所以传统的观念认为内毒素的胃肠暴露风险较小。然而，新近报道胃肠暴露是内毒素引发疾病的重要途径。Erridge 报道内毒素的血液暴露引起多器官衰竭、休克甚至死亡，然而这些患者并非由血液接触，绝大部分都是由胃肠接触内毒素后入血诱发疾病。

此外，Broitman 报道大鼠通过消化系统接触内毒素后影响肝功能，引起肝硬化。这些报道将引发人们对内毒素肠胃暴露风险的重点关注，也引起对饮用水内毒素污染的重新思考。饮用水经过处理后使细菌灭活死亡，虽然能够满足现行水质标准中的微生物学指标，但是其释放的大量内毒素通过胃肠暴露途径仍具有一定的风险，这也将成为饮用水微生物安全领域的新关注点。此外，从基础研究来看，饮用水的细菌内毒素对机体潜在的危害等机理研究欠缺，还没有确定相关的胃肠暴露阈值，这都有待在将来进一步开展内毒素的胃肠暴露的毒理学实验，进行深入的系统研究。

5.4　内毒素检测技术

5.4.1　家兔法

家兔法是最原始的内毒素检测方法，1923 年由 Seibert 首次提出，1942 年美国药典首先将家兔法作为药品的热原检查方法，1953 年中国药典开始收录该方法。家兔法是将一定剂量的待测样品经静脉途径注入家兔体内，如图 5-2 所示，在规定的时间内观察家兔体温升高情况，以判定样品中所含内毒素的限量是否符合规定。家兔法能够反映出热原物质引起的哺乳动物升温过程，既能进行内毒素的检测，也能进行非内毒素致热原的检测。由于家兔的种属差异和个体差异大，家兔法检测结果重复性差，而且实验价格昂贵、时间长。目前鲎试验已经取代家兔法成为法定的内毒素检查方法，但是家兔法仍是药典认可的内毒素检测方法，某些样品不能使用鲎试验进行检测，仍需以家兔法检测，细菌内毒素检测法目前无法完全取代家兔法。这是由多种原因造成的，如部分中药注射剂成分较复杂，不能通过稀释法消除干扰，以及鲎试剂对革兰氏阴性菌之外的内毒素不够灵敏等。

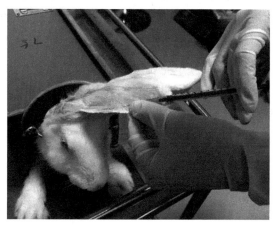

图 5-2　家兔法检测内毒素

5.4.2　鲎试验

（1）鲎试验的概念与原理

鲎试验是目前药典规定的内毒素检测方法。鲎又称马蹄蟹，是栖生于海洋中的一种古老的节肢动物，已存在大约 3.5 亿年，有"活化石"之称。1963—1964 年，Levin 等首次对细菌引起鲎血凝聚的机制进行报道，认为鲎血中阿米巴细胞与内毒素发生一系列酶促反应导致凝集反应。内毒素可以启动鲎试剂中的 C 因子使其成为活化 C 因子，活化 C 因子继而启动 B 因子使其成为活化 B 因子，活化的 B 因子再激活凝固酶原，使凝固酶原活化成凝固酶；凝固酶能切断凝固蛋白原中特定的精氨肽链，形成凝固蛋白产生凝胶。鲎试验中最重要的试剂是鲎试剂（图 5-3），是鲎血的阿米巴细胞（即变形细胞）溶解物的冷冻干燥品。鲎试剂与内毒素的反应机制如图 5-4 所示。

图 5-3　鲎及鲎试剂

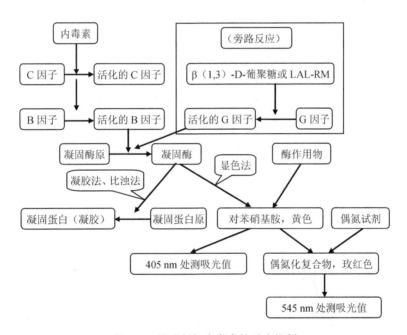

图 5-4　鲎试剂与内毒素的反应机制

目前常用的鲎试剂有美洲鲎试剂（limulus amebocyte lysate，LAL）和东方鲎试剂（tachypleus amebocyte lysate，TAL）等，我国多采用 TAL 试剂，二者反应机制基本相同。LAL/TAL 试验属于生物毒性测试方法，不是精确的分析方法，一些非内毒素分子如β-葡聚糖也能引起相似的凝集现象。LAL/TAL 试剂为鲎血的提取物，属于生物试剂，样品中化学物质、蛋白和其他试剂容易对其产生影响。药典明确规定，测试内毒素之前必须首先确定样品对 LAL/TAL 试验的抑制/增强效果。LAL/TAL 试验中常用的消除干扰方法是样品的多倍稀释，并控制加标回收率在 50%～200%。但是对于含有严重干扰因子的样品，多倍稀释后内毒素活性可能会极低，甚至不能达到 LAL/TAL 试剂的最低检测限，这样仍难以保证合适的回收率。因此干扰严重且不易去除的样品不适于采用 LAL/TAL 试验。

目前的相关研究中，绝大多数采用 LAL/TAL 试验测试水体环境的内毒素活性，与药典规定的可以采用 LAL/TAL 试验检测的药品和医疗器械相比，饮用水和水环境样品成分复杂，干扰因素明显增多。现行鲎试验分为凝胶法（定性/半定量方法）和光度法（定量方法）。光度法分为动态浊度法、动态显色法、终点浊度法和终点显色法（图 5-5）。鲎试验常用检测仪器设备有动态试管检测仪、酶标仪和便携式内毒素检测设备（图 5-6～图 5-8）。

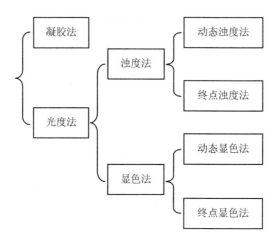

图 5-5　鲎试验种类

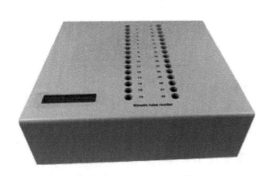

图 5-6　动态试管检测仪

图 5-7　酶标仪

图 5-8　便携式内毒素检测设备

1）凝胶法：

凝胶法是一种对内毒素进行限度检测或半定量检测的方法，它的原理是鲎试剂会与内毒素产生凝集反应。在规格为 10 mm×75 mm 的小试管内，分别加入待检样品和鲎试剂 0.1 mL 并混合均匀，在 37℃条件下反应 60 min 后，倒转 180°，根据所形成凝胶的情况，即凝胶是不是坚实地作为鉴定指标（图 5-9），这是一种半定量方法。该法操作简单、经济而且不需要使用专用仪器。

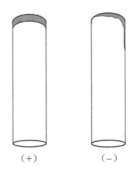

（+）　　　　（−）

图 5-9　凝胶法

2）光度法：

光度测定法是利用反应过程中鲎试剂和内毒素的混合物透光度变化与内毒素浓度之间的关系来检测内毒素的方法，它是一种定量方法，分为显色法和浊度法两种方法（图 5-10）。

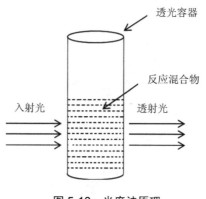

图 5-10　光度法原理

① 显色法。显色基质法是基于使用人工合成的鲎三肽［即与对硝基苯胺（PNA）相连接的显色底物如 BOC-Leu-Gly-Arg-PNA 等］作为显色基质，细菌内毒素与 LAL/TAL 试剂发生反应活化 C 因子并激活凝固酶，去水解鲎三肽中的精氨酸肽链。显色法是一种定量检测方法，它通过测量反应液中释放的游离 PNA 的吸光度进行检测。这种检测方法需要使用酶标仪或者分光光度计。当前它主要应用于部分临床检验，如微量血浆、血清、全血、骨髓液及尿、乳汁等，以及对家禽、实验用动物、人造脏器的安全性评估等方面。根据测定原理的差异可将其分为两类，即终点显色法和动态显色法。

终点显色法（Endpoint Colorimetric Assay）：基于一定时间内游离在外的 PNA 的量与细菌内毒素的浓度之间存在正比关系而进行检测的分析方法。可使用单波长 405 nm 或双波长（测定波长 405 nm、参照波长 492 nm）对 PNA（黄色）的吸光度进行测定，或可使用 545 nm 单波长或双波长（测定波长 545 nm、参照波长 630 nm）对游离 PNA 与红色偶氮试剂反应所形成的红色偶氮蓝复合物进行测定。通常在 0.006～15 EU/mL 的范围内进行定量检测。

动态显色法（Kinetic Colorimetric Assay）：基于游离状态 PNA 的吸光度变化率（mAbs/min）与细菌内毒素浓度之间存在正比关系（比色反应速度法 Pate Assay）或达到事先预定的反应吸光度变化值所需求的时间对数值与细菌内毒素浓度的对数值之间存在反比例关系（比色反应时间法 OD-Time Assay）而进行检测的分析方法。通常在 0.006～50 EU/mL 的范围内进行定量检测。

② 浊度法。由于内毒素可激活凝固酶并切断凝固蛋白特定位置的精氨酸肽键，进而形成凝固蛋白并产生凝胶，出现浊度变化，故而可采用适当的光学仪器对其进行检测分析。采用该方法检测有简单、经济、灵敏、检测范围广等优点。一般在 0.006～300 EU/mL 的范围内进行定量。根据测定原理的差异可将其分为两类，即终点浊度法和动态浊度法。

终点浊度法（Endpoint Turbidimetric Technique）：基于反应液到达规定点的最终浊度

值（吸光度或透过光亮值）与细菌内毒素浓度之间存在正比或反比关系并进行测定的一种检测方法。但由于缺乏标准化，目前国内外都很少采用此方法。

动态浊度法（Kinetic Turbidimetric Technique）：基于反应液浊度变化（吸光度变化）值到达事先预定值所需要的时间（Ta，比浊反应法）对数值或浊度变化（透过光量比）值到达事先预定值所需要的时间（Tg，比浊时间分析法）对数值与细菌内毒素浓度的对数值之间存在反比关系或者浊度的（吸光度值）每分钟变化量（即吸光度变化，mAbs/min）与细菌内毒素的浓度之间存在正比关系（比浊反应速度法）而进行检测的分析方法。一般来说，浊度法通常是指动态浊度法，而且在日本、美国、欧洲等国家或地区有专用动态浊度仪，并得到了美国 FDA 的批准，其中动态浊度仪的一般要求是：（37±1）℃恒温槽、光源、监测器和内置数据分析器等。其中检测波长为 80～660 nm，主要根据仪器的差异而变化，检测时间为 60～90 min。

（2）鲎实验法检测步骤

1）凝胶法检测步骤：

① 首先根据供试品的浓度，由式（5-1）确定最大有效稀释倍数，并在空安瓿瓶中用内毒素检查用水对供试品进行稀释，稀释倍数不得超过 MVD。

$$MVD = C \cdot L/\lambda \qquad (5\text{-}1)$$

式中：MVD——最大有效稀释倍数；

L——供试品的细菌内毒素限值；

C——供试品溶液的浓度；

λ——鲎试剂的标示灵敏度，EU/mL。

例如供试品浓度为 0.5 mg/mL，限值为 1 EU/μg，鲎试剂灵敏度为 0.25 EU/mL，则 MVD=2 000。供试品稀释方法见表 5-2。

表 5-2 供试品稀释方法

试管号	1	2	3	4	5
稀释倍数	4	20	100	500	2 000
待稀释品/μL	50	40（1 号管混匀后取出）	40（2 号管混匀后取出）	40（3 号管混匀后取出）	50（4 号管混匀后取出）
检查用水/μL	150	160	160	160	150

② 取出 4 支鲎试剂，分别向其中加入 100 μL 细菌内毒素检查用水复溶和混合。

③ 检测。分别从上述的 3、4、5 号管和检查用水中取出 100 μL 的待测液置于复溶后的 100 μL 鲎试剂中，并在旋涡混合仪上混合均匀，用封口膜密封瓶口。

④ 垂直放置在 37℃恒温培养箱中，静置 60 min。

⑤ 从恒温培养箱中将安瓿瓶取出，将其缓缓倒转 180°，若管内形成凝胶，且凝胶没有变形或从管壁滑落则结果为阳性，否则为阴性。恒温培养和拿取安瓿瓶时要避免因震动造成的假阴性结果。

2）动态显色法/动态浊度法检测步骤：

采用动态显色法/动态浊度法定量检测内毒素活性，采用动态试管仪及配套软件，主要步骤如下：

将 0.1 mL 动态显色法/动态浊度法 TAL 试剂加入反应试管，加入 0.1 mL 样品混合均匀，立即放入动态试管仪进行检测。样品和 TAL 试剂在 37℃温育条件下发生反应，动态试管仪及软件生成每个样品的反应动态曲线，记录反应试管在波长 405 nm 处达到 95%透光率的达限时间。样品的达限时间和所含内毒素活性呈负相关，根据标准曲线来确定样品内毒素活性。

建立动态显色法/动态浊度法的标准曲线。内毒素标准品溶液稀释为 4 种活性梯度，以内毒素检查用水作为阴性对照。检测样品时，每个样品在测试过程中采用 2 个平行样，并以 0.25 EU/mL 内毒素标准品溶液作为阳性对照，记录加标回收率、稀释倍数、达限时间等参数。样品测试 3 次取平均值。试验结果应满足以下条件：① 标准曲线中阴性对照的达限时间长于最低活性（动态浊度法 0.04 EU/mL，动态显色法 0.006 25 EU/mL）的达限时间。② 标准曲线相关系数大于 0.98。③ 平行样的变异系数不得大于 10%。④ 根据药典规定，加标回收率在 50%～200%，即认为稀释倍数合适，没有明显的干扰。

3）便携式方法定量检测步骤：

便携式内毒素检测设备（portable test system，PTS）是美国 Charles River 公司开发的一种便携式内毒素活性检测仪（图 5-8）。该检测仪是基于动态显色法原理，在内毒素的检测试剂、操作步骤和结果呈现等方面进行改进，缩短检测时间，简化检测步骤，可用于现场快速检测。PTS 由手持式分光光度计和配套检测卡片两部分组成。检测卡片包括 2 个样品通道和 2 个加标通道，通道内含有动态显色法 LAL 试剂、无热原缓冲溶液、β-葡聚糖阻断剂、显色基质和内毒素标准品，出厂前已经进行效价和加标回收率的测试，并确定校准代码。检测卡片校准代码包含效价测试期间卡片的测试参数和标准曲线信息。所采用的检测卡片灵敏度为 0.05～5 EU/mL。检测前取出冷藏（2～8℃）的配套检测卡片，放置 10～15 min 至室温待用，检测仪开机后自动预热至 37℃。将检测卡片插入后根据提示输入检测卡片批号、检测样品批号、检测样品名称和稀释倍数。开始检测后，样品被反复抽吸以便于同检测卡片通道内 LAL 试剂混合均匀，在 37℃条件下 LAL 试剂和样品发生反应，检测过程大约需要 15 min。试验结果应满足以下条件：① 平行样的变异系数不得大于 10%。② 根据药典规定，加标回收率在 50%～200%，即认为稀释倍数合适，没有明显的干扰。

（3）鲎试验的不确定性

LAL/TAL 试剂为鲎血提取物，属于生物试剂。鲎试验属于生物毒性测试方法，不是精确的分析方法。一些非内毒素分子也能引起相似的凝集现象，如 β-葡聚糖及其类似物存在 G 因子反应旁路，使鲎试剂发生凝聚反应，引起假阳性结果。样品中的某些成分很可能会对 LAL/TAL 试剂的稳定性及酶促反应的发生产生干扰。例如，当样品中离子浓度较高或者含有高浓度的盐类物质时，盐析作用会影响鲎试剂的蛋白质，破坏酶活性并降低酶促反应速度，从而对 LAL/TAL 试验产生干扰。另外，样品的本底色度或者浊度非常高时，会干扰光度法 LAL/TAL 试验的光密度值检测，从而影响内毒素的检测结果。此外，能够引起内毒素分子吸附、屏蔽、聚集作用的因素，以及能够影响鲎反应中酶促反应的因素都会引起内毒素检测的假阳性和假阴性，如阴离子或阳离子浓度、酶、引发蛋白质变性的因素、氨基酸、抗生素、消毒剂、EDTA、高浓度的絮凝剂以及含有β-葡聚糖成分的膜等水处理材料等。由于不同种类的样品中可能含有多种对 LAL/TAL 试验的干扰因素，因此判断样品是否适合采用鲎试验，需要对样品中的干扰因素进行有效排除后才能确定。为了确定样品的干扰情况和保证数据可靠性，鲎试验之前必须先做样品的干扰试验，以加标回收率来分析样品对鲎试验的抑制/增强效果。中国药典 2015 年版规定鲎试验的加标回收率控制在 50%～200%，即认为稀释倍数合适，没有明显的干扰。

1）鲎试剂灵敏度复核问题：

中国药典 2015 年版已明确作出规定，在鲎试验前进行鲎试剂灵敏度复核试验是必需的，并且计算标准差应小于 0.365，当鲎试剂灵敏度的测定值λc 在范围 0.5～2λ（包括 0.5λ 和 2λ）时，才可用于细菌内毒素的检测（λ 为鲎试剂灵敏度的标示值），并将标记灵敏度λ 为该批鲎试剂的灵敏度。

2）pH 问题：

样品的 pH 会对鲎试验产生影响。张灿探讨了 pH 对鲎实验检测结果的影响。研究表明，pH 为 6.0～8.4 适合进行内毒素检测，过酸条件引起检测结果的抑制，过碱条件引起检测结果的增强，检测前可用无热原 Tris-HCl（pH=7.4）溶液调节 pH 或采用稀释的方法减少干扰。

3）鲎试验中细菌内毒素的振荡问题：

中国药典 2015 年版规定：内毒素复溶后，应置于旋涡混合器混合振荡 15 min，且每进行一步稀释均需要再混合振荡 0.5 min。某厂家报道，若在对内毒素进行稀释时采用旋涡混合振荡法对其混合振荡，其该效价的测定结果与国际参考标准内毒素（IS）基本保持一致，若在对内毒素进行稀释时不经混合振荡，则内毒素的效价相较于国际参考标准内毒素低 50%～75%。这是由于内毒素具有亲水与疏水双重活性，是两性分子，而脂多糖（LPS）的主要毒性部位是脂性端类脂 A 端，它在实验中与鲎试剂发生反应。复溶后如果不通过剧烈振荡使其混合均匀，由于疏水内毒素的存在类脂 A 端易形成泡状囊，类脂 A 又位于囊的中央，导致其不能与鲎试剂充分接触并发生反应，进而影响实验阳性对照结果。

4）鲎实验操作环境与器具的选择处理：

中国药典 2015 年版仅规定了在该实验中需要防止微生物的污染，但并没有制定详细的实验环境规定。由于实验者经常在未经净化处理过的环境中实验，而导致实验失败。近几年的经验证明，在净化后的工作台内进行鲎实验，并对操作者进行严格的消毒与隔离，能够取得令人满意的结果。此外，实验器具的选择和处理直接影响实验结果，玻璃容器的热原去除问题是鲎实验法中最不可忽视的问题之一。内毒素具有极强的耐热性，100℃高温下加热 1 h 仍无法灭活，160℃条件下加热 2～4 h，或用强碱、强酸或强氧化剂加温煮沸 30 min 才能破坏它的生物活性，因此常规消毒措施和水处理工艺不易将其去除。玻璃器皿需经铬酸浸泡 24 h，热自来水冲洗，超纯水冲洗，马弗炉 350～400℃干烘 2 h 去除热原。试管、移液器枪头等可购买市售无热原产品。

5）稀释倍数的影响：

若样品中存在干扰成分，通过对样品进行多倍稀释可以更好地降低样品本身对检测的干扰程度。张灿对乳品中的内毒素进行检测时发现，采用 1 000 倍稀释的检测值明显高于 100 倍稀释的检测值，并且 1 000 倍稀释得到的加标回收率更加接近 100%。这是因为高倍稀释后样品的内毒素分散状态更好，与鲎试剂的酶促反应更加充分，导致光度变化值更明显。因此，对样品进行多倍稀释可以更好地降低样品本身对检测的干扰程度，促进酶促反应更加充分，促使样品检测值更接近真实值。理论上，稀释倍数越大，样品中非内毒素杂质对测量的干扰越小，结果越理想，所以应该在满足鲎试剂最低检测限的前提下，尽可能地增加稀释倍数以排除干扰。

6）无机盐的影响：

相较于药品和医疗器具，饮用水和水环境样品的成分更加复杂，干扰因素明显增加。张灿研究了水中常见无机盐对 TAL 试验检测内毒素的影响，结果表明当 $NaCl$、Na_2SO_4、KCl、$CaCl_2$ 和 $MgCl_2$ 浓度小于 50 mg/L 时对 TAL 试验的影响不大；当浓度升高至 1 000～10 000 mg/L 时抑制效果明显，其中 KCl 和 NaCl 的抑制作用较轻，$CaCl_2$ 和 $MgCl_2$ 的抑制作用明显。$FeCl_3$、$Fe_2(SO_4)_3$、$AlCl_3$ 和 $Al_2(SO_4)_3$ 的浓度为 2.5 mg/L 时就会对 TAL 试验造成强烈的抑制作用，内毒素活性的实测值严重偏离实际值。无机盐对 LAL/TAL 试验的干扰主要是蛋白质的盐析作用破坏了 LAL/TAL 试剂的酶活性，降低酶促反应的速度；也可能有盐类引起过酸过碱导致对 LAL/TAL 试验的干扰。此外，阳离子价态与 TAL 试验的干扰程度有关。一价阳离子（K^+和 Na^+）的抑制作用最弱，二价阳离子（Mg^{2+}、Ca^{2+} 和 Mn^{2+}）的抑制作用次之，三价阳离子（Fe^{3+} 和 Al^{3+}）的抑制作用最强。因此，在 LAL/TAL

试验中，必须严格控制添加含三价阳离子的无机盐，或者高浓度的一价阳离子或二价阳离子的无机盐。如果样品中本身含有这些离子，应该进行多倍稀释，如果仍不能达到50%～200%的回收率，则不适用采用 LAL/TAL 试验。

7）淬灭剂的影响：

某些水样中含有残留的消毒剂，会对 LAL/TAL 试验的检测产生干扰，检测前需要采用中和剂去中和掉残留的消毒剂。张灿研究了 6 种常用中和剂对内毒素活性检测的影响。结果表明，浓度在 0～1%时，除了甘氨酸和硫代硫酸钠，组氨酸、抗坏血酸、吐温 80 和亚硫酸钠均对鲎试验有不同程度的干扰。虽然 0～1%浓度的甘氨酸对鲎试验基本没有明显的影响，但是它和戊二醛的中和产物显黄色，所以不适合在光度法中用作戊二醛的中和剂。0～1%浓度的硫代硫酸钠对鲎试验基本无明显干扰，但是浓度达到 1%～5%时就会对鲎试验产生抑制作用。因此，低浓度的硫代硫酸钠更适合在鲎试验之前用于中和消毒剂，但是浓度应控制在 0.5%以内。

5.4.3　重组 C 因子方法

（1）重组 C 因子方法的概念与原理

在鲎试验中，内毒素激活 C 因子并启动整个鲎血的凝血级联系统，其中 C 因子是对内毒素敏感的丝氨酸蛋白酶。目前有研究采用重组 C 因子方法用于内毒素检测，重组 C 因子方法克服了鲎试剂的生产批次差异而导致的检测结果差异。重组 C 因子方法不涉及引起旁路反应的 G 因子，避免因葡聚糖产生假阳性结果。Alwis 采用重组 C 因子方法对居室空气内毒素进行检测，与鲎实验的检测结果相比，两种方法的相关系数为 0.86。Gehr 采用重组 C 因子和鲎实验两种方法对相同水样进行检测，发现此两种方法虽然检测机理相似，但是检测结果还是有很大差异，相关系数为 0.137～0.966。

在传统的鲎试剂实验中，酶级联反应的基本原理已经得到了广泛研究。首先，C 因子（FC）与内毒素连接而被激活，它是鲎试剂级联反应的第一部分。然后 C 因子再激活其他蛋白酶原，产生一系列的酶级联反应，并使凝固蛋白原转化为凝固蛋白形成凝胶。在鲎试剂与内毒素的反应中，存在内毒素剂量与鲎试剂的依赖性反应。在动态浊度法中，内毒素会导致凝固蛋白原转化为凝固蛋白，并引起浊度的剂量与鲎试剂的依赖性增加；动态显色法中，酶联反应将合成显色底物裂解成黄色。但基于鲎试剂的 G 因子（FG）由葡聚糖介导的另一条通路同样可以引起相似的反应进而产生假阳性的实验结果（图 5-11）。

重组 C 因子法与传统鲎试剂方法的主要差别在于重组 C 因子法仅使用一种有效活性成分，即一个单一蛋白（重组 C 因子）。在反应过程中，内毒素首先将重组 C 因子激活，活化的重组 C 因子再将荧光基底切割为荧光复合物，荧光复合物的定量测定量化了细菌内毒素，如图 5-11（B）所示，因此可以有效地避免由葡聚糖介导的通路产生假阳性的可能性。重组 C 因子蛋白由鲎科动物圆尾鲎克隆而成，其与美洲鲎天然产生的 C 因子氨基酸序列相似度达 90.5%。

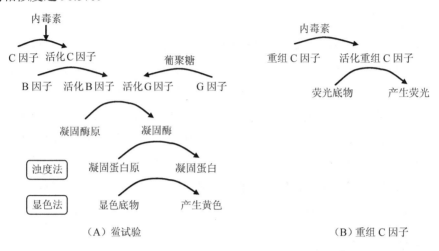

（A）鲎试验　　　　　　　　　　　　　　　（B）重组 C 因子

图 5-11　鲎试验（A）与重组 C 因子法（B）机理比较

（2）重组 C 因子方法检测步骤

重组 C 因子法是使用单步终点荧光法来对内毒素进行测定的方法。实验的具体操作如下：按所需浓度制备细菌内毒素标准品和样品，然后将空白对照溶液、细菌内毒素标准对照溶液、供试品溶液以及供试品对照溶液分别放置于微孔板中，加样量为 100 μL，将微孔板放入荧光酶标仪中，在（37±1）℃下预热 10 min 后每孔分别加入 rFC/底物试剂 100 μL，并立即读板以获取初始数据（激发/发射波长 380/440 nm），之后将微孔板在荧光酶标仪中孵育 60 min，并再次读取数据（激发/发射波长 380/440 nm）。用空白对照样品修正后的荧光值对标准对照样品和待测样品修正后的荧光值（在 60 min 读取的荧光值减去初始荧光值）进行标准化，以标准化后的标准对照荧光值的对数值和标准内毒素浓度值的对数值制图，采用最小二乘法对其进行线性拟合，得到的标准曲线的线性范围为 0.01～10 EU/mL。再利用标准回归曲线所得到的公式来计算样品中的内毒素浓度值。重组 C 因子法在线性相关系数、阴性对照和样品回收率等方面均与细菌内毒素检查法保持一致的要求。实验中所采用的一切有关耗材均需不含内毒素。

（3）重组 C 因子方法验证与官方认可

按照 USP30-NF25〈1225〉"符合法规的验证程序"分别验证了重组 C 因子法的特异性、精密度、准确性、线性范围和定量限。专属性实验分为三个部分：第一部分由 6 个实验室组成，每个实验室配备 3 名分析人员，分别使用重组 C 因子法和经典内毒素检查法中的动态显色法对 10 个不同品种进行实验比较。实验中采用的稀释倍数分别为 MVD

（最大有效稀释倍数）、MVD/2 和 MVD/10，供试品溶液阳性对照浓度为 0.1 EU/mL。该实验共进行了 168 次测量，结果表明重组 C 因子法回收率为 75%～125%的批次比率为 85.7%，该结果对比动态显色法的 75.0%较优；第二部分实验是分别采用重组 C 因子法、动态显色法和动态浊度法 3 种方法，对 *E.coli* O113：H10：K（-）、*E.coli* O55：B5、*Pseudomonas aeruginosa* F-D Type 1（绿脓杆菌）、*Salmonella minnesota* R595（Re）4 种不同菌株所含的内毒素进行定量检测，并对检测数值进行比对。这部分实验表明，重组 C 因子法的检测值介于动态浊度法和动态显色法两种检测法的检测值之间；第三部分是分别采用重组 C 因子法和动态显色法检测β-1,3 葡聚糖，结果表明重组 C 因子法对β-1,3 葡聚糖无反应，但动态显色法对其产生了假阳性的实验结果。

中间精密度的验证是 3 个实验室分别对标准内毒素的高、中、低 3 个浓度在不同的 3 天进行测定，并与动态显色基质法进行比较。结果表明，除高浓度下的检测结果有显著差异，即重组 C 因子法的中间精密度 RSD 值对比动态显色法明显较低以外，其余并无显著性差异。个体结果准确度验证是基于对标准内毒素的高、中、低 3 个浓度，由 3 个实验室各实验室的 3 名分析人员，在不同的 3 d 分别对单一结果进行准确性测定，将测定值在理论真值的±25%之内的百分数作为指标，对比重组 C 因子法与动态显色法两种方法的准确度差异。结果表明，该差异并不明显。线性范围在 0.01～10 EU/mL 线性关系良好。最低检测限是基于 3 次独立实验测定的结果决定的。每次实验均采用同一批号的试剂以及 5 个批号的内毒素检查用水，用检查用水将细菌内毒素标准品稀释至 0.01 EU/mL 并进行检测，比较它的荧光检测值与检查用水的荧光检测值，结果为 0.01 EU/mL 浓度的内毒素检测值的 99%置信区间与水之间不存在重叠，这表明浓度为 0.01 EU/mL 的内毒素和水在测定中可以明显地分开。精密度和准确度实验结果表明，定量限至少为 0.01 EU/mL，因此将 0.01 EU/mL 确定为最低检测限。

FDA 在 2012 年发布的"内毒素与热原检测应用指导原则—问与答"的"5.1 有关替代方法"中明确说明重组 C 因子法按 USP30-NF25〈1225〉的方法进行验证后，参照 USP30-NF25〈85〉"细菌内毒素检查法"进行实验，可用于产品申报，可以使用该方法在产品放行中控制内毒素污染。目前，EDQM 对于该方法持有"官方认可方法但药典中未收录"的态度，若要使用该方法对药品进行检验，需要按照 EP6.0 中"5.1.10 细菌内毒素检查法应用指导原则"第 13 条"替代方法的验证"再进行验证。目前 EDQM 正准备将其纳入药典中，并已经展开相关工作。

（4）重组 C 因子法的优缺点

重组 C 因子法是基于传统细菌内毒素检查法进行改良的一种方法，具备细菌内毒素检查法已有的全部优点。重组 C 因子法能达到 USP 对于方法的验证要求。相较于经典的内毒素检查方法，其具有类似甚至更好的特异性、精密度、准确度、线性范围和定量限。

与细菌内毒素检查法相比，该方法还克服了所需材料来源为动物这一缺陷，实验材料由重组产生，不再受到鲎资源的限制，并且拥有更好的抗干扰能力和特异性。

该方法有如下缺点：只能用于检测细菌内毒素；与人的种属存在较大差异；不适用于检测含有内源性热原因子的某些生物制品。重组 C 因子法是基于细菌内毒素检查法进行改良补充的方法，故而它适用于所有细菌内毒素检查法适用的制品和使用内毒素检查法时有旁路干扰而不能被检测的制品。

5.4.4 新型检测方法

内毒素检测除了最早的家兔法和现行的法定检测方法鲎试验，近年来诸多学者在新型检测方法上开展了广泛的研究和探索，取得了一定进展，包括气相色谱-质谱联用检测内毒素分子的 3-羟基脂肪酸、酶联免疫测定法、生物传感器测定法等。以气相色谱-质谱联用（GC-MS）方法为主的化学测试方法是基于内毒素结构中特异性的脂肪酸类物质而设计的。3-羟基脂肪酸存在于内毒素最为保守的组成部分类脂 A 中，是内毒素的毒性和生物活性中心，为内毒素化学结构所特有，可以作为内毒素的生物标志物。GC-MS 法需要将样品在 100℃，4M 的甲醇-盐酸混合液中水解 18 h，将 3-羟基脂肪酸从类脂 A 中分解出来并进行甲基化；然后按照不同的方法分别进行液相萃取-硅胶柱净化或是固相萃取过程。在定量部分为更好地降低 3-羟基脂肪酸的检出限，同时排除 2-羟基脂肪酸的干扰，现多采用选择离子检测的方法，针对不同碳原子数的脂肪酸选择不同的特征质荷比的离子进行检测，并利用 3-羟基脂肪酸内标进行定量计算。Binding 等利用 GC-MS 检测内毒素分子的 3-羟基脂肪酸来表征内毒素含量，但是检测结果显示 3-羟基脂肪酸的含量与内毒素的生物活性无均一的关联性。由于 3-羟基脂肪酸是内毒素分子中类脂 A 的一个典型结构，并非活性基团，因此 GC-MS 检测内毒素分子的 3-羟基脂肪酸不能反映内毒素生物学活性，因此限制了该方法的进一步应用。

目前报道的基于酶联免疫测定法（enzyme-linked immuno sorbent assay，ELISA）的内毒素检测方法，主要有以下两种方法：一种是基于 ELISA 法与鲎实验的结合，用酶联免疫吸附的方法以抗凝固酶原的单克隆抗体，测定经鲎实验后样品中残存的凝固酶原量，得到内毒素与吸附成反比的曲线，通过标准曲线检测样品内毒素。另一种是基于内毒素的致热原理，即外加内毒素刺激巨噬细胞后产生内热原物质，如肿瘤坏死因子（TNF）和白细胞介素 1（IL-1）等，采用 ELISA 方法对内毒素进行定量测定。此法是一种研究热原检测的新方法，最近几年国内外正逐渐兴起，具有检测范围广及灵敏度高等优点，不同个体的血液结果差别小等。从目前研究看，基于 ELISA 方法的内毒素检测还有待进一步提高精确度和加强验证。

国内外有采用生物传感器用于内毒素检测的报道，较多见的是压电生物传感器。众所周知，白细胞分化抗原 14（CD14）和磷脂结合蛋白（LBP）参与了内毒素诱导的细胞激活过程，CD14 无论是与细胞膜相结合存在还是以可溶性抗原形式存在，都参与了内毒素对细胞的作用。LBP 是一种由肝细胞产生的急性蛋白，分子量约为 60 kDa，它是一种磷脂转移蛋白，可与 LPS 紧密结合，并将 LPS 转移至单核吞噬细胞表面的 CD14，从而导致细胞对 LPS 响应 100～1 000 倍的级联扩增作用。但是由于它们具有提取困难，来源有限的缺陷，目前并不适合应用于生物传感器。多粘菌素（PMB）是一种天然抗生素，可与各种革兰氏阴性细菌内毒素非特异性结合，经常被应用作为生物传感器的识别分子。Muramatsu 等基于内毒素和鲎试剂发生凝集反应后引发的溶液黏度变化，建立了一种压电传感器，它是根据镀钯 9 MHz AT 切割石英晶体而来的，最低检测限为 1 pg/mL。Homma 能将检测全血和血浆内毒素浓度时的检测限降低至 0.001 EU/mL，该方法是通过使用高氯酸对晶体进行洗涤和对血液进行预处理以排除掉其中对鲎试剂与内毒素凝结反应有干扰作用的抑制剂。Sakti 通过将聚苯乙烯固定在压电传感器表面，并使用紫外照射处理等多种预处理方法，降低了晶体传感器表面的粗糙度，使其获得了更好的表面亲水性，进而将最低检测限降低至 100 fg/mL，并开发出了一次性的内毒素生物传感器。熊兴良研制了一种压电生物传感器，能灵敏地反映内毒素与 LAL 凝胶的反应过程所引起的液体流变学性质（黏度和密度）。与鲎实验法相比，它在最低检测限（0.01 pg/mL）和检测耗时（100～110 min）上均有较大的提升。Keat 等开发了一种压磁应力传感器，能检测鲎试验法中引起的黏滞改变。相较于之前的传感器，该传感器在检测时间（<20 min）和尺寸上（12.7 mm×6 mm×28 μm）有较大提升，可以用于临床预防败血症。Limbut 等在生物传感器探头的硫醇自组装膜上固定从美国鲎中分离出的内毒素中和蛋白，以开发一种电容性生物传感器。该传感器不仅检测速度迅速（13～18 min），而且具有可重复使用的可自我再生表面，能够应用于内毒素的实时监测。

随着人们对内毒素所致健康风险的关注，内毒素的研究领域已由原来的生物医药领域逐渐向外扩展。近年来，饮用水和水环境领域的内毒素污染已经成为国内外研究的热点。随着国外关于地表水、地下水、管网水和深度处理水中内毒素污染报道的增多，内毒素污染也已经成为饮用水微生物安全领域的新兴研究方向。鲎实验是药典规定的内毒素检测方法，被称为现行内毒素检测的"金标准"，但是鲎实验属于生物毒性测试方法，复杂样品尤其是环境样品中会存在多种干扰因素。此外，鲎试剂的制备需要捕杀大量鲎，随着人类对鲎的保护越来越重视，鲎资源的利用也逐渐受到限制。

目前，随着现代分析测试技术的发展和交融，出现了多种新型的内毒素检测方法，但是都没有得到认可，需要进一步改进和验证。因此，开发新型理化检测技术替代传统的鲎实验，并探索将之用于检测复杂组分的样品（如实际水体样品），是内毒素检测方法研究的重要任务，也是水环境微生物学安全研究的重要内容。

第6章　藻毒素及其检测技术

6.1　藻毒素简述

6.1.1　水体富营养化与藻毒素的产生

近年来，随着人类活动的日益加剧及对环境的不断开发，导致了城市工业废水、城市和农村生活污水的随意排放，致使大量营养物质流入相对静止或流速缓慢的地表水中，尤其是淡水湖泊、河道，大大超过了其水环境容量，加剧了水体的退化，发生了水体富营养化现象。联合国环境规划署（UNEP）对全球地表水体富营养化的调查报告显示，目前世界上发生不同程度的富营养化的地表水水体已不低于40%。同样，我国的地表水水体也面临着水体富营养化的问题。经过多年的考察，监测数据显示，1970年我国内陆湖泊富营养化比例为41%，20世纪末已达到77%。在我国26个目标管控湖泊中，大部分水质均未达到《地表水环境质量标准》（GB 3838—2002）Ⅱ类标准。中国环境科学研究院的研究表明，我国大部分城市的内湖水体已处于富营养化状态，并且情况较为严重，一些大中型湖泊也已进入了富营养化状态，五大湖随时有暴发水体富营养化的风险，这不仅影响生态环境，也对人类日常生活造成巨大健康隐患。

藻类污染与水体富营养化关系密切，海水藻类"狂长"可引起赤潮，而淡水藻类"狂长"可引起水华发生，二者皆可产生藻毒素。目前研究发现，蓝藻门是毒性最强、污染范围最广、情况最为严重的淡水藻。蓝藻释放出来的藻毒素主要包括作用于肝脏的肝毒素损伤神经系统的神经毒素、位于细胞壁外膜的脂多糖内毒素和引起皮肤过敏的皮肤毒素等，严重危害机体健康，其分类详情见表6-1。蓝藻藻毒素的化学性质十分稳定，具有极强的耐热性，加热煮沸也很难破坏其结构，自然降解缓慢。自来水厂常规的消毒处理通常不能完全去除藻毒素，因此无论是对人类还是对牲畜，都有很大的致毒作用。尽管目前尚无报告藻毒素会造成人类急性死亡的案例，但已经有报告证实长期饮用残留藻毒素的水与癌症发病之间有相关性，因此如何能够有效去除饮用水中的藻毒素，确保饮水安全，已经成为一个全球性的问题。

表 6-1　蓝藻藻毒素分类及来源藻种和危害

类型	名称	存在藻种	危害
肝毒素	微囊藻毒素	铜绿微囊藻、颤藻、念珠藻、鱼腥藻等	肝功能衰竭、肝脏出血
	节球藻毒素	泡沫节球藻	肝功能衰竭、肝脏出血
	柱孢藻毒素	拟柱孢藻、卵孢全孢藻	肝和肾功能衰竭
神经毒素	鱼腥藻毒素-a	鱼腥藻、颤藻、束丝藻、节球藻	肌肉麻痹
	鱼腥藻毒素-a（s）	水华鱼腥藻	肌肉无力、呼吸困难和抽搐
	石房蛤毒素	卷曲鱼腥藻、水华束丝藻、褐甲藻、沟鞭藻	神经功能障碍、神经麻痹、呼吸衰竭
	β-N-甲氨基-L-丙氨酸	色球藻、颤藻、念珠藻、链状裸甲藻等	运动神经障碍、抽搐
皮肤毒素	海兔藻毒素	巨大鞘丝藻	促肿瘤、皮肤过敏、口腔炎症和腹泻
	鞘丝藻毒素-a	巨大鞘丝藻	促肿瘤、皮肤过敏、口腔炎症和腹泻

6.1.2　微囊藻毒素简介

相关学者和工程技术人员已经对藻毒素问题高度重视，但是目前已有的研究大多数集中于对节球藻毒素、微囊藻毒素等少数典型藻毒素上。微囊藻毒素是毒性最强的一类肝毒素，遍布范围广，是造成水体污染的藻毒素中最受关注的一类。

由于结构稳定，所以微囊藻毒素（MCs）在水中不易形成沉淀，也不易被悬浮颗粒物和沉淀物等吸附。MCs 在水中的溶解度通常是大于 1 g/L，且具有耐热性和水溶性。MCs 在一般条件下很难被去除，然而自然水体中的 MCs 在阳光照射或光敏剂的作用下，会发生光催化降解。但是因为富营养化水体透明度低、浊度高，所以光降解效果甚微。至于藻类产生 MCs 的原因，一直以来被视作研究的热点。有一种研究表明，在产毒藻属中，MCs 是通过非核糖体途径合成的。在其基因组中，合成 MCs 的结构基因以基因簇的形式存在，称为微囊藻毒素合成酶基因簇（*mcy*）。当外界环境因子诱导蓝藻类微生物发生细胞凋亡以及裂解时，细胞内 MCs 和其他次级肽就会被释放，同时剩余的蓝藻通过感知环境应激，产生信号，调控 MCs 生物合成，增强种群的适应能力。此过程说明 MCs 具有细胞外信号分子识别的功能。

微囊藻毒素在 1982 年被发现，Botes 等在铜绿微囊藻中第一次使用快速原子轰击质谱（FAB-MS）确定了其分子结构式。目前 80 多种微囊藻毒素已被发现，它们之间的共同特征是都含有环状七肽。微囊藻毒素其结构如图 6-1 所示，相对分子质量为 654～2 950，由 5～6 个氨基酸组成，一般结构组成：① 位置上是 D-丙氨酸，环状结构中处于②，④ 位的是两种可变的 L-氨基酸残基 X 和 Z，D-谷氨酸在⑥ 位置。另外 3 个特殊的氨基酸分别为：③ 位置的 D-赤-β-甲基天冬氨酸（Masp），⑤ 位置的（2S，3S，8S，9S）-3-氨基-β-

甲氧基-2,6,8-三甲基-10-苯十基-4,6-二烯酸（Adda），⑦ 位置的 N-脱氢丙氨酸（Mdha）。
因为 Adda 基团和 Masp 基团存在甲基化和去甲基化的差别，环肽结构② 位和④ 位存在
两个不同的可变 L-氨基酸的差别，使得 MCs 的种类更加多样化。其中 MC-LR（L 为亮
氨酸）、MC-RR（R 为精氨酸）和 MC-YR（Y 为酪氨酸）在水体中最为广泛，并且相对
含量较多。这三类是比较普遍的微囊藻毒素，也是危害水生生态以及人类健康的危险毒
素。在这些异构毒素当中，MC-LR 的毒性最强，是存在于我国蓝藻水华及污染水体中最
为普遍的一类亚型。图 6-2 为微囊藻毒素 MC-LR 的分子结构图。

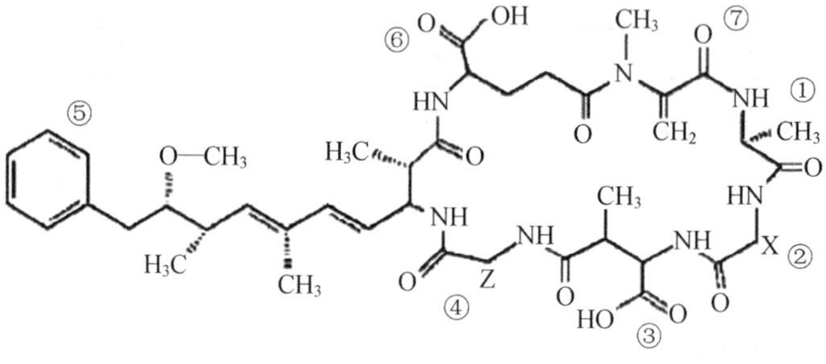

图 6-1　MCs 的化学分子结构通式

资料来源：国晓春，卢少勇，谢平，等. 微囊藻毒素的环境暴露、毒性和毒性作用机制研究进展[J]. 生
态毒理学报，2016，11（3）：61-71。

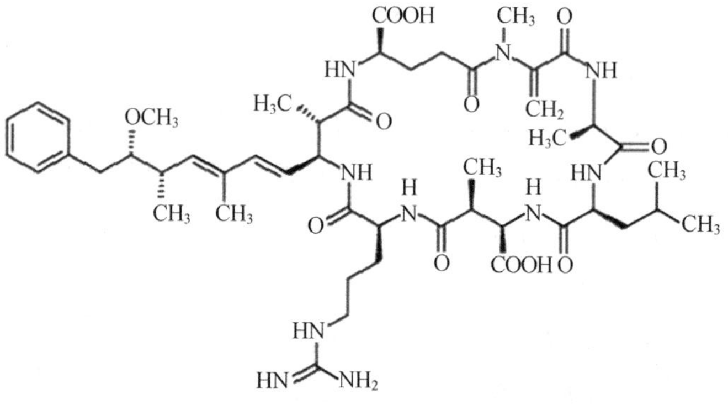

图 6-2　微囊藻毒素 MC-LR 分子结构图

资料来源：乔瑞平，李楠，漆新华，等. UV/H₂O₂ 催化氧化去除微囊藻毒素-LR[J]. 安全与环境学报，2005
（2）：46-49。

6.1.3　微囊藻毒素产生影响因素

（1）环境中氮（N）、磷（P）对蓝藻产毒的影响

Watanabe 等发现降低 P、N 的浓度会造成铜绿微囊藻的生长率明显下降，但对其产

毒影响不大。Sivonen 的研究则表明，高 N 环境利于颤藻（*Oscillatoria agardhii*）产生微囊藻毒素，而 P 浓度在 0.4～5.5 mg/L 时，对产毒没有太大的影响。鱼腥藻的肝毒性会随着 P 浓度的增加而增大，并且当培养基处于无 N 环境时（鱼腥藻为一种固氮蓝藻），微囊藻毒素的产量会达到峰值。通过对泰国一个发生微囊藻水华的水库的研究发现，其中毒素含量的变化与水体中总磷含量成正比。Vezie 等的研究表明，N、P 对铜绿微囊藻的生长和产毒都产生了明显的影响，但各个藻株的反应有所不同。通过多元回归和数学建模进行分析，得出的结论是 N、P 会共同作用影响微囊藻的产毒。

（2）微量元素对蓝藻产毒的影响

Maja Lukac 等研究了微量元素对铜绿微囊藻产毒的作用。结果表明，在无毒剂量下，Al、Cr、Cu、Cd、Mn、Ni 和 Sn 对微囊藻的产毒并没有多大影响，但是 Zn 对微囊藻的生长和产毒都有利，铁离子会明显影响其生长率和产毒量。当铁离子的浓度低于 2.5 μm 时，藻细胞生长缓慢，但产毒量增加了 20%～40%。Uktilne 认为，微囊藻毒素是通过非核糖体途径，由多肽合成酶催化合成的，同时藻毒素分子结合水中的 Fe^{3+}，经光照后还原为 Fe^{2+}，使细胞内 Fe^{2+} 的浓度增加，而结合了 Fe^{2+} 的微囊藻毒素分子能增强多肽合成酶的活性，促进微囊藻毒素加快合成。

（3）光照对蓝藻产毒的影响

光照强度对不同藻类产毒的影响结果不同。Watanabe 通过增加光照强度，使铜绿微囊藻的毒性增加了 4 倍多。而对颤藻（*Oscillatoria agardhii*）的研究表明，微囊藻毒素在低光照强度下的产量更大。有研究证明，绿色微囊藻低光强环境下，能促进其中微囊藻毒素的合成。同时，温度的调节也会影响光强对毒素形成的。在细胞从低强光转到高强光时，微囊藻毒素合成酶基因 mycD、mycB 的转录水平增强，反之亦然。光的性质会影响 mcyD、mcyB 的转录物，在不同光照强度下生长的细胞，其各自的毒素含量没有显著差异。

（4）温度对蓝藻产毒的影响

Watanabe 和 Oihsi 的研究发现，铜绿微囊藻在 18～25℃时毒性达到最高，在最适生长温度 32℃的条件下，约为其 1.5 倍。Van der Westhuizen 等的研究结果与其相似，在 20℃时微囊藻的毒性达到最高。同时研究还发现，此株微囊藻产生的藻毒素在不同温度下各种异构体之间有不同的比率。Sivonen 用几种可产毒的颤藻（*Oscillatoria agardhii*）做实验，发现绿色 *Oscillatoria agardhii* 97 的产毒与生长的最适温一致，均为 25℃；而红色 *Oscillatoria agardhii* CYA128 在 15℃、20℃、25℃时产毒量并无太大不同，在 30℃时达到最低值。

（5）其他因素对蓝藻产毒的影响

在不同 pH 环境下的检测结果表明，铜绿微囊藻在 pH=9.0 时，生长率最大，但是毒性却在更低或更高的 pH 时较大。Orr 等发现铜绿微囊藻的细胞分裂速率与毒素产率呈现很好的相关关系，认为环境因子会间接作用于毒素产生的代谢途径，通过影响细胞分裂速率来控制，产生毒素。还有研究结果表明，微囊藻细胞的能量状态，即腺苷酸能荷，可控制产生毒素。因此任何可影响腺苷酸能荷的因素，都可以调节毒素的产生，其中作用最大的是光照、营养（如磷、铁）。

6.2 藻毒素污染水平

6.2.1 藻毒素在饮用水系统中的污染现状

近几年，国内外有很多关于水源水、城市水厂出水和管网水被藻毒素污染的报道，检出的藻毒素种类包括柱孢藻毒素（cylindrosperm opsin-mospin，CYN）、微囊藻毒素（MCs、MC-LR 和 MC-RR 为主，MC-YR 较少）、鱼腥藻毒素 a（anatoxin-a，ANTX）和贝类藻毒素（saxitoxin，STX）等。由于藻毒素化学性质稳定，常规的给水处理工艺通常很难将其完全去除，有报道显示低浓度 MCs 污染水厂出水，致使饮用水存在安全隐患。

地表水藻毒素的污染状况已受到国内外的密切关注。2006 年 Graham 等对美国中西部 23 个湖泊进行检测，结果显示，30%的样品中 ANTX 的浓度为 0.1～9.5 μg/L，CYN、NOD 和 STX 也有不同程度检出，其浓度为 0.01～2.8 μg/L。Carlos 等分别在 2007 年 2 月和 7 月对巴西圣保罗市及其周边地区水库的水样进行检测，STX 只在 2 月样品中被检出，MCs（MC-LR、MC-RR 和 MC-YR）在 2 月和 7 月的样品中均被检测到。Jancula 等在 2010 年对捷克 19 座水库表层收集的 30 份水样进行检测，发现有 18 座水库的水样中检出 MCs，检出率高达 95%，MCs 浓度的中值和最大值分别为 1.5 μg/L 和 18.6 μg/L。Trainer 等对 2009—2014 年美国华盛顿州各区地表水连续检测，结果表明，丰度最高的藻毒素是 MCs，其次分别为 ANTX、STX 和 CYN。我国多个水源地、湖库、水厂出水和管网水中也检出藻毒素。根据陈建玲等报道，广州珠江流域水源水和管网水中均检出 MCs，其中水源水中 MCs 的检出浓度最高达 1.91 μg/L。Zhou 等在 2009—2010 年对太湖周围城市水源水和水厂出水进行检测，结果表明，MC-LR 的检出率分别为 60%（72/120）和 29%（45/156）。骆和东等对厦门市 2009 年夏季至 2010 年冬季的水源水和水厂出水进行检测，结果表明，MC-LR 和 MC-RR 检出率均超过 50%。郁晞等报道，2013 年上海淀山湖 MC-LR 和 MC-RR 的浓度分别为 7.0 μg/L 和 10.1 μg/L，在贻贝和螺旋壳中检测到 MCs 的存在。Zhang 等在 2013—2014 年对长江三角洲地区的油车水库、西九河、横江水库和长江等水样进行检测，MC-LR 的浓度为 0.5～2.6 μg/L。

6.2.2 藻毒素在自然水体中的污染现状

近半个世纪以来，因为水体富营养化而导致世界范围内的浮游藻类污染，很多国家和地区的天然水体中都检测出了 MCs。美国、德国、日本、澳大利亚、中国大陆及中国台湾地区等都曾对其境内的淡水湖泊、水库等饮用水水源中的水华现象进行了报道，分离并检测出了 MCs。

早在 20 世纪 60 年代，中国科学院南京地理所在对太湖进行科学考察时发现有条状分布的蓝藻出现。20 世纪 80 年代初，在有关部门的组织协调下，科研人员对全国范围内的水源水质展开了全面调查，结果显示 34 个湖泊中有 50%以上的湖泊面积均属于富营养化状态。这些湖泊主要位于工业企业相对密集区域、江河下游或人类频繁活动的大中城市的近郊。20 世纪 90 年代初，全国范围内淡水水体富营养状态日益严重，涉及范围也在不断扩大，3/5 的天然淡水湖泊出现不同程度的富营养化污染现象。除江苏太湖、云南滇池和安徽巢湖三大淡水湖已发生严重的蓝藻水华现象外，黄河、长江、松花江中下游等主要河流，以及武汉东湖、鄱阳湖、上海淀山湖等几大淡水湖泊及水库中也都相继发生了不同程度的蓝藻水华污染现象，并均检测到了 MCs 存在。

21 世纪后，各国加大了对水污染的治理力度，各类水体状况有所改观。但环境监测数据显示，水体污染状况的增长趋势再次出现。在 2005 年对官厅水库、密云水库和怀柔水库等北京市重要饮用水水源地进行了调查，发现在藻类的高发季节，MCs 在 3 个水库中均被检出，其中官厅水库 7 月的 MCs 值达到最高，为 20 μg/L。

2011 年 8 月，太原市汾河景区的迎泽大桥和南内环桥段暴发大规模的蓝藻水华污染，汾河两岸聚集了众多的藻类，连成了两条青色的"水华油漆带"，形成长达数千米的污染水域。这是汾河景区段首次遭遇的大面积水华污染。汾河的太原河段每年都会出现水华现象，多暴发于夏、秋两季。另外，有研究表明，鄱阳湖有些湖区已经出现了明显的蓝藻聚集现象，且蓝藻生物量逐年呈现增加的趋势。尤其在 2013—2014 年发现鄱阳湖的蓝藻水华分布区域显著扩增，如鄱阳湖主航道都昌水域、军山湖、撮箕湖、康山湖、战备湖等湖区水面均发现有蓝藻的水华污染，而蓝藻的大幅生长繁殖会增加微囊藻毒素的浓度。

6.2.3 微囊藻毒素在水产品中污染状况

溶解态 MCs 主要通过食物链转移、皮肤及消化道器官吸收等途径进入水生生物体。MCs 可在淡水水生植物以及鱼、虾和贝等多种水产品中累积、残留，产生生理毒性，同时会使水产品的食用存在安全隐患，经由食物链传递，最终对人体健康造成不良影响。2003 年，Chen 等在巢湖中自然生长的秀丽白虾、克氏原螯虾和日本沼虾等的肌肉、肝脏和生殖腺中，均检测到一定量的 MCs，干重样本中 MCs 平均含量为 40.0～4 290.0 ng/g。基于 WHO 规定的 MCs 对人体的每日耐受摄入量（TDI）0.04 ng/g（以 MC-LR 为基准），科研人员对虾肌肉、生殖腺和肝脏中的 MCs 进行健康风险评价，结果发现，样品 MCs 含量最高值是 WHO 推荐的 TDI 安全值的 142%，存在健康风险。

张君倩等在 2008 年 1 月及 5—10 月对滇池螺蛳样品中 MCs 含量进行监测，结果发现，螺蛳肌肉、性腺以及肝胰腺中均检测到 MCs 存在，含量均值分别为 0.35±0.43 μg/g、1.23±0.97 μg/g 和 3.38±1.90 μg/g（干重），性腺及肌肉中 MCs 含量均超过 WHO 推荐的 TDI 安全值；MCs 在各组织中含量最高值出现在 7 月，推测与蓝藻水华暴发存在一定关联。墨西哥 Lago Catemaco 湖的福寿螺肌肉中也检测到大量的 MCs。希腊 Pamvotis 湖食物网中浮游植物、浮游动物、贻贝、蜗牛、虾、鲤和青蛙等体内均检测到显著的 MCs 存在。

淡水鱼是世界各国普遍食用且产量较高的水产品，MCs 在淡水鱼体内的残留及其对人类健康造成的风险危害已越来越受到关注。徐海滨等调查发现鄱阳湖里的鲤肝脏中 MCs 含量为 2.80～27.2 ng/g。蒲朝文等发现在三峡库区采集的长江鱼肌肉中 MCs 平均含量为 0.244～0.569 ng/g。贾军梅等从太湖的梅梁湖、湖心区、南部沿岸区和西部沿岸区采集鲢、鲤和鲫等样品，发现其肌肉及肝脏等器官中均含有 MCs，且均超过 WHO 的 TDI 安全值。

国外也报道了一些关于 MCs 在淡水水产品中污染状况的研究，结果显示，MCs 在国外虾、鱼及贝等淡水产品中也广泛存在。Magalhaes 等发表了 2009—2010 年对巴西 Jacarepagua 湖中的罗非鱼体内的 MCs 残留跟踪调查结果，结果表明，鱼肌肉中 MCs 最高残留量达 337.3 ng/g，低密度水华环境下，仍然有 71.7%的样品体内的 MCs 含量超过 WHO 推荐的 TDI 安全值，且肌肉中 MCs 含量与蓝藻水华的暴发呈相关性。

Mitsoura 等在希腊 Karla 湖密集的蓝藻水华中捕获鲤，采用酶联免疫吸附法测定了鱼肾、鱼肝和肌肉组织中的 MCs，发现鲤的肾和肝中出现了严重的组织病理学变化，且受损程度与 MCs 含量有一定关联。Singh 等在印度瓦拉纳西 Lakshmikund 池塘鲤和鲶的肠、肾、胆囊和鳃等多个组织中均检出 MCs，且鲶中检出值远高于鲤，说明 MCs 累积程度存在种属差异性，可能与其食物结构等有关。

Amrani 等调查发现，阿尔及利亚贝拉湖鲤（*Cyprinus carpio*）肝胰腺中 MC-LR 含量为 343～771 ng/g（干重），肠中为 371～3 059 ng/g（干重），肌肉中为 329～680 ng/g（干重）；欧洲鳗鲡肝胰腺中 MC-LR 含量范围为 86～333 ng/g，肠中为 66～233 ng/g（干重），肌肉中为 54～67 ng/g（干重）。

Semyalo 等对乌干达 Victoria 湖、Mburo 湖和 Murchison 湾重要渔场的水体及鱼类体内的 MCs 进行检测。结果显示，从水体及捕获罗非鱼的肌肉、卵和肝脏中均检测到 MC-LR、MC-LF 的存在，其中有 3 组鱼体内游离 MCs 含量达到最高值，为 200 ng/g（干重）。

目前国内外关于 MCs 污染状况的报道大多是针对淡水水体和淡水水产品，鲜少有针对海产品中的 MCs 污染状况进行调查的。2007 年 10 月，Romo 等调查了西班牙最大的地中海 Albufera 湖，并对在其中采集的野生鱼类进行 MCs 的含量检测，结果在其肌肉肝脏、肠及鳃等组织中均检出 MCs。2007 年，旧金山河口和近岸海域浮游动物、蛤蜊及两栖类等生物组织中均检出较高浓度的 MCs，其检出值呈现季节变化的特征，且与水华暴发有关。2009—2010 年，Rita 等对意大利南部 Adriatic 海岸养殖的地中海贻贝中 MCs 含量进行检测，其 MCs 含量高达 256 ng/g。2015 年夏、秋季，Sedda 等对意大利撒丁岛沿岸 2 个地区小圆蛤体内 MCs 的污染水平进行监测，结果显示，最高值分别为 0.55 ng/g 和 0.85 ng/g。Magalhaes 等调查发现，巴西 Sepetiba 湾中蟹类肌肉中 MCs 检出为 0.25～103.32 ng/g。经健康风险评价，福建约一半海产贝类中 MCs 超过 WHO 推荐的 TDI 安全值，巴西 Sepetiba 湾 1/4 的鱼、蟹及虾等肌肉中 MCs 超过 WHO 推荐的 TDI 安全值。

2015 年夏季，汪靖等分别在福建省福州、莆田、厦门及宁德等城市，采集市售牡蛎、花蛤、缢蛏和紫贻贝 4 种海产贝类共 80 份，所有海产贝类均检出 MC-YR，牡蛎和缢蛏中均检出 3 种 MCs。其中，MC-L 检出值最高为 189 ng/g（厦门紫贻贝），MC-RR 检出值最高为 213 ng/g（宁德牡蛎），MC-YR 检出值最高为 195 ng/g（宁德花蛤）。

综上可见，无论在国内还是国外的海域中，MCs 在海产品中污染情况较为普遍，季节、品种和区域等因素会影响其残留量，因此，海产品中的 MCs 残留情况同样不容忽视。

另有研究表明，海洋贝类具有滤食特性，即对海水中的 MCs 具有较强的富集能力，牡蛎、海螺、蛤蜊和海贻贝等对海水中 MCs 的富集高达 107%。当海水中 MCs 浓度低于检测限时，紫贻贝中仍可检测出 MCs，由此可见，海洋贝类对 MCs 富集的能力较强。

6.2.4　微囊藻毒素在土壤中的污染现状

随着微囊藻毒素在水环境中广泛存在且被普遍检出，其可在水生生物体内被富集，并且通过食物链对人类健康造成危害，已引起世界各国持续的关注。人们研究的重点开始集中于 MCs 的影响因素及其产生机理、水环境中 MCs 的污染特征与环境行为等方面，从而不断推动着水生生物学和水环境学等学科的发展。另外，被微囊藻毒素污染的水体还可能通过溢流、灌溉、打捞堆放等方式进入周边耕地中，值得注意的是，一些地区甚至利用打捞来的藻类作为有机肥料，施用于耕地中，藻类肥料中的藻细胞一旦破裂，将释放高浓度 MCs，严重污染耕地。同时，因为 MCs 易溶于水，在土壤中易被农作物吸收积累，进而危害农作物的生长乃至农产品的安全。

Chen 等检测了经由三级人工湿地系统处理蓝藻污染后的太湖周边地区，发现地下水、耕地甚至农作物中均存在 MCs，含量分别高达 6.6 μg/kg、1.2 μg/L 和 365 μg/kg。詹晓静等研究了重金属铬与 MC-LR 复合污染对白菜种子发芽的影响，发现在较大浓度的

MC-LR、较低浓度铬的条件下，MC-LR 对白菜种子发芽的生态毒性效应会显著增强。但是，迄今为止关于耕地中 MCs 的相关调查仍十分稀缺，有关耕地中 MCs 环境问题的研究还较为薄弱，尤其缺乏有关其对土壤的环境行为方面的研究。

6.3 藻毒素对健康的影响

淡水中微囊藻毒素不仅会直接污染饮用水水源，而且还可以在水生生物体内富集，并存留相当高的浓度，最终通过食物链进入人体，直接威胁人类的健康和生存。世界卫生组织（WHO）及我国《生活饮用水卫生标准》（GB 5749—2006）已将 MC-LR 标准限值规定为 1.0 μg/L。

微囊藻毒素是一类肽毒素，大量研究表明，肝脏是其主要的靶器官，微囊藻毒素具有极高的专一生物活性和细胞选择性。动物经静脉或腹腔注射后出现竖毛、嗜睡、苍白、脚趾和尾部冰冷、呼吸急促、后肢瘫痪等急性中毒现象。在组织病理学上，其对肝脏的损伤主要表现为肝脏大面积出血、淤血、肿胀、坏死、肝细胞结构破坏、肝体比重增加。

血清酶学表现为乳酸脱氢酶渗漏，碱性磷酯酸和谷酰基转移酶合成酶升高，蛋白磷酸酯酶 1 和 2A 受到抑制。在光学显微镜下可见，血窦内皮损伤、细胞间隙增大、肝窦状血管破坏、电学显微镜下肝细胞超微结构发生改变、粗面内质网发生折叠、胞质空泡样变、线粒体脊膜扩张、细胞内器重新分布、浆膜反折、肝细胞坏死融合成带，出现桥接样坏死的症状。

微囊藻毒素的致毒机理目前有以下两种观点。一种观点认为，微囊藻毒素通过与蛋白磷酸酶（protein phosphatase）中的苏氨酸残基或丝氨酸结合，通过抑制其活性，从而相对增加了蛋白激酶的活力，打破了脱磷酸化和磷酸化的平衡，诱发细胞角蛋白发生高度磷酸化现象，使哺乳动物肝细胞微丝分解、破裂，肝充血肿大，动物失血休克死亡，并能促进肿瘤的发生。另一种观点认为，微囊藻毒素促进脂质过氧化反应，使机体内氧自由基失去产生与清除的平衡，这些化学性质十分活跃的自由基会迅速对机体产生作用，造成强烈损伤。许多疾病和外源性损伤的病理过程都与自由基有关，自由基反应是组织损伤的基础。经人群流行病学调查发现，当水中 MCs 的平均浓度低于 0.3 mg/L 时，长期饮用此水会对人体肝脏造成损害，引起血清中部分肝脏酶含量升高，最终导致肝癌高发。微囊藻毒素除了直接损伤肝细胞，还能诱导原代培养肝细胞的明显损伤，表现为肝细胞活跃增殖，出现双核、大核等增生表现，显著升高乳酸脱氢酶的释放率，且具有时间剂量-反应关系，同时还可以升高细胞内的活性氧类物质。随剂量增大和染毒时间延长，继而形成团块状的细胞，且增生活跃。细胞收缩，核也收缩成颗粒状，大部分细胞核膜完整，部分细胞会崩解。细胞、分子水平的研究表明，MCs 不仅能在染色体水平上造成遗传损伤，影响细胞的分裂增殖，还可以直接作用于 DNA 分子，引起 DNA 分子移码型突变。另外，它可诱导人内皮细胞、人成纤维细胞和上皮细胞、大鼠早幼粒细胞发生一系列典型的细胞凋亡的生化和形态学改变，包括染色质浓缩、细胞皱缩、磷酸酯丝氨酸的外露，进而形成凋亡小体，使 DNA 发生片段化的改变。体内实验也证明在微囊藻毒素诱导的肝细胞损伤中细胞凋亡起重要作用。

Bhattacharya 等给大鼠腹腔注射 MCs，发现血中尿素增加，肌酸水平升高，白蛋白含量下降，随后尿中出现蛋白质、血红素胆红素，而肾脏乳酸脱氢酶及谷草转氨酶下降，提示 MCs 具有肾毒性。另有研究证明，MCs 能引起动物超微结构及心肌细胞病理学的损伤。Leclaire 等发现 MCs 是心脏病的潜在致病因素，它会引起心脏输出量下降、血压降低、血管扩张、心率下降、周围血管发生低血压反应。另外，有科研人员在浙江海宁的大肠癌高发区进行调查，研究表明大肠癌的危险因素之一是饮用河水、池塘水等浅表水，其中 MCs 的含量与大肠癌的发病率呈正相关。美国科研人员用病例对照的研究方法，发现某些腹泻病人粪便中含有 MCs，与被 MCs 污染的饮用水有关，并建议今后当出现不明原因迁延性腹泻时，诊断时应考虑藻类因素。

研究人员还发现，在无脊椎动物性腺中，微囊藻毒素大量累积，其可在卵中大量存留，并传递到后代。因此，微囊藻毒素对包括人类在内的哺乳动物生殖的影响应该受到人们的关注和重视。

6.4 藻毒素样品前处理

6.4.1 水体样品中藻毒素（MCs）的提取

用采水器采集 1 500～2 000 mL 水样（水样采集后，应在 4 h 内完成以下前处理步骤）。经 500 目的不锈钢筛过滤（目的是除去水样中大部分浮游生物和悬浮物）。取过滤后的水样 1 200 mL，置于玻璃杯式滤器中，依次经 GF/C 玻璃纤维滤膜和 0.45 μm 乙酸纤维酯滤膜减压过滤。准确量取 1 000 mL 滤液置于棕色试剂瓶中。

注：若减压过滤或离心后的水样不能立即分析，可置于玻璃容器中，20℃环境下保存，30 d 内分析完毕。

6.4.2 蓝藻样品中藻毒素的提取

藻毒素总量即胞外藻毒素与胞内藻毒素之和，除可单独测定胞内外藻毒素含量之外，还可以通过常温臭氧氧化等处理方法直接测定藻毒素总量。

（1）胞外藻毒素提取

胞外藻毒素提取步骤如下：取 1 L 水样过 GF/C 玻璃纤维滤膜（1.2 μm，Whatman，Brent ford，UK），将过滤后的水样以 1 mL/min 的速度流经活化好的 0.2 g HLB 富集柱（Oasis®，Waters，Milford，MA，USA），然后将柱子用 15 mL 5%的甲醇溶液淋洗（目的是去除杂质），最后用 10 mL 100%的甲醇溶液洗脱，用玻璃管收集洗脱液。将收集的洗脱液用氮吹仪（EYELA，MG-2200）吹干，用 100%甲醇溶解残留物，溶解后再用真空离心浓缩仪（EYELA，Centrifugal，Evaporator，CVE-2000）浓缩，最后用 500 μL 100%甲醇将浓缩后的残留物溶解，待测。

（2）胞内藻毒素提取

胞内藻毒素提取具体步骤如下：将上述过滤后有藻类的 GF/C 滤膜，记录好过滤体积数，然后冷冻干燥，剪碎滤膜置于 50 mL 离心管中，同时吸取 5 mL 5%的乙酸加入离心管，一共吸取 3 次，共加入 15 mL。用超声波破碎仪粉碎 5 min，再在 4℃条件下以 10 000 r/min 用离心机（Thermo Fisher，Heraeus，Multifuge，X1R）离心 15 min 得到上清液。吸取上清液，重复以上步骤三次，收集上清液，等待下一步固相萃取。3 次得到的上清液中完成藻毒素固相萃取，并用后续实验步骤、方法同上述待测液分别完成对胞内和胞外藻毒素的提取。

（3）藻毒素总量提取

取 1 000 mg 冷冻干燥后的藻粉，放入烧杯中，加入 70%甲醇恒温搅拌一段时间，然后进行超声破碎。通入臭氧气流进行氧化，氧化以及后续的甲酯化处理过程如下所述。

向 2 mL 水样中加入内标物 4-苯基丁酸（4-PB）和适量藻毒素，利用稀硫酸调节溶液 pH，使 pH 在 3.0 左右。常温条件下，向溶液中持续通入臭氧 1～20 min，气流量为 100 mL/min。反应结束后，通入高纯氮气 10 min 去除过量的氧气，终止氧化反应。移取 400 μL 氧化后的反应液于锥形玻璃瓶中，依次加入甲醇、吡啶、氯甲酸甲酯（MCF）混合摇匀，超声反应（1～30 min），用氯仿萃取分离甲酯化产物 2-甲基-3-甲氧基-4-苯基丁酸（MMPB）。同时，加入 20 μL 饱和 NaCl 溶液（目的是加强液液萃取分离的程度）。利用混旋仪混旋 2 min 后，静置分层后，移取有机相进行 GC-MS 分析测定。

6.4.3　动物样品中藻毒素的提取

（1）游离态藻毒素的提取

主要以动物的卵和肌肉等食用组织样本为主，需先将样本冻干后研磨粉碎或打成匀浆，这样可以充分提取组织中的藻毒素。对动物组织中藻毒素的含量进行分析检测时，需使用适当的溶剂及辅助手段，将目标化合物从样品中转移至易于净化、分析的提取液中。常见的动物样品中藻毒素提取方法有热水浴、振荡、旋涡、微波辅助提取

（Microwave-assisted Extraction，MAE）和加速溶剂萃取（accelerated solvent extraction，ASE）等。振荡、旋涡和热水浴的方法操作简单方便，可节约有机溶剂，避免有机溶剂残留干扰后续的检测。MAE 是常见的样品前处理方法之一，是利用微波加热来加速溶解，完成对固体样品中目标萃取物的萃取过程。ASE 是一种能从固体和半固体基质中提取分析物的样品萃取技术，通过控制萃取溶剂的温度和压力，降低溶剂黏度，提高被分析物的溶解性，加快解吸动力学过程，加速溶剂向基体中的扩散速度，从而提高萃取过程的速度和效率。MAE、ASE 均具有提取效率高、耗时短和消耗溶剂少等优点，且 ASE 法对提取粉末状样品中的藻毒素更高效。

（2）结合态藻毒素提取

藻毒素不仅以溶解态（游离态）毒素的形式在动物体中积累，还可以在生物细胞内与磷酸蛋白激酶特异性结合，形成结合态藻毒素。有学者研究发现，鲤肌肉在煮熟后会释放原本与磷酸酶偶联的藻毒素，使得藻毒素的平均检出量高于未煮熟的肌肉。通过加入胰蛋白酶和胃蛋白酶或高温等方法提取在太湖中采集的受污染鱼类、贝类等样品中的藻毒素，结果测得各实验组得到的藻毒素含量均高于对照组，且蛋白酶可使藻毒素-肽键断裂，还使细胞内结合态的藻毒素被释放，使得蛋白酶组测得的藻毒素数据远高于其他组。因此，研究结合态藻毒素及其总量检测分析方法，对水产品的食用质量安全具有重要意义。

动物体中结合态藻毒素还可经衍生化、氧化和甲酯化等方法处理，转化为中间产物2-甲基-3-甲氧基-4-苯基丁酸（MMPB）后被测定。藻毒素分子中 Adda 侧链上的共轭双键经过衍生化、氧化和甲酯化等方法处理后，可生成自然界中尚未发现的物质 2-甲基-3-甲氧基-4-苯基丁酸（MMPB），该前处理方法不仅可以得到样品中藻毒素的游离态，还可得到藻毒素的结合态，适用于对样品中藻毒素总量的提取及分析，称为 MMPB 法。常见的氧化剂有高锰酸钾、过氧化氢、高碘酸钾和臭氧等。常见的衍生化试剂有二乙胺 *N,N*-二异丙基碳酰二亚胺、氯甲酸甲酯和六氟丙醇等。据文献报道，藻毒素总量提取方法的研究多集中在蓝藻、富营养化水体和淡水水产品等样品上面，因此，亟须进一步开发分析动物体中藻毒素总量的方法。

6.4.4　样品中藻毒素的富集及纯化技术

各种藻毒素样品基质复杂，提取液经过滤或离心等简单处理过程不能完全去除蛋白等大分子、脂肪，需要经过进一步可靠、合理的净化手段获得纯度较高的净化液，以减少对精密分析仪器的污染和基质干扰带来的偏差。

实现样品中微量/痕量藻毒素的高效富集和净化，是准确测定样品中藻毒素过程中必不可少的一环，也是极其重要的一步。富集微量藻毒素的目标是最大限度地吸附样品中的藻毒素,尽量减少干扰物,方法尽量简单、重现性好。目前,技术发展比较成熟、富集效率较高和使用较多的样品中藻毒素的富集技术主要有被动固相吸附技术、液液萃取技术、固相萃取技术(SPE)、磁性固相微萃取技术、搅拌棒吸附萃取技术(SBSE)、基质分散固相萃取技术(DSPE)和分子印迹新材料富集技术等。各种技术在样品中不同类别藻毒素的富集和分离方面有各自独特的优点,同时也存在各自的不足之处。

SPE 是样品前处理中应用较为广泛的净化方法,可以从复杂的基质中迅速提取待测物,且稳定性好、萃取率较高。常用于样品中藻毒素净化萃取柱有硅胶柱、C_{18}柱、弗罗里硅土柱和 HLB 柱等。虽然 HLB 方法回收率较高且更稳定,但由于 DSPE 法可有效减少约 50%的操作时间,并有效降低约九成的检测成本,更适用于样品的批量检测。

SBSE 是一种新型的样品前处理技术,基于待测物质在萃取涂层及样品中平衡分配,从而进行分离萃取,该技术有较高的灵敏度,对于某些待测物检测限可达到 ng/L 以下的质量浓度水平。该方法具有良好的重复性和准确度,且具有特异性好的 HLB/pdms 涂层,可回收后反复利用,节约检测成本,有望进一步提高 SBSE 方法的萃取效率,以便扩大该法的适用范围。

6.5 藻毒素检测技术

6.5.1 气相色谱-质谱联用法

(1)气相色谱-质谱联用法概念与原理

气相色谱-质谱联用技术(GS-MS)在环境检测中检测精度较高,并且操作较方便,因此被广泛推广,这项技术主要是通过将气相色谱的分离分析和质谱的高分辨结构鉴定的特点相结合,提高检测的精度。气相色谱-质谱联用技术普遍适用于多种环境下的检测,同时检测的灵敏度比较高,检测方法较稳定,准确率也有所保障,针对于多组分复杂样品和痕量物质的分析检测具有非常好的效果,主要被推广用于对环境中的水体以及土壤、空气、固体废物等方面的检测,是我国认可的标准化检测方法。

气相色谱-质谱联用技术原理:气相色谱技术是利用一定温度下固定相中分配系数和不同化合物在流动相(载气)的差异,使不同化合物按时间先后在色谱柱中流出,从而分离分析。色谱峰高或峰面积是定量的手段,保留时间是气相色谱进行定性的依据,所以气相色谱可以有效地对复杂的混合物进行定性和定量分析。其特点在于良好的灵敏度和高效的分离能力。由于一根色谱柱不能完全分离所有化合物,以保留时间作为定性指标的方法,往往存在明显的局限性,所以对于同位素化合物或者同分异构化合物的分离效果较差。

质谱技术是将汽化的样品分子在高真空的离子源内转化为带电离子，经电离、引出和聚焦后进入质量分析器，在电场或磁场作用下，按空间位置或时间先后进行质荷比（质量和电荷的比，m/z）分离，最后被离子检测器检测。其主要特点是能给出化合物的分子量、分子式及结构信息。在一定条件下所得的质谱碎片图及相应强度，如指纹图般易于辨识，方法较为灵敏。但质谱最大的不足之处是无法满足复杂物质的分析，要求样品是单一组分。

气相色谱-质谱联用技术是在色谱和质谱技术的基础上，充分利用气相色谱对复杂有机化合物的高效分离能力和质谱对化合物的准确鉴定能力进行定量和定性分析的一门技术。在 GC-MS 中，气相色谱是质谱的预处理器，而质谱是气相色谱的检测器。两者的联用不仅获得了气相色谱中强度信息、保留时间，还有质谱中的强度信息和质荷比。同时，计算机的发展提高了仪器的各种性能，如数据收集处理、运行时间、谱库检索、定性定量及故障诊断等。因此，GC-MS 的分析方法不但能使样品的分离、鉴定、定量一次快速地完成，还对批量物质的整体和动态分析起到了很大的促进作用。

MCs 是一类具有生物活性的 7 肽结构化合物，目前多达 70 个 MCs 化合物已被鉴定，这些化合物具有一个共性化学特征，即在高锰酸钾（$KMnO_4$）、高碘酸钠（$NaIO_4$）以及臭氧（O_3）等氧化剂存在的条件下能选择性地氧化 MCs 分子中不饱和双键，产生氧化物 2-甲基-3-甲氧基-4-苯基丁酸（MMPB）。由于 MCs 的氧化产物 MMPB 包含羧基极性官能团，且分子量较大，所以在进行 GC-MS 检测时，MMPB 容易吸附在 GC 的毛细管柱内而且自身挥发性很差。因此，可以利用衍生化技术，将 MMPB 的羧基进行衍生化以达到提高灵敏度、有效地改善色谱峰形的目的。利用衍生化试剂与分子中的羧基基团发生酯化反应，生成衍生化产物（MMPB-OCH_3），是 MMPB 常见的衍生化技术。相对 MMPB 而言，MMPB-OCH_3 的沸点降低，挥发性增强，更利于进行气质分析，可以间接地了解有关 MMPB 的详细信息。

（2）气相色谱-质谱联用法检测步骤

以氧化微囊藻毒素以及 MMPB 甲酯化反应为例。

1）样品前处理：

向 2 mL 水样中加入内标物 4-苯基丁酸（4-PB）和适量 MCs，4-苯基丁酸（4-PB）因其化学结构及性质与 MMPB 非常相似，故称为内标物。利用稀硫酸调节溶液 pH 至 3.0 左右。常温条件下，向溶液中持续通入臭氧 1～20 min，气流量为 100 mL/min。反应结束后，通入高纯氮气 10 min 去除过量的氧气，终止氧化反应（原理如图 6-3 所示）。移取 400 μL 氧化后的反应液于锥形玻璃瓶中，依次加入甲醇、吡啶、MCF 混合摇匀，超声反应（1～30 min），用氯仿萃取分离 MMPB 的甲酯化产物。同时，加入 20 μL 饱和 NaCl 溶液，加强液液萃取分离的程度。利用混旋仪混旋 2 min 后，静置分层后，移取有机相进行 GC-MS 分析测定。

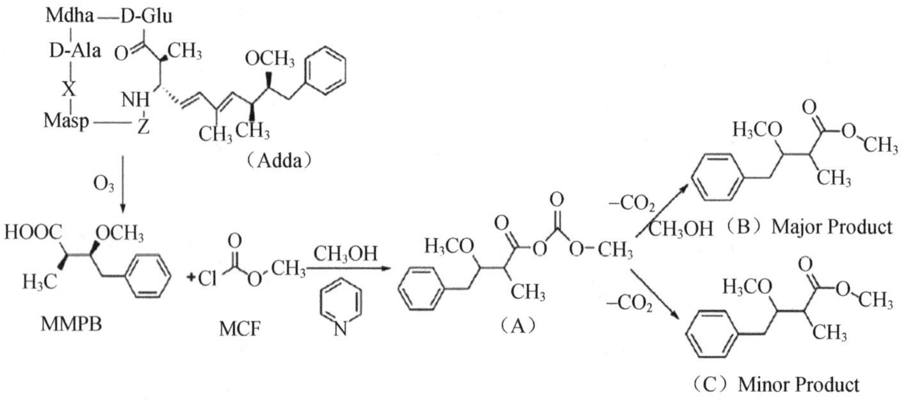

图 6-3 臭氧氧化微囊藻毒素生成 MMPB 及 MMPB 的甲酯化反应

资料来源：张玲玲. 微囊藻毒素总量的快速检测方法研究[D]. 无锡：江南大学，2016。

2）仪器分析条件：

DB-5MS 毛细管色谱柱（30 m×0.25 mm，0.25 μm，Agilent，USA）；柱初始温度 90℃，保持 1 min；以 15℃/min 的速率升温至 250℃，保持 4 min；进样口温度 260℃；进样方式是不分流进样；载气：He（≥99.999%）；流速：1 mL/min；进样量：1.0 μL。

MS 条件：电离方式为电子轰击电离（EI）；四极杆质量分析器；检测器为电子倍增器；检测器电压 350 V；离子源温度 200℃；电子能量：70 eV；传输线温度 260℃。

3）MMPB 衍生化产物的分析：

以 MMPB 与 4-PB 的衍生化产物（MMPB-OCH₃ 和 4-PB-OCH₃）的峰面积比值作为检测信号，通过质谱的全扫描（SCAN）和选择离子扫描（SIM）模式获取 MMPB-OCH₃ 和 4-PB-OCH₃ 的质谱图信息。如图 6-4 所示，由于 MMPB-OCH₃ 和 4-PB-OCH₃ 的色谱保留参数不同，其出峰时间分别为 7.88 min、6.64 min。图 6-5 为 MMPB-OCH₃ 的电子轰击电离（EI）质谱图，质荷比 190、135 和 91 均是 MMPB-OCH₃ 的碎片离子，据此可对目标物进行定性、定量分析。

（3）气相色谱-质谱联用法的优缺点

①分离效率高，分析速度快。如可将汽油样品在 2 h 内分离出 200 多个色谱峰，一般的样品分析可在 20 min 内完成。

②选择性好，可分析、分离恒沸混合物，沸点相近的物质，某些旋光异构体，顺式与反式异构体，对、间、邻位异构体以及同位素等。

③检测灵敏度高，样品用量少。如气体样品用量为 1 mL，液体样品用量为 0.1 μL，固体样品用量为几微克。用适当的检测器能检测出含量在十亿分之几至百万分之十几的杂质。

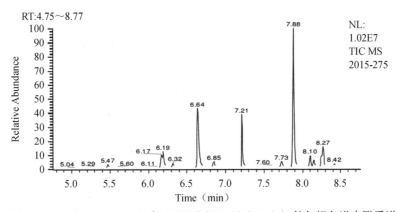

图 6-4　MMPB-OCH₃（7.88 min）和 4-PB-OCH₃（6.64 min）的气相色谱串联质谱分离图

资料来源：张玲玲. 微囊藻毒素总量的快速检测方法研究[D]. 无锡：江南大学，2016。

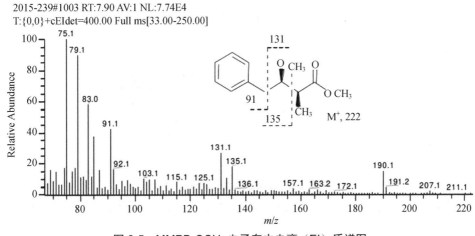

图 6-5　MMPB-OCH₃ 电子轰击电离（EI）质谱图

资料来源：张玲玲. 微囊藻毒素总量的快速检测方法研究[D]. 无锡：江南大学，2016。

④ 应用范围广。虽然主要用于分析各种气体和易挥发的有机物质，但在一定的条件下，也可以分析固体样品和高沸点物质。主要的应用领域有石油工业、临床化学、药物学、环境保护、食品工业等。

⑤ 在对组分直接进行定性分析时，必须用已知数据或已知物与相应的色谱峰进行对比，或与其他方法（如光谱、质谱）联用，才能获得直接肯定的结果。在定量分析时，常需要用已知物纯样品对检测后输出的信号进行校正。

6.5.2　高效液相色谱

（1）高效液相色谱概念与原理

高效液相色谱法（high performance liquid chromatography，HPLC）又称高速液相色

谱、高压液相色谱、近代柱色谱、高分离度液相色谱等。高效液相色谱是色谱法的一个重要分支，采用高压输液系统，以液体为流动相，并采用颗粒极细的高效固定相，将具有不同比例的混合溶剂、缓冲液或不同极性的单一溶剂等流动相泵入装有固定相的色谱柱，在柱内完成各种成分的分离，再依次进入检测器进行检测，实现对试样的分析。高效液相色谱对样品的适用性广，不受热稳定性和分析对象挥发性的限制，弥补了气相色谱法的不足。在目前已知的有机化合物中，可用气相色谱分析的约占 1/5，而其他 4/5 则需用高效液相色谱来分析。

高效液相色谱分析的流程如下（图 6-6）：由泵将储液瓶中的溶剂吸入色谱系统，输出，经压力与流量测量之后，导入进样器。被测物由进样器注入，随流动相通过色谱柱，在柱上进行分离，进入检测器，检测信号由数据处理设备采集与处理，记录为色谱图。废液流入废液瓶。遇到复杂的混合物分离（极性范围比较宽）还可用梯度控制器作梯度洗脱。这与气相色谱的程序升温类似，不同的是 HPLC 改变的是流动相极性，而气相色谱改变温度。

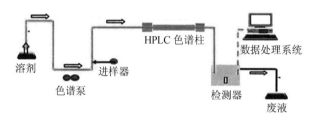

图 6-6　高效液相色谱仪模块图

资料来源：李克丽. 界面聚合法制备高效液相色谱手性固定相的研究[D]. 昆明：云南师范大学，2018。

高效液相色谱的分离过程同其他色谱过程一样，也是溶质在流动相和固定相之间进行的一种交换过程，可连续多次交换。它借溶质在两相间亲和力、分配系数、分子大小或者吸附力不同而引起的排阻作用的差别，使不同溶质得以分离。

目前，我国国家标准中对微囊藻毒素的检测方法参考《水中微囊藻毒素的测定》（GB/T 20466—2006），高效液相色谱法是其中一种重要的检测方法。

（2）高效液相色谱法检测步骤

参考标准为《水中微囊藻毒素的测定》（GB/T 20466—2006）。

1）方法提要：

在波长 238 nm 下，微囊藻毒素有特异的吸收峰。不同的微囊藻毒素异构体在高效液相色谱中有不同的保留时间，与标准微囊藻毒素的保留时间进行比较，可确定样品中微囊藻毒素的组成。依据出峰面积，计算水样中微囊藻毒素的含量。

2）试剂和溶液：

除非另有规定，仅使用分析纯试剂、蒸馏水或去离子水。

① 甲醇：色谱纯。

② 20%（体积分数）甲醇溶液：80 mL 水与 20 mL 甲醇混合。

③ 50%（体积分数）甲醇溶液：50 mL 水与 50 mL 甲醇混合。

④ 磷酸二氢钾溶液（0.05 mol/L）：称取 0.68 g 磷酸二氢钾，用水溶解，定容至 100 mL。

⑤ 20%（体积分数）磷酸溶液：20 mL 磷酸与 80 mL 水混合。

⑥ 三氟乙酸（TFA）：色谱纯。

⑦ 磷酸盐缓冲溶液：用 20%（体积分数）磷酸溶液将磷酸二氢钾溶液调节 pH 至 3.0。

⑧ 淋洗溶液：10 mL 水；10 mL 20%（体积分数）甲醇溶液。

⑨ 洗脱溶液（酸化甲醇溶液）：用甲醇定容 0.1 mL 三氟乙酸至 100 mL。

⑩ 微囊藻毒素标准品：微囊藻毒素-RR（MC-RR）、微囊藻毒素-LR（MC-LR）、微囊藻毒素-YR（MC-YR），纯度不低于 95%。

⑪ 微囊藻毒素标准储备液：分别称取微囊藻毒素标准品 MC-RR、MC-LR、MC-YR 各 0.5 mg（按实际含量折算），用 500 μL 甲醇溶解，再用纯水定容至 50 mL，−20℃保存。此标准储备溶液的浓度约为 10 μg/mL。

⑫ 标准系列溶液：用 20%（体积分数）甲醇将微囊藻毒素标准储备溶液分别稀释至约 0 μg/mL、0.1 μg/mL、0.2 μg/mL、0.5 μg/mL、1 μg/mL、2 μg/mL、5 μg/mL、10 μg/mL（现用现配）。

3）仪器和设备：

① 不锈钢或玻璃杯式滤器，250 mL。

② 不锈钢筛，500 目。

③ 滤膜：GF/C 玻璃纤维滤膜和 0.45 μm 乙酸纤维酯滤膜。

④ 抽滤瓶，带真空泵。

⑤ 50 mL 玻璃注射器、100 mL 玻璃注射器或 SPE 固相萃取装置。

⑥ C_{18} 固相萃取小柱：Sep-pak 柱，500 mg/6 mL。

⑦ 吹氮浓缩器或旋转蒸发器。

⑧ 涡旋混合器。

⑨ 高效液相色谱仪，配有紫外可见光检测器。

⑩ 色谱柱：C_{18} 反相柱，柱长 250 mm，内径 4.6 mm，填料粒径 5 μm。

4）分析步骤：

① 水样的采集和保存。

用采水器采集 1 500～2000 mL 水样（水样采集后，应在 4 h 内完成以下前处理步骤）。

用 500 目的不锈钢筛过滤（目的是除去水样中大部分浮游生物和悬浮物）。取过滤后的水样 1 200 mL 置于玻璃杯式滤器中，依次经 GF/C 玻璃纤维滤膜和 0.45 μm 乙酸纤维酯滤膜减压过滤。准确量取 1 000 mL 滤液置于棕色试剂瓶中。

注：如减压过滤后的水样不能立即分析，可置于玻璃容器中，在-20℃保存，30 d 内分析完毕。

② 水样的富集和洗脱。

C_{18} 固相萃取小柱预活化。用玻璃注射器吸取 10 mL 甲醇，注入 C_{18} 固相萃取小柱，自然滴下。当甲醇液面接近小柱上层筛片时，加入 10～15 mL 纯水活化（活化过程，不应使 C_{18} 固相萃取小柱变干，萃取小柱中应始终充满液体）。连接 SPE 固相萃取装置，或 50 mL 或 100 mL 玻璃注射器。

微囊藻毒素的富集和洗脱。将 1 000 mL 水样滤液依次注入 SPE 固相萃取装置、50 mL 玻璃注射器或 100 mL 玻璃注射器中，使水样滤液流经预先活化的 C_{18} 固相萃取小柱进行富集（控制流速为 8～10 mL/min）。富集完毕，依次用淋洗溶液淋洗 C_{18} 固相萃取小柱。再用 10 mL 洗脱溶液洗脱微囊藻毒素（萃取过程，不应使 C_{18} 固相萃取小柱变干，萃取小柱中应始终充满液体）。洗脱液收集在玻璃容器中。保留富集后的水样，用于再次富集。

再次富集和洗脱。按微囊藻毒素的富集和洗脱的操作步骤，再次富集、洗脱。

注：条件允许的实验室可选择较大柱容量的 C_{18} 固相萃取小柱，其过程只需对水样富集、洗脱一次。

③ 定容。

将两次洗脱液混合，在 40℃下用旋转蒸发器或氮吹仪浓缩至干。用 1 mL 甲醇分两次，每次各 0.5 mL，溶解浓缩至干的物质，用涡旋混合器充分涡旋混合 1 min。用尖嘴吸管取出，离心干燥（或小股氮气流吹干），加 50%（体积分数）甲醇溶液定容至 100 μL。此步骤均应在玻璃容器中操作。

5）测定：

① 色谱条件。

色谱柱温度：40℃；

流动相：甲醇［参考"2）试剂和溶液"的①］与磷酸盐缓冲溶液［参考"2）试剂和溶液"的⑦］按体积比 57∶43 混合；

流速：1 mL/min。

检测器：紫外可见光检测器波长 238 nm。

② 定量。

用进样器分别吸取 10 μL 标准系列溶液［参考"2）试剂和溶液"的⑫］，注入高效液相色谱仪［参考"3）仪器和设备"的⑨］。在上述色谱条件下［参考"5）测定"的①］测定标准系列溶液的响应峰面积。以响应峰面积为纵坐标，标准系列溶液的浓度为横坐标，绘制标准曲线或计算回归方程。

吸取 10 mL 试样［参考"4）分析步骤"的③］注入液相色谱仪，在上述色谱条件下［参考"5）测定"的①］测定试样的响应峰面积，此峰值应在仪器检测的线性范围内。依据测定的响应峰面积，用回归方程计算出（或在标准曲线上查出）水样中微囊藻毒素的含量。

在上述色谱条件下，MC-RR、MC-YR、MC-LR 的保留时间分别约为 8.8 min、9.5 min、10.6 min。在上述色谱条件下，标样及水样中微囊藻毒素的色谱图见图 6-7 和图 6-8。

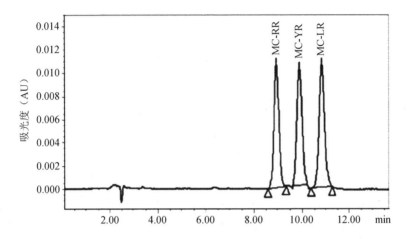

图 6-7 微囊藻毒素（MC-YR、MC-RR、MC-LR）标样色谱图

资料来源：《水中微囊藻毒素的测定》（GB/T 20466—2006）。

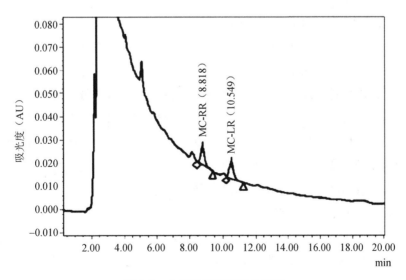

图 6-8 水样微囊藻毒素色谱图

资料来源：《水中微囊藻毒素的测定》（GB/T 20466—2006）。

6）结果计算：

水样中微囊藻毒素的含量（X_1）以 μg/L 表示，按下式计算：

$$X_1 = \frac{c_1 \times V_1}{V}$$

式中：X_1——分别代表 MC-RR、MC-YR、MC-LR 的质量浓度，μg/L；

    c_1——从标准曲线上查出的微囊藻毒素（MC-RR、MC-YR、MC-LR）的含量，μg/mL；

    V_1——水样定容体积数，mL；

    V——采集水样的体积数值，mL。

计算结果应保留至小数点后两位。

7）允许差：

同一水样，两次平行测定结果之差，不得超过平均值的 10%。

（3）高效液相色谱法优缺点

高效液相色谱法主要具有"四高一广"的特点：

①高速：分析速度快、载液流速快，较经典液体色谱法速度快得多，通常分析一个样品在 15～30 min，有些样品甚至在 5 min 内即可完成，一般小于 1 h；

②高压：流动相为液体，流经色谱柱时，受到的阻力较大，必须对载液加高压，使其能迅速通过色谱柱；

③高效：分离效能高。可选择流动相和固定相以达到最佳分离效果，比气相色谱和工业精馏塔的分离效能高出数倍；

④高灵敏度：紫外检测器可达 0.01 ng，进样量可在 μL 数量级；

⑤应用范围广：70%以上的有机化合物可用高效液相色谱分析，特别是大分子、高沸点、热稳定性差、强极性化合物的分离分析。

此外，高效液相色谱还有样品不被破坏、易回收、色谱柱可反复使用等优点，但也有缺点，可与气相色谱互补"长短"。高效液相色谱的缺点是有"柱外效应"。从进样到检测器之间，除了柱子以外的任何死空间（进样器、连接管、柱接头和检测池等）中，如果流动相的流型有变化，被分离物质的任何滞留和扩散都会显著地加宽色谱峰，降低柱的效率。高效液相色谱检测器的灵敏度不及气相色谱。

（4）高效液相色谱法的应用

HPLC 是用于检测藻毒素最常用的定量分析方法。该方法适合于挥发性不强、热稳定性较高的物质。通常以 C_{18} 为填料的萃取柱对微囊藻毒素进行分离纯化，然后采用配有紫外或荧光检测器的液相色谱对样品进行测定。许多学者采用不同比例的有机溶剂和水作为流动相用于 MC-LR 的检测。为了实现良好的分离效果和较高的分辨率，通常在流动相混合物中加入三氟乙酸（TFA）作为酸性有机改性剂。Reza 等采用水和乙腈（ACN）为混合溶剂，不添加 TFA 作为酸性改良剂对 MC-LR 进行了检测，实现了 MC-LR 良好的分离和高分辨率。目前，HPLC 是 WTO 和我国检测微囊藻毒素的标准方法。该方法具有保留时间短、溶剂用量少、分离效果好、灵敏度高的优点，适合于藻毒素的快速检测分析。

6.5.3　液相色谱-质谱联用法

（1）液相色谱-质谱联用法概念与原理

液相色谱-质谱联用法是液相色谱与质谱联用的方法。它与液相色谱有效分离高沸点及热不稳性化合物的分离能力，以及质谱很强的组分鉴定能力相结合，是一种分离分析复杂有机混合物的有效手段。适用接口的开发是联机的关键，必须在试样组分进入离子源前去除溶剂。目前，多采用履带式加热传送带。

液相色谱-质谱联用仪（LC-MS）（图 6-9），是有机物分析市场中的高端仪器。质谱（MS）能够对分开的有机物逐个地分析，得到有机物分子量、结构（在某些情况下）和浓度（定量分析）的信息，而液相色谱（LC）只能有效地将有机物待测样品中的有机物成分进行分离。强大的电喷雾电离技术有后期数据处理简单，LC-MS 质谱图也十分简洁的特点。LC-MS 是有机物分析实验室，食品、药物检验室，生产过程控制、质检等部门必不可少的分析工具。

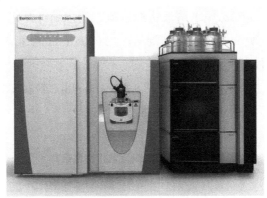

图 6-9　液相色谱-质谱联用仪

（2）液相色谱-质谱联用法检测步骤

以吴丹青等采用 LC-20AD 高效液相色谱仪（岛津）、超高压液相色谱仪、TQMS Xevo 质谱仪（Waters）检测藻毒素含量为例：

1）标准物质：

MC-RR、MC-YR、MC-LR，纯度均不小于 95.0%（亚历克西斯公司）。

标准储备液的配制：MC-RR、MC-LR、MC-YR 原标准物质即 0.100 0 mg 玻璃瓶装。精确吸取 50%乙腈水溶液 4.0 mL 加入标准物质原瓶中，盖上瓶塞后，在高速均质机上均值 5 min，使 MC-RR、MC-LR、MC-YR 的储备溶液分别为 25.0 μg/mL。

2）前处理方法：

样品处理：

取 1 L 待测样品，用玻璃纤维滤膜抽滤（如果接取抽滤的容器体积小于 1 L，需注意抽真空的压力和抽滤速度，不要在水样过滤完前将玻璃滤膜弄破）。滤膜经 250 mL 5%乙酸超声（200 kHz，功率 33 W）萃取 15 min，过滤，合并水样和滤液。

固相富集：

① 活化：C$_{18}$柱依次用 10 mL 甲醇，15 mL 水活化。

② 上样：将样品溶液（过滤后水样和滤液的混合液）以 1～2 mL/min 的流速完全过柱后。

③ 淋洗：先后吸取 10 mL 水和 20%甲醇溶液，加入固相萃取小柱淋洗。淋洗液的流速保持在 1～2 mL/min。

④ 洗脱：用 10 mL 0.1%三氟乙酸乙腈溶液洗脱，抽干固相萃取小柱内溶液。脱液洗脱在 10 mL 定量瓶中。

⑤ 氮吹：将氮吹仪的水浴温度调至 40℃。氮吹针孔悬于定量瓶的液体表面 1 cm 处，注意风速不要过大，不要将溶液吹出瓶外。氮吹不要太干，以避免溶剂难以溶解。

⑥ 定容待测：用 50%乙腈水溶液将经过氮吹的浓缩样品定容至 1 mL。涡流至少 1 min，注意将可能粘在定量瓶壁的溶液混匀。12 000 r/min 高速离心 8 min 后用于待测。

3）色谱与质谱条件：

色谱柱：Acquity UPLC BEH130 C$_{18}$柱（2.1×100 mm、粒径 1.7 μm），柱温 40℃，流速为 0.3 mL/min，进样体积 5 μL，流动相梯度见表 6-2。

表 6-2　色谱分离流动相梯度条件

时间/min	0.2%甲酸水溶液	甲醇/乙腈（50/50）	梯度变化曲线
0	50%	50%	1
3	45%	55%	6
3.2	0	100%	6
3.8	0	100%	1
4	50%	50%	6
6	END		

注：1 为即时变化，6 为线性变化。

质谱条件。离子源：ESI+模式；离子源温度：150℃；锥孔电压：50 V；毛细管电压：3.5 kV；脱溶剂温度：500℃；锥孔反吹量：50 L/h；脱溶剂气流量：1 000 L/h。质量条件参数如表 6-3 所示。

表 6-3　质量条件参数

微囊藻毒素类别	分子量	母离子/（m/z）	子离子/（m/z）	碰撞能量/eV
MC-RR	1 038.2	520.0[M+2H]$^{2+}$	135.1	60
			102.6*	32
MC-YR	1 044	1 045.7[M+H]$^+$	135.2*	68
			70	80
MC-LR	995.2	995.7[M+H]$^+$	135.0*	72
			107.1	68

注：*为定量离子。

（3）液相色谱-质谱联用法的应用

已经有很多文献报道了各种不同方式的液相色谱-质谱联用技术，以检测微囊藻毒素。质谱检测器根据待测样品离子的质荷比精确测定毒素的质量数。因此，检测结果特异性很好。

2006 年 Li 等利用 LC-MS 检测了太湖水中微囊藻毒素。张昱等采用固相萃取-高效液相色谱-电喷雾离子化串联质谱法分离检测水中 3 种痕量微囊藻毒素，发现这种方法灵敏度高，特异性强，线性范围广，检出限为 0.5 ng/L。Monica Barco 等用液相色谱-电喷雾离子化串联质谱分析了西班牙某水源地中微囊藻毒素的含量。

超高效液相色谱串联质谱（ultra-performance liquid chromatography with MS/MS，UPLC-MS/MS）是新兴的色谱技术，正逐渐应用于各个化学分析领域，UPLC-MS/MS 仅需几分钟就可检测多种微囊藻毒素，非常适用于突发事件的应急检测。

6.5.4　酶联免疫法

（1）酶联免疫法概念与原理

酶联免疫法（ELISA）是指将可溶性的抗体或抗原吸附到聚苯乙烯等固相载体上，进行免疫反应的定量和定性方法。如图 6-10 所示，其原理为：① 使抗体或抗原结合到某种固相载体表面，并保持其免疫活性。② 使抗体或抗原与某种酶连接成酶标抗体或抗原，这种酶标抗体或抗原既保留酶的活性，又保留其免疫活性。在测定时，把酶标抗体或抗原和受检标本（测定其中的抗体或抗原）按不同的步骤与固相载体表面的抗体或抗原起反应。用洗涤的方法使固相载体上形成的抗原抗体复合物与其他物质分开，最后结合标本中受检物质的量与在固相载体上的酶量成一定的比例。加入酶反应的底物后，酶催化底物，变为有色产物，标本中受检物质的量与产物的量直接相关，故可根据颜色反应的深浅进行定量或定性分析。由于酶的催化频率很高，故可放大反应效果，从而达到很高敏感度的测定方法。

图 6-10　酶联免疫法原理

资料来源：吴龙. 硅基纳米探针的制备及其在猪圆环病毒可视化检测中的应用[D]. 武汉：华中农业大学，2017。

ELISA 可用于测定抗体，也可用于测定抗原。在这种测定方法中必要的试剂有 3 种：酶标记的抗原或抗体、固相的抗原或抗体、酶作用的底物。根据标本的性状和试剂的来源以及检测的具备条件，可设计出各种不同类型的检测方法，ELISA 的种类有四种，分别是：直接法、间接法、双抗夹心法、竞争法。

1）直接法：

用已知抗原包被固相载体，然后再加酶标抗体，形成抗原抗体复合物，最后加入底物进行显色，通过颜色的反应程度，对该抗原进行定量或定性测定。本方法操作简单，因不需要二抗，所以不会发生交互反应，但也存在缺点，因为试验中的一抗都需要被酶标记，并且作为标记的酶也是限定的，所以需要较高的试验费用。

2）间接法：

间接法的原理是利用酶标记的抗体以检测已与固相结合的受检抗体（图 6-11），是检测抗体最常用的方法。操作步骤一般分为 4 步：① 将特异性抗原与固相载体连接，形成固相抗原。② 加入被稀释好的被检血清。③ 加入酶标抗体。④ 加入底物进行显色。其优点是具有较高的灵敏度，既可以检测抗原，又可以检测抗体，但也存在缺点，如容易产生交互反应。

图 6-11　间接竞争酶联免疫吸附法原理图

资料来源：沙梦梦. 基于微流控技术的盐酸克伦特罗免疫分析检测系统研究[D]. 淮南：安徽理工大学，2018。

3）双抗夹心法：

双抗夹心法（图 6-12）主要用于检测各种蛋白质等大分子抗原，如 hCG、AFP 等。将酶标抗体和抗体与固相载体连接，然后与待检抗原上的两个不同的抗原决定基结合，形成固相抗体—抗原—酶标抗体复合物。在反应系统中，复合物的形成量和待检测抗原的量是正比关系，然后通过测定加入底物后产生的有色物质量，确定待检测抗原含量。

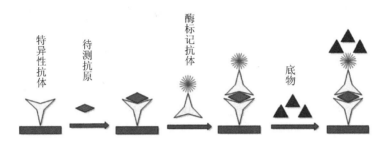

图 6-12　双抗夹心型酶联免疫法图

资料来源：李珊珊. 纳米适配体传感器检测甲胎蛋白研究[D]. 桂林：桂林电子科技大学，2018。

4）竞争法：

用竞争法检测抗原的过程，是将待检样品和一定量的标记抗原同时加入，使二者与固相载体表面有限的抗体进行竞争反应，反应一段时间后洗去游离的抗原。由于竞争反应的结果，使结合在固相载体上的标记物的量与样品中抗原的量成反比，由此可测定样品中抗原的含量。

（2）酶联免疫法检测步骤

《水中微囊藻毒素的测定》（GB/T 20466—2006）中间接竞争酶联免疫吸附法检测方法如下：

1）方法提要：

水中的微囊藻毒素经过滤或离心处理后与一定量的特异性抗体反应，酶标板内的包被抗原则与多余的游离抗体结合。加入酶标记物和底物显色，与标准微囊藻毒素进行对比，计算水样中微囊藻毒素的含量。

2）试剂：

除非另有规定，仅使用分析纯试剂、去离子水或蒸馏水。

①抗微囊藻毒素（MC-LR）的单克隆抗体：杂交瘤技术制备，经亲和层析纯化；人工抗原：MC-LR-牛血清白蛋白结合物（MC-LR-BSA）。

②20%乙醇溶液：20 mL 乙醇与 80 mL 水混合；标准稀释液：称取 0.005 g 明胶和 0.1 g 叠氮化钠，用水溶解，定容至 100 mL。

③ 微囊藻毒素标准品：微囊藻毒素-LR（MC-LR）、微囊藻毒素-RR（MC-RR）、微囊藻毒素-YR（MC-YR），纯度不低于 95%。微囊藻毒素（MC-LR）标准系列溶液：称取适量微囊藻毒素（MC-LR）标准品，用 20%乙醇溶液配制成 MC-LR 含量为 0.5 mg/mL 的溶液。再用标准稀释液稀释至 MC-LR 含量为 10 μg/mL 的溶液。继续配制 MC-LR 含量分别为 0.1 μg/mL、0.2 μg/mL、0.5 μg/mL、1 μg/mL、2 μg/mL 的标准系列溶液。

④ 牛血清白蛋白（BSA）：生化试剂；酶标二抗：辣根过氧化物酶（HRP）标记山羊抗小鼠 IgG；磷酸盐缓冲溶液（pH=7.4）：分别称取 0.2 g 磷酸氢二钾、2.9 g 磷酸氢二钠（$Na_2HPO_4 \cdot 12H_2O$）、8.0 g 氯化钠、0.2 g 氯化钾，混合，用水溶解，定容至 1 000 mL。

⑤ 乙酸钠溶液（0.1 mol/L）：称取 1.36 g 三水合乙酸钠，用水溶解，定容至 100 mL；乙酸溶液（1 mol/L）：量取 5.88 mL 冰乙酸，加水定容至 100 mL；硫酸溶液（1 mol/L）：量取 55.6 mL 浓硫酸，沿玻璃棒缓缓注入约 200 mL 水中，搅拌，冷却至室温，加水定容至 1 000 mL。

⑥ 包被溶液：称取 1 mg 人工抗原，溶解于 1 000 mL 磷酸盐缓冲溶液中；封闭溶液：称取 0.5 g 明胶，加少量磷酸盐缓冲溶液，加热溶解，冷却后定容至 1 000 mL；洗涤溶液（PBS-T）：量取 0.5 mL 吐温 20，用磷酸盐缓冲溶液定容至 1 000 mL。

⑦ 抗体稀释溶液：称取 0.5 g 明胶，加少量洗涤溶液，加热溶解，冷却后定容至 1 000 mL；二抗溶液：1 体积抗体稀释溶液与 5 000 体积酶标二抗混合。

⑧ 底物缓冲溶液：用乙酸溶液调整乙酸钠溶液的 pH 为 5.0；底物储备溶液：称取 10 mg 四甲基联苯胺（TMB），溶于 1 mL 二甲基亚砜（DMSO）中。

⑨ 底物溶液：量取 100 μL 底物储备溶液，加 2 μL 30%过氧化氢和 10 mL 底物缓冲溶液。临用时配制。

3）仪器：

① 不锈钢筛：500 目。

② 高速离心机。

③ 电动振荡器。

④ 酶标仪：内置 450 nm 滤光片。

⑤ 培养箱：可控温度，37℃。

⑥ 酶标微孔板：96 孔。

⑦ 微量加样器及配套吸头。

⑧ 不锈钢或玻璃杯式滤器：250 mL。

4）分析步骤：

水样的采集和保存，可按以下①或②操作。

① 采集约 5 mL 水样，用 500 目的不锈钢筛过滤于玻璃杯式滤器中（除去水样中大

部分浮游生物和悬浮物），再经滤膜减压过滤，保留滤液。

②采集约 5 mL 水样，用 500 目的不锈钢筛过滤（除去水样中大部分浮游生物和悬浮物），取 1 mL 滤液置于离心管中，用高速离心机离心（9 000 r/min）3 min，取上清液保留。

注：如减压过滤或离心后的水样不能立即分析，可置于玻璃容器中，在-20℃保存，30 d 内分析完毕。

5）测定：

①包被酶标微孔板。

将包被溶液加入酶标微孔板（100 μL/孔），4℃下放置过夜。

②封闭酶标微孔板。

用洗涤液洗涤 3 次放置过夜的酶标微孔板（每次洗涤 3 min），加入封闭溶液封闭酶标微孔板（200 μL/孔），37℃下放置 2 h，4℃下放置过夜。

③抗原抗体反应。

以下操作同时进行：

量取 500 μL 抗微囊藻毒素（MC-LR）的单克隆抗体和 500 μL 微囊藻毒素标准系列溶液（试剂③中的 0.1 μg/L 溶液）于 1.5 mL 试管中，混合后用电动振荡器振荡，室温静置 30 min。按以上操作配制其余反应液。这些反应液用于制作微囊藻毒素标准抑制曲线。

量取 500 μL 抗微囊藻毒素（MC-LR）的单克隆抗体和 500 μL 水样于 1.5 mL 试管中，混合后用电动振荡器振荡，室温静置 30 min。此反应液用于测定水样中微囊藻毒素的含量。

④竞争反应。

用洗涤液洗涤 3 次封闭过的酶标微孔板（每次洗涤 3 min），滴加抗原抗体反应溶液（100 μL/孔）。不同浓度做两次平行试验。37℃或室温放置 90 min。在酶标微孔板的适当孔位滴加抗体稀释溶液，作为阴性对照。

⑤二抗溶液与抗微囊藻毒素（MC-LR）的单克隆抗体反应。

用洗涤液洗涤 3 次竞争反应后的酶标微孔板（每次洗涤 3 min），滴加二抗溶液（100 μL/孔），37℃或室温放置 30 min。

⑥显色及显色后吸光度的确定。

用洗涤液洗涤 5 次经②反应的酶标微孔板（每次洗涤 3 min）。滴加底物溶液（100 μL/孔），37℃或室温放置 15~20 min，显色。滴加 1 mol/L 硫酸（50 μL/孔），终止显色反应。30 min 内，在 450 nm 处用酶标仪，测定显色后的吸光度。

⑦定量。

取水样吸光度平均值与经⑥测定的标准系列溶液的吸光度平均值，按下式分别计算水样吸光度（或标准系列溶液吸光度）与阴性对照试验的比值（X_2），其数值以%表示。

$$X_2 = \frac{OD_1}{OD_2} \times 100\%$$

式中：X_2——标准系列溶液吸光度（或水样吸光度）与阴性对照试验的比值，%；

OD$_1$——标准系列溶液的吸光度平均值与水样吸光度平均值；

OD$_2$——水样吸光度平均值。

X_2 为纵坐标，不同标准系列溶液浓度的对数为横坐标，计算回归方程或绘制标准曲线。依据测定水样的吸光度，用回归方程计算出（或在标准曲线上查出）样品中微囊藻毒素的含量。

6）结果计算：

水样中微囊藻毒素的含量（X_3）以 μg/L 表示，按下式计算：

$$X_3 = c_2 \times V_2$$

式中：X_3——水样中微囊藻毒素的含量，μg/L；

c_2——从标准曲线上查出的微囊藻毒素含量，mg/L；

V_2——水样的稀释倍数。

计算结果应保留至小数点后两位。

7）允许差：

同一水样，两次平行测定结果之差，不得超过平均值的 10%。

8）测定结果的保证与控制：

每一测定批次，应使用已知量的样品对结果进行测定的控制试验。

（3）酶联免疫法优缺点

优点是操作简单方便，对操作人员要求不高，一般检测人员在一级实验室就可进行检测。检测 CD 感染具有高效、快速的特点，灵敏性、特异性较好。直接法操作步骤少，无须使用二抗可避免交互反应。间接法二抗可以加强信号，而且有多种选择，能做不同的测定分析。不加酶标记的一级抗体则能保留它最多的免疫反应性。双抗体夹心法的优点是高灵敏、高专一性，抗原无须事先纯化。竞争法可适用比较不纯的样本，而且数据再现性很高。

缺点是在直接法试验中的抗体都得用酶标记，但不是每种抗体都适合做标记，费用相对较高。间接法的缺点是交互反应发生的概率较高。双抗体夹心法的缺点是抗原必有两个以上的抗体结合部位。竞争法是整体的敏感性和专一性都较差。

（4）酶联免疫法的应用

酶联免疫法（ELISA）在医院实验室中应用广泛，是其他试验无法比拟的。它是一项常规的、基本的，也是成熟的检测技术。20 世纪 90 年代以来，随着免疫荧光法、电化学发光法、化学发光法等应用面世，特别是以 PCR（聚合酶链式反应）技术为代表的分子生物学水平技术的应用兴起，人们纷纷预测：ELISA 技术将被更灵敏、更高的试验方法所取代。但是由于免疫标志物（抗体/抗原）具有无法替代的临床意义，以及 ELISA 技术具有技术可靠、操作简单方便、试剂方便易得等优点，特别是 20 世纪 90 年代以来，ELISA 技术的灵敏度和特异性都得到了显著的提高与完善，ELISA 技术得到了人们的认可，成为了传染病学（针对 HIV、肝炎、TORCH 等研究）、肿瘤标志物以及内分泌等各种临床免疫指标检测实验中不可替代的主导技术。

第7章 真菌毒素及其检测技术

7.1 真菌毒素简述

真菌（fungus）属于异养型真核生物，具有完整的细胞核和较为复杂的细胞器，能进行有丝分裂。真菌细胞壁的成分随真菌类群的不同而不同，低等真菌以纤维素为主，酵母菌以葡聚糖为主，高等陆生真菌以几丁质为主。除少数真菌为单细胞以外，大部分真菌具有分支或不分支的丝状体，能进行有性和（或）无性繁殖，产生各种形态的孢子。真菌在自然界中广泛存在，据不完全统计，地球上的真菌有25万多种，与人类疾病有关的有200多种，对人体有致病性的有100种左右，有50余种能引起全身感染。真菌包括致病真菌（如暗色真菌、孢子丝菌、组织胞浆菌等）、条件致病真菌（如念珠菌、曲霉、青霉、毛霉等）、致敏真菌（如腐生性真菌）和产毒致癌真菌（如黄曲霉产生黄曲霉毒素、杂色曲霉和构巢曲霉产生杂色曲霉毒素、白地霉产生亚硝胺等）。

真菌毒素是真菌在一定的环境条件下产生的有毒次级代谢产物。据报道，目前已知的真菌毒素有300~400种，这些毒素通常具有致畸、致癌、致突变的毒性作用。真菌毒素广泛存在于农作物、食品、饲料等植物性产品以及真菌浓度较高的环境之中，与人类健康有着密切的关系。关于真菌毒素最早的记载是发生在11世纪欧洲的麦角中毒事件。此后，历史上发生过多次因真菌毒素引发的中毒事件。1913年，俄罗斯东西伯利亚发生食物中毒性白细胞缺乏病；1952年，美国佐治亚州发生动物急性致死性肝炎；1960年，英国发生火鸡X病；1964年，前西德报道曲霉导致的胎儿流产；1968年，埃及暴发单蹄兽脑软化症等。世界卫生组织（WHO）和联合国粮农组织（FAO）已经把真菌毒素作为食源性疾病的三大根源之首。研究发现，常见的真菌毒素包括黄曲霉毒素、赭曲霉毒素、伏马毒素、脱氧雪腐镰刀菌烯醇、玉米赤霉烯酮、T-2毒素等。此外，植物可通过体内转换酶作用将真菌毒素与糖基等极性物质相结合，形成隐蔽型真菌毒素。这些真菌毒素具有毒性强、污染频率高等特点，已经引起人们的广泛关注。

7.2　真菌毒素种类

7.2.1　黄曲霉毒素

黄曲霉毒素（aflatoxins，AFTs）是由曲霉菌产生的具有强致癌性的代谢产物，最早发现于 1960 年英国火鸡中毒死亡事件，当时有 10 万只火鸡突发性死亡，经过调查研究后发现，火鸡的中毒死亡与从巴西进口的花生粕被一种来自真菌的有毒物质污染有关，最终发现这种有毒物质是由黄曲霉产生的黄曲霉毒素。AFTs 是二氢呋喃香豆素的衍生物，呈无色结晶状，难溶于水，易溶于甲醇、乙醇、丙酮等有机溶剂，一般在中性或酸性溶液中性质较稳定，在强酸溶液（pH=1～3）中部分分解，在强碱溶液（pH＞9）中会迅速分解，化学结构式如图 7-1 所示。目前已经被确认证实的黄曲霉毒素大约有 20 种，其中最常见的有 AFB_1、AFB_2、AFG_1、AFG_2、AFM_1 和 AFM_2。其中，黄曲霉（*Aspergillus flavus*）能产生 AFB_1 和 AFB_2，寄生曲霉（*Aspergillus parasiticus*）能产生 AFG_1、AFG_2、AFB_1 和 AFB_2 等。AFM_1 和 AFM_2 是 AFB_1 和 AFB_2 羟基化的代谢产物，主要是由动物摄入黄曲霉毒素后在体内酶作用下代谢产生。此外，曲霉菌在自然条件下也能够产生极少量的 AFM_1 和 AFM_2。AFTs 可以通过荧光特性来进行区分，AFB_1 和 AFB_2 在 425 nm 紫外光下呈现出蓝紫色荧光，AFG_1 和 AFG_2 在 450 nm 紫外光下会呈现出绿色荧光。

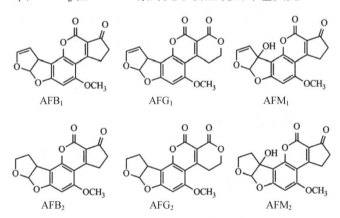

图 7-1　黄曲霉毒素化学结构式

7.2.2　赭曲霉毒素

赭曲霉毒素（ochratoxins，OTs）是由某些曲霉菌属和青霉菌属产生的一类有毒代谢产物，包含 7 种结构类似的化合物，均是异香豆素和 L-苯丙氨酸的衍生物。1965 年，Scott

首先从南非高粱上分离到一株赭曲霉并发现它可以产生赭曲霉毒素。赭曲霉毒素中常见的种类主要包括赭曲霉毒素 A（OTA）、赭曲霉毒素 B（OTB）和赭曲霉毒素 C（OTC）等。其中，OTA 的毒性最大、产毒量最高、与人类健康关系最为密切、对农作物的污染最严重并且分布最广。OTA 分子式为 $C_{20}H_{18}ClNO_6$，化学结构式如图 7-2 所示。OTA 为晶体状化合物，熔点约为 169℃，微溶于水，在极性有机溶剂中溶解度较高，对光不稳定，对热相对稳定，高温条件下 OTA 会分解产生氯气和氮的氧化物。

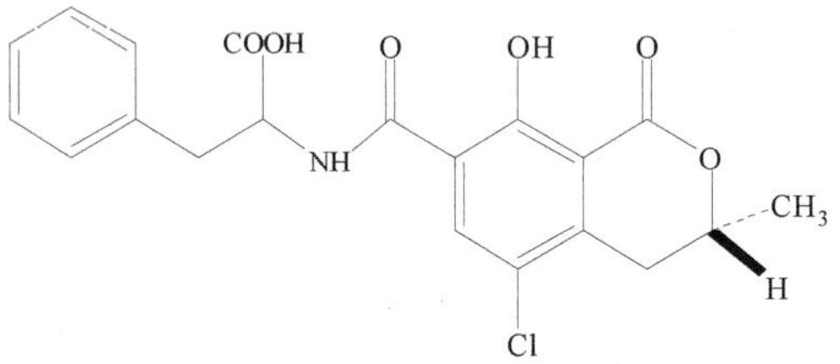

图 7-2　OTA 化学结构式

7.2.3　伏马毒素

伏马毒素（fumonisins，FBs）是由串珠镰刀菌、层生镰刀菌以及轮枝镰刀菌产生的一类水溶性代谢产物。1988 年，Gelderblom 等首次从串珠镰刀菌培养液中分离出伏马毒素。目前已经确认证实的伏马毒素主要包括 FA_1、FA_2、FB_1、FB_2、FB_3、FB_4、FC_1、FC_2、FC_3、FC_4 和 FP_1，野生菌株产量最丰富的是 B 组伏马毒素，其中 FB_1 和 FB_2 在自然界中污染率最高。伏马毒素在乙腈/水溶液（50/50，*V/V*）中可长期保存，在甲醇溶液中可代谢成单酯或双甲酯，性质不稳定。伏马毒素没有紫外吸收基团，无荧光特性。化学结构式如图 7-3 所示。

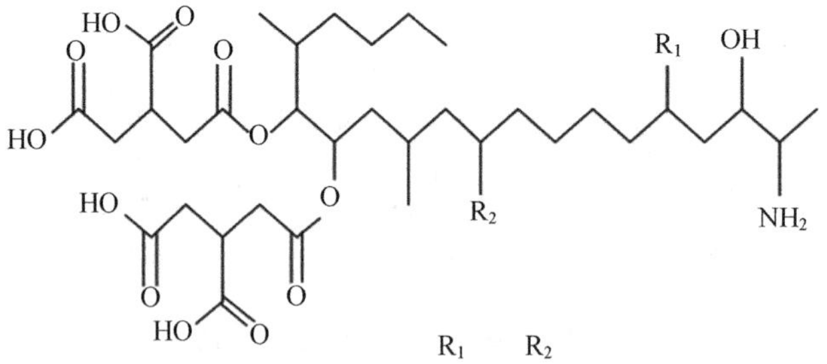

	R_1	R_2
FB_1	OH	OH
FB_2	OH	H
FB_3	H	OH

图 7-3　伏马毒素化学结构式

7.2.4　脱氧雪腐镰刀菌烯醇

脱氧雪腐镰刀菌烯醇（deoxynivalenol，DON），又称呕吐毒素，是一种 B 型单端孢霉烯族毒素，一般是由禾谷镰刀菌（*fusarium graminearum*）、串珠镰刀菌（*fusarium moniliforme*）和黄色镰刀菌（*fusarium culmorum*）等产生的一种次级代谢产物。1970 年，诸冈信一等首先从日本香川县感染赤霉病的大麦中分离到脱氧雪腐镰刀菌烯醇。1973 年，Vesohder 从美国俄亥俄州西北部导致母猪拒食和呕吐的被禾谷镰刀菌污染的玉米中也分离得到该毒素。DON 为白色针状结晶，分子式为 $C_{15}H_{20}O_6$，化学结构式如图 7-4 所示。DON 易溶于水和极性有机溶剂，不溶于正己烷、石油醚等。DON 性质稳定，耐酸、耐高温（>110℃持续加热，结构才会被破坏，121℃高压加热 25 min 仅有少量被破坏）。DON 具有较强的紫外吸收能力，在紫外光照射下不显荧光。

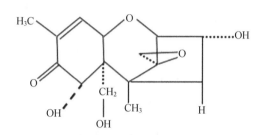

图 7-4　脱氧雪腐镰刀菌烯醇化学结构式

7.2.5　玉米赤霉烯酮

玉米赤霉烯酮（zearalenone，ZEN）是由镰刀菌等菌种产生的一种植物源性雌激素类真菌毒素。1962 年，Stob 等首次从污染了禾谷镰刀菌的发霉玉米中分离得到。ZEN 为白色结晶体，化学性质稳定，属二羟基苯甲酸内酯类化合物，酯键在碱性条件下可被打开，碱浓度降低时又可恢复。ZEN 难溶于水，易溶于碱性水溶液和极性有机溶剂，微溶于石油醚，化学结构式如图 7-5 所示。

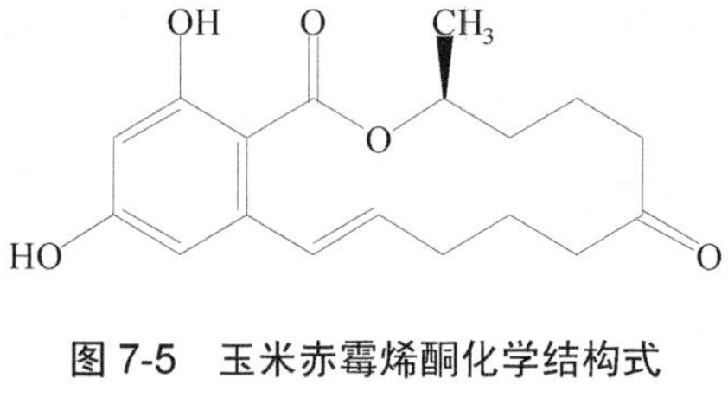

图 7-5　玉米赤霉烯酮化学结构式

7.2.6 T-2 毒素

T-2 毒素(trichothecenes,TS)是一种 A 型单端孢霉烯族毒素,一般是由禾谷镰刀菌(*fusarium graminearum*)、雪腐镰刀菌(*fusarium nivale*)和拟枝孢镰刀菌(*fusarium sporotricoides*)等产生的一种次级代谢产物。1968 年,Bamburg 首次分离提纯并确认了 T-2 毒素的化学结构。T-2 毒素的分子式为 $C_{24}H_{34}O_5$,相对分子质量为 466.22,化学结构式如图 7-6 所示。T-2 毒素为白色针状结晶,熔点为 152℃,难溶于水,易溶于极性有机溶剂。T-2 毒素性质稳定,在中性和酸性条件下不降解,并且对高温具有很强的耐受性,在 120℃ 条件下加热 1 h 或 210℃ 条件下加热 30~40 min,毒性不会减弱。此外,一般的紫外辐射也不会破坏其结构。但是在碱性条件下,T-2 毒素的结构容易被破坏,毒性减弱甚至消除。

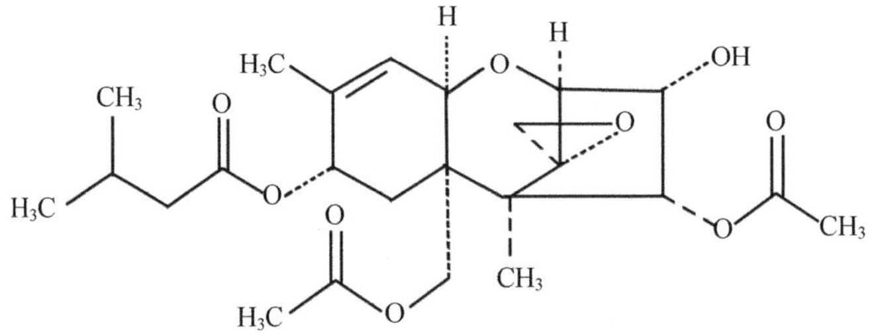

图 7-6 T-2 毒素化学结构式

7.2.7 （1,3）-β-D-葡聚糖

真菌细胞壁的主要成分为多糖,占其干燥重量的 80%~90%,多糖在胞壁中以(1,3)-β-D-糖苷键连接的葡萄糖残基骨架作为主链,分支状（1,6)-β-D-葡聚糖残基作为侧链。其中(1,3)-β-D-葡聚糖占细胞壁成分的 50%以上,尤其在酵母菌中含量更高。(1,3)-β-D-葡聚糖仅存在于真菌的细胞壁中,细菌、病毒、人体细胞及其他病原菌均无此成分,是真菌细胞壁上的特有成分,并且能被免疫细胞识别,(1,3)-β-D-葡聚糖在细胞壁中的位置如图 7-7 所示。因此在临床上,血浆或血清中（1,3)-β-D-葡聚糖的测定被应用于真菌感染症的早期临床诊断、治疗效果和康复的判断。正常血液中的（1,3)-β-D 葡聚糖含量小于 10 pg/mL,若含量大于 20 pg/mL,则可诊断此病人患有侵袭性真菌感染,若含量在 10~20 pg/mL,则表明该检验样品中有（1,3)-β-D-葡聚糖存在,此人有侵袭性真菌感染的危险。

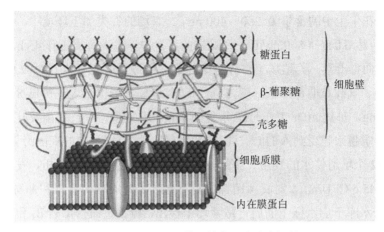

图 7-7　（1,3）-β-D-葡聚糖在细胞壁中的位置

7.2.8　其他毒素

展青霉素（patulin，PAT）由青霉菌和曲霉菌产生。它易溶于水和极性有机溶剂，不溶于石油醚和正己烷，在酸性溶液中稳定，在碱性溶液中易降解。主要污染水果和果汁，在饲料中也有检出。橘霉素（citrinin，CIT）是由青霉菌和曲霉菌产生的一种毒素。纯品为柠檬黄色针状晶体，不溶于水，易溶于极性有机溶剂，在酸性和碱性溶液中可降解，主要污染水果、大麦和玉米等农产品。杂色曲霉毒素（sterigmatocystin，STE）是一种和黄曲霉毒素结构类似的化合物，它为淡黄色针状物，可溶于甲醇、乙醇及三氯甲烷等有机溶剂。白僵菌素（beauverin，BEA）是一种环状三羧酸肽。1969 年首次在 *Beauverina bassiana* 接种的培养基中分离出，它为白色针状晶体，不易溶于水。

7.3　真菌毒素污染水平

7.3.1　真菌毒素在环境中的污染情况

真菌能以单个孢子形式分散悬浮在空气中，形成稳定的溶胶状态，被称为真菌气溶胶（fungal aerosol）。真菌气溶胶孢子具有不同的粒径（1～100 μm），粒径小于 10 μm 的真菌粒子就能经呼吸系统被吸入人和动物体内。真菌气溶胶对农业、医学、家庭和工业卫生、安全以及健康等方面危害极大。真菌孢子及其代谢产物会对人和动物健康造成危害，活性产毒真菌进入呼吸道以后，还能不断地产生毒素，并诱发一定的病变，不仅可以引起感染、过敏和中毒症，还能引起炎症反应。目前国外对农业生产环境的空气真菌毒素已经开展了大量研究。在玉米收获和加工环境中，气载黄曲霉毒素浓度可达

10^7 ng/m³，而花生尘中的含量为 250～400 ng/g。农场的谷类加工环境中，气载黄曲霉毒素 B_1 的浓度可达 0.04～4 849 ng/m³。在这样的环境中，工人每周工作 45 h，可吸入 40～2 500 ng 的黄曲霉毒素。养殖场工作环境中的黄曲霉毒素浓度可达 0.4～7.6 ng/m³。呼吸频率按 1 m³/h、气载黄曲霉毒素浓度为 0.2 ng/m³ 计算，每位工人在每日 8 h 工作时间内可以吸入 1.6 ng，每周 40 h 工作时间可吸入 8 ng。近年来，空气真菌及其毒素对人类和动物健康的影响越来越受到人们的关注。除空气外，坑道储水中的真菌污染也不可忽视。张永良等对 32 个坑道储水的真菌、真菌菌株及真菌毒素进行检测分析，发现储水真菌数为 252.3～1 345.6 CFU/mL，对真菌菌株进行鉴定，主要成分为青霉和曲霉。4 个水库上层水样和 2 个水库下层水样中的展青霉素均未检出，检出黄曲霉毒素 B_1 和脱氧雪腐镰刀菌烯醇分别为 <0.5 μg/L 及 <2 μg/L。

7.3.2　真菌毒素在食品中的污染情况

真菌毒素存在于多种食品中，粮谷、饲料等产品都是真菌毒素的重要来源。许嘉等利用高效液相色谱法对抽检的玉米、玉米面、大米、小麦粉 4 种谷物分别进行 AFB_1、DON、ZEN、FB_1 真菌毒素的检测，结果表明小麦粉受 DON、ZEN 和 FB_1 的污染最严重，检出率超过 83.3%。杜妮采用酶联免疫法（ELISA）对全国 12 个省份收集的 800 份样本进行 AFB_1、ZEN、DON、FB_1 和 T-2 毒素检测分析，检测到含有 1 种真菌毒素的样品 4 份，占 0.5%；检测到 2 种真菌毒素的样品 47 份，占 5.88%；检测到 3 种及以上真菌毒素的样品 749 份，占 93.63%。2010 年，杨延友等采用 ELISA 法检测济南市 5 个区所售小米和玉米中 OTA 的含量，检出率分别达 41% 和 38%，OTA 含量的中位数为 1.67 μg/kg，范围为 0.4～4.45 μg/kg。所有样品中的 OTA 含量均未超过国家标准所规定的限值。此外，药用植物中真菌毒素的污染情况也不容乐观。Yang 等检测了 19 种传统中药，其中有 3 种含有黄曲霉素，有的含量甚至高达 28 μg/kg。Romagno 等检测了意大利市场上的 103 种香料、芳香草药、药茶以及药用植物的样品，发现有 7 种含有黄曲霉素。Yang 等对 57 份中药材的检测结果表明，OTA 污染率为 44%，污染水平为 1.2～158.7 μg/kg，其中 OTA 在黄芪的中污染最为严重。Katere 等对南非市场销售的 16 个中药材样本进行分析，发现 15 个样品被曲霉、镰刀霉、青霉污染，13 个样本检出 FB_1。

7.4　真菌毒素对健康的影响

7.4.1　黄曲霉毒素

AFTs 对人和动物具有较高的毒性作用。其中，AFB_1 的毒性最高，其次是 AFM_1、AFG_1、

AFB_2 和 AFG_2。它们具有致癌性和免疫抑制性，肝脏是主要靶器官。这些物质可导致人和动物呕吐、黄疸、肝炎、肝组织及胆管增生，进而造成肝衰竭和肝癌，同时也可导致动物先天性胸腺萎缩（先天性无胸腺和甲状旁腺）。因此，1993 年国际癌症研究机构将 AFB_1 划定为 I 类致癌物质，AFB_2、AFG_1、AFG_2 和 AFM_1 划定为 II B 类致癌物质。在细胞分子水平，AFTs 可与细胞中的 DNA 结合，抑制 DNA、RNA 及蛋白质合成。AFB_1 毒性和致癌能力最强，它的毒性是砒霜的 68 倍，氰化钾的 10 倍。AFB_1 能够引起生物机体产生急性、亚急性、慢性中毒。主要表现为免疫系统损伤，肾脏细胞坏死、变性，肝功能受损、病变、萎缩、坏死进而产生癌变。在实际生产、生活过程中，动物连续地摄入低水平的 AFB_1 就会发生慢性中毒，主要症状为食欲下降、摄食率减少、体重减轻、生长缓慢、肝脏病变等。Mohan 等发现当饲料中 AFB_1 含量为 100 μg/kg 时，即可导致 58 周龄的罗氏肉鸡生长缓慢、体重下降、血清异常等。生物机体误食 AFB_1 也会发生急性中毒，主要症状为腹痛、呕吐、发热、拒食、黄疸、肾脏水肿、肝脏损伤出血甚至死亡。黄曲霉毒素与人类肝癌关系密切。2002 年，孙桂菊等对我国原发性肝癌高发区居民进行黄曲霉毒素暴露水平评估，证实黄曲霉毒素暴露是肝癌危险因素之一。

7.4.2　赭曲霉毒素

OTA 是赭曲霉毒素中毒性最强的毒素，它具有肾毒性、肝毒性、免疫毒性、致癌性和致畸性等生物学效应。研究表明，巴尔干地方性肾病与长期饮食摄入 OTA 有直接关系。因此，1993 年国际癌症研究机构将 OTA 划为 II B 类致癌物质。OTB 是 OTA 非氯同系物，其毒性远远低于 OTA，但研究发现 OTB 与 OTA 具有相似细胞毒性。OTA 可存在于人和动物的血液、组织中，并且具有较长的半衰期，对人类和动物体的毒性主要表现为慢性毒性。OTA 可以直接污染粮谷饲料等产品，人和动物误食受污染的食物后，会出现精神委靡、食欲下降、体重减轻、肝脏肾脏损伤等急慢性中毒症状。肾脏是 OTA 主要的靶器官，当 OTA 浓度达到 5 mg/kg 时，就会导致肾脏损伤、肿大、肾小管功能异常等。虹鳟鱼长期饲喂含 OTA 的饲料后，出现肾脏肿胀、肝脏病变坏死、死亡率升高等现象。

7.4.3　伏马毒素

FBs 与人类食道癌的发生有密切联系，如中国河南林县、南非和伊朗部分地区是食道癌高发区。据调查这些地区农作物广泛受 FBs 污染。研究表明 FBs 具有免疫抑制性，其中 FB_1 被认为是癌症刺激因子，对人具有较强致癌性。因此，1993 年国际癌症研究机构将 FB_1 划定为 II B 类致癌物质。对于动物，FBs 可引起马脑白质软化症，马呈现食欲不振、共济失调、抽搐，后期出现神经抑制，甚至死亡；它也可造成猪肺水肿病，表现为猪肺部血管通透性增加、肾出现萎缩，严重者会造成猪死亡。1997 年，Ueno 等在中国江苏海门（早期肝癌的高发病区）和山东蓬莱（早期肝癌的低发病区）进行了 3 年的谷物调查，结果显示，在海门谷物中 FBs 的含量明显高于蓬莱（高 10～50 倍），提示 FBs 可能为早期肝癌的致病因子。1999 年，王海涛等在中国华北地区检测食管癌高发地区中 FB₁ 的含量，发现霉变玉米与正常玉米相比，FB₁ 含量和污染率均较高，认为 FB₁ 可能与食管癌的发生有关。

7.4.4　脱氧雪腐镰刀菌烯醇

DON 主要污染小麦、玉米、大麦等粮食作物及动物饲料等。人和动物食用被 DON 污染的食物后，会引起不同的中毒反应。DON 对消化系统具有很强的毒性。人畜摄入 DON 后，会刺激消化道黏膜，使消化道出现炎症、溃疡和坏死，最终导致食欲下降、拒食、呕吐、腹泻、体重减轻等。研究发现，连续用含 10 mg/kg DON 的饲料喂养肉鸡 6 周，鸡的消化系统就会受到损伤，十二指肠及空肠绒毛变细变短，生长受到影响，体重下降。DON 拥有极强的细胞毒性，对真核细胞、原核细胞、肿瘤细胞以及植物细胞等都有非常显著的毒性效应。DON 对增殖旺盛的细胞，如骨髓细胞、胸腺细胞、黏膜细胞、脾细胞、淋巴细胞等都有毒害效应。Atkinson 发现 90 ng/mL 的 DON 就能使大鼠和人的淋巴细胞转化率降低 50%。此外，DON 还具有较强的免疫毒性、神经毒性、致癌致畸作用，以及抑制蛋白质、DNA、RNA 的合成，干扰 ATP 代谢等。目前已知 DON 可能与人类食管癌有关。2011 年，侯海峰等采用 ELISA 法检测山东省食管癌高发地区粮食样品中 DON 毒素含量，结果显示，食管癌高发区粮食 DON 含量为 70.1～302.8 µg/kg，对照组粮食 DON 含量＜27.3 µg/kg，提示食管癌发病可能与 DON 有关。

7.4.5　玉米赤霉烯酮

ZEN 类毒素有类雌激素作用，具有生殖毒性。它们可导致人和动物中枢性性早熟、不孕症和激素水平过低。妊娠期动物摄入含 ZEN 类毒素的食物可引起流产、死胎和畸形胎。1993 年，国际癌症研究机构将其划为Ⅲ类致癌物质。研究表明，ZEN 类毒素还具有免疫毒性、肝毒性和遗传毒性。动物实验表明雄鼠和雌鼠肝细胞瘤发病率与 ZEN 的添加饲喂剂量呈显著正相关，ZEN 还具有抑制 DNA 合成和导致染色体异常等作用，相较于成人，婴儿和儿童更易受到伤害。1996 年，张永红等研究证实，ZEN 的超常聚集是地方性乳房肿大症致病的根本原因。

7.4.6　T-2 毒素

1973 年联合国粮农组织和世界卫生组织把 T-2 毒素列为自然存在的最危险的食品污染源之一。经口、皮肤、注射等接触方式都可引发中毒反应。T-2 毒素对消化系统、心血管系统、中枢神经系统和造血系统都有较大毒害作用，引起的毒性效应包括消化系统和肝脏毒性、骨系统损伤、基因与细胞毒性、血液系统毒性、免疫系统毒性、神经毒性和生殖发育毒性等。它可破坏消化道黏膜完整性，从而影响营养物质吸收；可引起血小板和白细胞减少、血细胞凋亡和骨髓坏死；可导致胸腺、脾和淋巴结中淋巴样细胞坏死；可改变血脑屏障通透性、抑制蛋白质合成。研究发现，T-2 毒素可能与两种已知的人类疾病有关联：一种是食物中毒性白细胞减少症，另一种是大骨节病。袁莉芸等研究表明，用低剂量的 T-2 毒素持续灌喂小鸡、小鼠后可导致小鸡和小鼠的脾脏、胸腺等免疫器官损伤、器官指数下降。Li 研究表明，1.75 mg/kg 的 T-2 毒素可使小鼠对肠道病毒的免疫应答效应损伤，血清中 IgG 与 IgA 抗体浓度下降，显示抑制了肠道黏膜的免疫作用。T-2 毒素对基因及细胞具有很强的毒性，可抑制 DNA、RNA 及蛋白的合成，影响基因表达，破坏细胞膜功能，进而导致细胞氧化应激、DNA 损伤、细胞凋亡等。T-2 毒素刺激机体后，可激活多条信号通路，导致 Caspase-3、P 53、iNOS 等分子表达升高，进而导致软骨细胞凋亡。

7.4.7　（1,3）-β-D-葡聚糖

研究认为，（1,3）-β-D-葡聚糖可能是引起炎性反应的主要因素之一。（1,3）-β-D-葡聚糖与机体细胞的 dectin-1 受体结合。dectin-1 受体的高表达导致慢性疾病和自身免疫性疾病的发生，如（1,3）-β-D-葡聚糖可诱发类风湿性关节炎，而阻断 dectin-1 通路可阻止该疾病的发生发展。（1,3）-β-D-葡聚糖进入机体后首先在 TLRs 的协同配合下，被巨噬细胞表面的 dectin-1 识别，激活 MyD88、IL-22 等信号通路，促进巨噬细胞分泌 IFN-γ、TNF-α、IL-10 在内的多种细胞因子，还能通过抗原提呈作用活化初始 T 淋巴细胞分化为效应 T 淋巴细胞，表达包括 Th1、Th2 型细胞因子及其特异性的核转录因子 T-bet、GATA-3 在内的多种生物蛋白。实验结果表明，（1,3）-β-D-葡聚糖暴露可影响免疫细胞分化类型及参与的细胞因子产物。（1,3）-β-D-葡聚糖暴露早期肺泡灌洗液和肺门淋巴结中炎性细胞因子 IL-12 p35、IL-2、IFN-γ 和 IL-6 含量明显增加，Th1 型细胞免疫应答增强；暴露中晚期，IL-4 等含量明显增加，免疫应答反应向 Th2 型免疫应答方向偏移。

7.5　真菌毒素检测技术

7.5.1　高效液相色谱法

高效液相色谱法（HPLC）具有分离和检测效能高、分析快速等特点，是目前真菌毒素检测最重要的方法，应用极为广泛。邹森等建立超高效液相色谱-串联质谱法测定食用

油中黄曲霉毒素、玉米赤霉烯酮、伏马毒素等 16 种真菌毒素。经验证，该方法测定效果好，灵敏度高，具有良好的精密度与准确度。具体操作方法如下：

（1）溶液配制

分别准确称取 16 种真菌毒素标准品，FB_1、FB_2、FB_3 分别用乙腈-水（体积比为 50∶50）溶解，配制成质量浓度均为 50 μg/mL 的标准储备液，其余 13 种真菌毒素均用乙腈溶解，黄曲霉毒素 B_1、黄曲霉毒素 B_2、黄曲霉毒素 G_1、黄曲霉毒素 G_2、OTA 配制成质量浓度均为 1.0 μg/mL 的标准储备液，ZEN、雪腐镰刀菌烯醇、DON、3-乙酰化脱氧雪腐镰刀菌烯醇、15-乙酰化脱氧雪腐镰刀菌烯醇、T-2、HT-2 毒素配制成质量浓度均为 100 μg/mL 的标准储备液，杂色曲霉毒素配制成质量浓度为 10 μg/mL 的标准储备液。分别移取一定体积的 16 种真菌毒素单一标准储备液于 10 mL 容量瓶中，用乙腈定容至标线，配制成混合标准储备液，于–20℃下保存。

（2）仪器工作条件

色谱柱为 Waters ACQUITY UPLC BEH C_{18}（150 mm×2.1 mm，1.7 μm）；流动相 A 相为 0.2%甲酸溶液（ESI⁺）/水（ESI⁻），B 相为乙腈，梯度洗脱条件如表 7-1 所示；柱温为 40℃；流量为 0.3 mL/min；进样量：10 μL；离子源为 ESI；多重反应监测模式为 MRM；扫描模式为正负离子；离子源温度为 150℃；毛细管电压为 1.5 kV；脱溶剂气温度为 500℃；脱溶剂气流量为 850 L/h；16 种真菌毒素及内标的保留时间及质谱参数如表 7-2 所示。

表 7-1　梯度洗脱条件

正离子模式			负离子模式		
时间/min	水相 A/%	有机相 B/%	时间/min	水相 A/%	有机相 B/%
0.0	80	20	0.0	95	5
1.0	80	20	1.0	95	5
4.0	60	40	1.5	80	20
10.0	30	70	5.0	75	25
10.2	0	100	5.5	0	100
11.8	0	100	8.2	0	100
12.0	80	20	8.5	95	5
15.0	80	20	12.0	95	5

表 7-2　16 种真菌毒素及内标的保留时间及质谱参数

化合物	母离子（m/z）	子离子（m/z）	碰撞能量/eV	锥孔电压/V	保留时间/min	扫描模式 ESI⁺/⁻
AFTB$_1$	313.3	285.2[1)]/241.2	24/34	26	4.35	ESI$^+$
AFTB$_2$	315.3	287.3[1)]/259.3	26/28	40	3.94	ESI$^+$
AFT-G$_1$	329.3	243.3[1)]/311.3	26/20	38	3.94	ESI$^+$
AFTG$_2$	331.3	313.4[1)]/245.3	24/34	42	3.53	ESI$^+$
ZEN	317.4	175.1[1)]/131.1	26/28	38	6.44	ESI$^+$
NIV	311.3	281.2[1)]/187.0	10/25	14	2.36	ESI$^+$
DON	295.1	265.1[1)]/137.9	10/14	16	2.60	ESI$^+$
OTA	404.4	239.2[1)]/358.4	24/14	22	6.96	ESI$^+$
3-AcDON	337.1	307.1[1)]/173.1	10/9	20	3.95	ESI$^+$
15-AcDON	337.1	149.9[1)]/219.0	17/10	16	3.87	ESI$^+$
T-2	484.5	185.2[1)]/215.3	22/18	18	6.44	ESI$^+$
HT-2	425.3	263.3[1)]/215.2	12/10	16	5.02	ESI$^+$
ST	325.3	281.3[1)]/310.3	40/24	38	7.28	ESI$^+$
FB$_1$	722.8	352.6[1)]/334.6	38/34	44	4.45	ESI$^+$
FB$_2$	706.8	336.6[1)]/318.6	34/42	40	5.58	ESI$^+$
FB$_3$	706.8	336.6[1)]/81.1	44/66	42	5.12	ESI$^+$
13C-AFTB$_1$	330.3	301.2	24	38	4.35	ESI$^+$
13C-ZEN	335.4	185.1	26	38	6.44	ESI$^+$
13C-DON	310.3	279.3	14	18	2.60	ESI$^-$
13C-OTA	424.4	250.2	22	20	6.96	ESI$^-$
13C-T-2	508.6	322.4	14	18	6.44	ESI$^+$
13C-ST	343.3	327.3	26	36	7.28	ESI$^-$
13C-FB$_1$	756.8	356.6	44	42	4.45	ESI$^-$

注：1）为定量离子。

7.5.2　酶联免疫吸附检测法

酶联免疫吸附检测法（ELISA）依托于抗原抗体识别反应，将抗原或抗体结合在固相载体上，再加入相应的信号识别酶标记的抗体或抗原，使用识别相应标记酶的显色剂显色，通过酶与底物反应起到信号放大作用，测定特定波长下的读数。以常见食品中黄曲霉毒素 M$_1$ 的检测为例，介绍 ELISA 法的相关操作流程。

7.5.2.1　检测原理

采用直接竞争 ELISA 方法，在酶标板微孔条上预包被二抗，样本中 AFM$_1$ 和酶标抗原竞争抗 AFM₁ 抗体（抗试剂），同时抗 AFM₁ 抗体与二抗相结合，经 TMB 底物显色，样本吸光值与其含有 AFM₁ 呈负相关，与标准曲线比较再乘以其对应的稀释倍数，即可得出样品中 AFM₁ 的含量。

7.5.2.2　检测方法

（1）仪器与试剂

甲醇、乙腈、石油醚（或正己烷）、纯净水或去离子水、样品提取液（将甲醇用去离子水按 7∶3 体积比进行稀释，可在室温保存一个月）、样品稀释液（去离子水将 AFM₁ 浓缩样品稀释液按 1∶4 体积比进行稀释，在 4℃环境可保存一个月）、洗涤工作液（去离子水将浓缩洗涤液按 1∶9 体积比进行稀释，在 4℃环境可保存一个月）。

酶联免疫检测模块、振荡器、电子天平、微量移液器、刻度移液管、洗耳球、离心机、聚苯乙烯离心管（10 mL 和 50 mL）、三角瓶、滤纸（可选）。

（2）操作步骤

液态样品可直接进行检测。固态样品需先称取 5 g，加入 10 mL 样品提取液；剧烈振荡 5 min；过滤或于 4 000 r/min 离心 5 min；取 1 mL 上清液，加入 1.5 mL 的去离子水和 2.5 mL 的石油醚或正己烷；振荡摇匀；于 4 000 r/min 离心 5 min；将下层液体转移到另一洁净离心管中，用于检测。

加标准品/样本 50 μL 到对应的微孔中，加入 AFM₁ 酶标物 50 μL/孔，再加入 AFM₁ 抗试剂 50 μL/孔，轻轻振荡混匀，用盖板膜盖板后置 25℃避光环境中反应 30 min。小心揭开盖板膜，将孔内液体甩干，用洗涤工作液 300 μL/孔，充分洗涤 5 次，每次间隔 30 s，用吸水纸拍干（拍干后未被清除的气泡可用未使用过的枪头戳破）。加入底物液 A 液 50 μL/孔，再加底物液 B 液 50 μL/孔，轻轻振荡混匀，用盖板膜盖板后置 25℃避光环境反应 15～20 min。加入终止液 50 μL/孔，轻轻振荡混匀，设定酶联免疫检测模块于 450 nm 处（建议用双波长 450/630 nm 检测，在 5 min 内读完数据），测定每孔 OD 值。每个样本和标准品做 2 孔平行，并记录标准孔和样本孔所在的位置。

（3）结果判定

标准品或样本的百分吸光率等于标准品或样本的百分吸光度值的平均值（双孔）除以第一个标准（0 标准）的吸光度值，再乘以 100%，如下式所示：

$$百分吸光度值（\%）=\frac{B}{B_0}\times100\%$$

式中：B——标准溶液或样本溶液的平均吸光度值；

　　　B_0——0（ppb）标准溶液的平均吸光度值。

以标准品百分吸光率为纵坐标，以 AFM$_1$ 标准品浓度（ppb）的半对数为横坐标，绘制标准曲线图。将样本的百分吸光率代入标准曲线中，从标准曲线上读出样本所对应的浓度，乘以其对应的稀释倍数即样本中 AFM$_1$ 实际量。

7.5.3　G 试验

2008 年欧洲癌症治疗研究组织和美国国家过敏症与传染病研究所霉菌病研究组首次将（1,3）-β-D-葡聚糖检测方法 G 试验纳入微生物学标准。用于 G 试验的检测试剂来自于鲎的阿米巴细胞溶胞物，（1,3）-β-D-葡聚糖可特异性激活鲎变形细胞裂解物中的 G 因子，引起裂解物凝固，故称 G 试验。真菌（1,3）-β-D-葡聚糖激活血液变形细胞中 G 因子使其转化为活性 G$^+$，活性 G$^+$ 作用于凝固蛋白酶原使其转化为凝固蛋白酶，后者再作用于凝固蛋白发生凝固。根据凝固 T-OD 的时实曲线与标准曲线对比，从而定量测定样品的微生物含量。以下以（1,3）-β-D-葡聚糖检测试剂盒为例，介绍（1,3）-β-D-葡聚糖（光度法）的检测方法。

7.5.3.1　检测原理

真菌（1,3）-β-D-葡聚糖能特异性反应激活反应主剂中的 G 因子、凝固酶原等，发生凝固蛋白原转变的级联反应从而引起吸光度变化，根据检测其溶液吸光度变化对真菌（1,3）-β-D-葡聚糖浓度进行定量。试剂中添加的两性电解质及表面活性剂可抑制脂多糖对 B、C 因子的激活，对革兰氏阴性菌脂多糖有特异性屏蔽作用。

7.5.3.2　检测方法

（1）主要试剂成分

GKT-1M 包括反应主剂（总蛋白：G 因子、凝固酶原、凝固蛋白原）和样品处理液（表面活性剂：0.05%；K$^+$：0.01 mol/L；Mg^{2+}：0.02 mol/L）。GKT-2M/5M/10M/20M（0.114 mL/支、0.228 mL/支、0.532 mL/支和 1.064 mL/支）包括反应主剂（总蛋白：G 因子、凝固酶原、凝固蛋白原）、主剂溶解液（水）、处理液 A（表面活性剂：0.05%）和处理液 B（K$^+$：0.01 mol/L；Mg^{2+}：0.02 mol/L）。

（2）样品前处理

GKT-1M：取血清 0.1 mL，加入装有 0.9 mL 样品处理液中，混匀后 70℃ 孵育 10 min，取出后立刻放入冷却槽中冷却 5 min，即待测血清样本。

GKT-2M/5M/10M/20M：在无热原转移管中加入等体积的处理液 A 和 B，混匀备用。再准备好试验用的无热原平底试管，使用微量加样器加入 40 μL 配制好的处理液，然后取待测血清 10 μL 至对应无热原平底试管中，混匀，37℃ 处理 10 min。

（3）反应主剂配制

GKT-1M：无需复溶。

GKT-2M/5M/10M/20M：使用前分别取主剂溶解液 0.6 mL/1.2 mL/2.8 mL/5.6 mL 溶解反应主剂，混匀使用。

（4）反应主剂添加

GKT-1M：取处理后冷却的血清 0.2 mL 直接加入反应主剂中，溶解后使用微量加样器转移至无热原平底试管中（不要产生气泡），插入微生物快速动态检测系统中进行反应，反应结束后检测系统自动计算出待测血清中的（1,3）-β-D-葡聚糖含量。

GKT-2M/5M/10M/20M：血清样本处理后，直接向试管中继续加入 200 μL 溶解后的反应主剂，振荡 1～2 s 后，插入微生物快速动态检测系统中进行反应，反应结束后检测系统自动计算出待测血清中的（1,3）-β-D-葡聚糖浓度。

7.5.4 便携式快速检测

便携式（portable test system，PTS）检测设备是美国 Charles River 公司开发的一种便携式检测仪，该检测仪可用于内毒素和（1,3）-β-D-葡聚糖的快速检测。PTS 由手持式分光光度计和配套检测卡片两部分组成。检测卡片分为内毒素检测卡片和葡聚糖检测卡片，采用 PTS 检测内毒素和（1,3）-β-D-葡聚糖时选择各自适用的检测卡片。葡聚糖检测卡片包括 2 个样品通道和 2 个加标通道，通道内含有动态显色法 LAL 试剂、无热原缓冲溶液、显色基质等，出厂前已经进行效价和加标回收率的测试，并确定校准代码。检测卡片校准代码包含效价测试期间卡片的测试参数和标准曲线信息。所采用的检测卡片灵敏度为 10～1 000 pg/mL。

（1,3）-β-D-葡聚糖检测步骤基本与内毒素相似，检测前取出冷藏（2～8℃）的配套检测卡片，放置 10～15 min 至室温待用，检测仪开机后自动预热至 37℃。将检测卡片插入后根据提示输入检测卡片批号、检测样品批号、检测样品名称和稀释倍数。开始检测后，样品被反复抽吸以便同检测卡片通道内的反应试剂混合均匀，在 37℃ 条件下反应试剂和样品发生反应，检测过程大约需要 15 min。

第 8 章　嗅味代谢污染物及其检测技术

8.1　嗅味物质的分类和来源

　　饮用水安全问题与人体健康密切相关，是关系到国计民生、影响经济和社会可持续发展、建设环境友好型社会以及人与自然和谐共处的重大问题。随着我国生活水平的不断提高，饮用水中存在的嗅味问题也越来越受到人们的关注。嗅味物质不仅会破坏饮用水的感官性状，影响饮用水的水质质量，严重时还可能对人体健康造成潜在的危害，必须给予足够的重视。

　　水中的嗅味（flavor）包括嗅（气味，odors）、味（味道，tastes）和口感（mouth feel）三个方面，其中嗅的问题占据主要方面。嗅是关于水中存在的一些致嗅物质对人的舌、鼻及口等处感觉末梢神经刺激的一种综合感觉。20 世纪 90 年代，美国 Suffet 等使用嗅味分析年轮图（drinking water taste and odor wheel）对饮用水中嗅味物质进行分类。该方法依据人的感官对嗅觉和味觉的判断，将水中含有的嗅味划分为 3 类 13 种：包括味觉异味（4 种）：酸、甜、苦、咸；嗅觉异味（8 种）：土霉、氯、青草、沼气、芬芳、鱼腥、药及化学品味道；口和鼻感觉到的物质（1 种）。土霉味是上述 13 种嗅味中在水体中广泛存在且最难闻的异味。通过嗅味分析年轮图，人们将感官性状描述与水中存在的化合物联系起来（图 8-1）。

　　水体中致嗅物质种类繁多，来源广泛，有人为因素也有自然因素，主要有：某些微生物（藻类、浮游动物、放线菌等）的代谢产物（如土臭素和 2-甲基异莰醇等）以及水中有机物的厌氧分解产物（如硫醇、硫醚、硫化氢等）；工农业、畜牧业以及生活污水排入水体后直接产生的嗅味物质；水处理过程中产生的致嗅物质（酚类物质及三卤代物）等。

　　当前国内外饮用水嗅味事件时有发生，嗅味问题已经成为一个严重且普遍存在的环境问题。1876 年 Nichols 就曾报道过关于藻类导致的嗅味问题。1969 年日本琵琶湖（淡水湖）发生了嗅味问题，此后的每年夏季该问题都会上演一次。

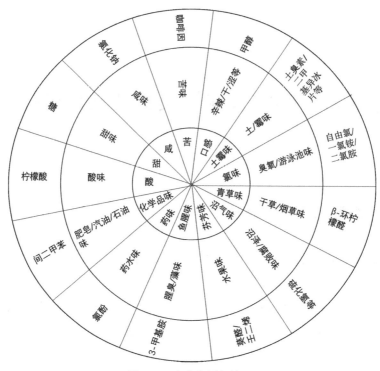

图 8-1 嗅味分析年轮图

资料来源：毛敏敏. 饮用水中氯代苯甲醚嗅味物质的生成机理研究[D]. 杭州：浙江大学，2014。

李勇，张晓健，陈超. 我国饮用水中嗅味问题及其研究进展[J]. 环境科学，2009，30（2）：583-588。

挪威的 Mjosa 湖由于藻类的大量繁殖，引发了严重的嗅味问题，使得 20 万人的饮水受到影响。Suffett 对美国和加拿大的水厂（800 多个）进行了深入调查，调查结果显示，43%的水厂发生过嗅味问题，并且持续的时间超过了 1 周，16%的水厂发生过严重的嗅味问题，这些水厂在控制水体嗅味方面的支出占到了其运行费用的 4.5%。

我国关于水体嗅味的问题同样十分严峻。中国科学院调查发现，我国武汉东湖水体的土霉味主要是由 2-甲基异莰醇（2-MIB）引起的，其中土臭素（GSM）浓度为 0～3.3 ng/L，2-MIB 浓度为 10～317 ng/L。在嗅味发生的最高峰时期，2-MIB 的浓度能够超过其气味阈值的十多倍。中国台湾地区某大学对水厂进行调查后发现，许多自来水厂的嗅味问题主要是由 GSM 和 2-MIB 等 5 种物质引起。太湖水库原水和金门地区荣湖水库中 2-MIB 的浓度非常高。其中荣湖水库的 2-MIB 浓度高达 135 ng/L，即使经过处理，仍然可以闻到土霉味。北京的密云水库和怀柔水库原水中 2-MIB 的浓度将近 30 ng/L，是两个水库中主要的致嗅物质。中国科学院针对我国一些湖泊水体的嗅味问题开展了一系列的研究调查，发现水体嗅味问题在我国普遍存在且十分严峻，尤其是江苏太湖、武汉东湖、云南滇池、安徽巢湖和其他水体富营养化的湖泊中。这不仅对当地居民的饮水问题产生影响，长此以往更会对人们的身体健康造成危害。

环境中嗅味物质的迁移规律同它们自身的理化特性密切相关。大多数的嗅味物质为挥发性或半挥发性的物质，水体的水流速度以及温度等方面的变化都会对它们在水中的浓度产生影响。嗅味物质一般都是较难降解的物质，它们溶解到水体中后，会逐渐累积，浓度会慢慢增加。此外，嗅味物质还能够依靠吸附作用在水中的底泥里累积，之后又可以通过释放的气体重新返回到水中引发嗅味问题。目前国内外的一些研究表明，导致水体发生嗅味问题的主要嗅味物质有 GSM、2-MIB、2-甲氧基-3-异丙基吡嗪（IPMP）、2-甲氧基 3-异丁基吡嗪（IBMP）、β-环柠檬醛（β-cyclocitral）、β-紫罗兰酮（β-ionone）、二甲硫醚（DMS）、二甲基三硫（DMTS）和 2,4,6-三氯苯甲醚（2,4,6-TCA）等。

有关水体发生嗅味问题的相关机理比较复杂，目前人们还没有达成统一共识。现阶段人们一般认为 2-MIB 和 GSM 是造成水体中产生土霉味的两种主要的嗅味物质，检出率也最高，某些放线菌和浮游藻类是它们的主要来源。此外其他一些生物，比如真菌中的部分霉菌、原生动物、极少数植物和倍足纲节肢动物等也能够产生嗅味物质。

放线菌引起的嗅味。Berthelot 和 Andre 在 1891 年发现放线菌在发酵过程中能够产生一种类似于土霉味的不良气味。Frankland 在 1894 年也指出放线菌具有强烈的腐臭味。1929 年 Adams 认为放线菌是水体中土霉味的主要来源。1965—1969 年，Gerber 从放线菌的次生代谢产物中分别两次提取出两种不同的嗅味物质，并且将其中一种物质命名为 GSM，另一种物质命名为 2-MIB。

藻类新陈代谢引起的嗅味。地表水遭受污染后，水体中营养盐成分大量增加，富营养化日益严重。在光照和温度适宜的情况下，水中的一些浮游藻类生长迅速并且开始大规模聚集，由此引发水华现象。藻类的大量繁殖会消耗水中的氧气，使水中溶解氧的含量迅速降低，最终导致水中生物死亡，水体发黑发臭，水质恶化。一方面，藻类暴发会使藻类释放出大量的能够造成水体嗅味问题的次生代谢产物；另一方面，放线菌等细菌会将死亡的藻类作为食物，加速它们的繁殖代谢，产生大量具有嗅味的代谢产物，增加水中的嗅味物质。

Susan 报道了水中的浮游藻类（如蓝藻、硅藻、金藻等）都可以产生嗅味物质。1967年，Safferman 等首先从蓝藻的次生代谢产物中分离出 GSM。1976 年，Tabachek 和 Yurkowski 又从蓝藻的次生代谢产物中分离出 2-MIB。除蓝藻外，一些真核藻类（如硅藻）同样也是水中嗅味物质的来源。研究发现，原生动物阿米巴原虫、真菌中的部分霉菌和极少数植物和倍足纲节肢动物也能够分泌出 GSM 或 2-MIB 两种嗅味物质。目前已经发现有 22 种放线菌、15 种蓝藻、2 种真菌、1 种黏液性细菌可以产生 GSM，2-MIB 则可由几种链霉菌、16 种放线菌、4 种蓝藻产生。

8.2 常见微生物嗅味代谢物的种类和性质

8.2.1 土臭素

土臭素（geosmin，GSM），分子式为 $C_{12}H_{22}O$，属于环醇类物质，其空间结构式如图 8-2 所示，GSM 由两个相连接的六角苯环结构作为主体结构，该空间结构较稳定。因此其化学性质也比较稳定。分配系数值（K_{ow}）指的是溶质在辛醇和水中含量的分配比，该值越高说明溶质的极性和水溶性越低，则这种溶质就越不易溶于水。GSM 的 K_{ow} 值为 3.13，溶解度是 150.2 mg/L，由此可以看出该物质是弱极性分子，微溶于水，极易溶于正己烷和甲醇一类的有机溶剂。GSM 的沸点为 165℃，为半挥发性有机物，主要来源和气味阈值如表 8-1 所示。

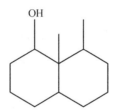

图 8-2 土臭素空间结构式

8.2.2 2-甲基异莰醇

2-甲基异莰醇（2-methylisoborneol，2-MIB），分子式是 $C_{11}H_{20}O$，其空间结构式如图 8-3 所示，与五角环相似，结构较稳定，属于环醇类物质。2-MIB 的 K_{ow} 值是 3.70，溶解度是 194.5 mg/L，同样属于弱极性分子，微溶于水，极易溶于有机溶剂。2-MIB 的沸点为 197℃，为半挥发性有机物，主要来源和气味阈值如表 8-1 所示。

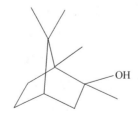

图 8-3 2-MIB 空间结构式

表 8-1 GSM 和 2-MIB 的气味阈值和主要来源

化合物	气味	气味阈值/（ng/L）	主要来源
GSM	土霉味	4	蓝藻和放线菌
2-MIB	土霉味	15	蓝藻和放线菌

8.2.3 硫醚类化合物

水体中常见的硫醚类恶臭化合物包括甲硫醇（methanethiol，MT）、甲硫醚（dimethyl sulfide，DMS）、二硫化碳（carbon disulfide，CS_2）、二甲二硫（dimethyl disulfide，DMDS）、二甲三硫（dimethyl trisulfide，DMTS）和二甲四硫（dimethyl tetrasulfide，DMTeS）等。硫醚类化合物的嗅味种类为烂圆白菜味、烂洋葱味、蒜臭味等。硫醚类化合物的嗅阈值很低，在空气中的嗅阈值（体积比）为：甲硫醇，0.07 μg/L；甲硫醚，3 μg/L；二甲基二硫醚，2.2 μg/L。由于嗅阈值很低，即使在水中的浓度很低也会产生嗅味问题，严重损害饮用水的质量。此外，某些具有挥发性的硫醚类有机物有较强的毒性，即便是在极低浓度的条件下，也能够损害人类的呼吸系统，若是暴露在高浓度的条件下，会导致人昏迷甚至死亡。

8.2.4 IPMP 和 IBMP

2-甲氧基-3-异丙基吡嗪（IPMP）与 2-甲氧基-3-异丁基吡嗪（IBMP）的分子式结构如图 8-4 所示，二者的嗅阈值非常低，分别低至 0.2 ng/L 和 1 ng/L，所以这两种物质即使是在极低浓度的条件下，也能够产生极易被人们感知的土霉味和辛辣味等不适气味，引起人们感官上的不适。Khiari 等认为 IPMP 是由土壤中的放线菌代谢所产生，IBMP 是微生物在厌氧条件下降解而产生的产物。二者的物理化学性质如表 8-2 所示。

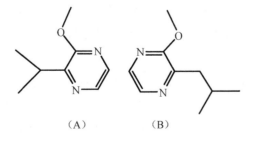

图 8-4 IPMP（A）和 IBMP（B）的结构式

表 8-2　IPMP 与 IBMP 的物理化学性质

化合物	分子式	相对分子质量	溶解度/（mg/L）	lgK_{ow}	密度/（g/mL）	沸点/℃
IPMP	$C_8H_{12}ON_2$	152.19	2 438	2.41	0.996	120～125
IBMP	$C_9H_{14}ON_2$	166.22	1 034	2.72	0.99	83～86

8.2.5　愈创木酚

愈创木酚又称邻甲氧基苯酚、2-甲氧基苯酚，分子结构式如图 8-5 所示。无色至淡黄色的油状液体，分子式 $C_7H_8O_2$，水中溶解度为 17 g/L（15℃），易溶于甘油、冰醋酸、醇等有机溶剂。愈创木酚的感官阈值很低，其在水中的阈值是 1 μg/L，在 12%的稀酒精溶液中为 0.03 mg/L，在干白葡萄酒中为 0.02 mg/L。超过气味阈值时会产生"药味""防腐剂味""烟熏味"等不良味道。愈创木酚的来源主要有微生物代谢、热裂解和儿茶酚甲基化作用三种途径。

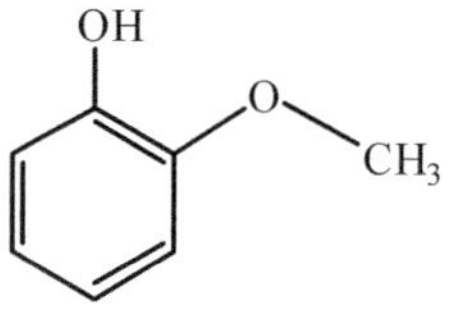

图 8-5　愈创木酚分子结构式

（1）微生物代谢

1978 年，Crawford 和 Olson 发现土壤中的几株巨大芽孢杆菌和一株链霉菌能够通过非氧化脱羧反应将香草酸转化为愈创木酚。阿魏酸是木质素的主要降解产物之一，它能被多种细菌和真菌代谢产生香草酸、香草醛和原儿茶酸等，这些物质进一步被转化成愈创木酚等物质。微生物代谢产生愈创木酚的途径如图 8-6 所示。

（2）热裂解作用

在高温条件下，木质素降解能够转化成阿魏酸和香草醛等物质，这些物质通过热裂解作用进一步转变为愈创木酚。Fiddler 等系统研究了阿魏酸的热分解，在它的降解产物中发现了愈创木酚。Faix 等在高温处理后的木头所产生的挥发性物质中发现了愈创木酚。Brebu 和 Vasile 在木质素的热降解产物中也检测到了愈创木酚。

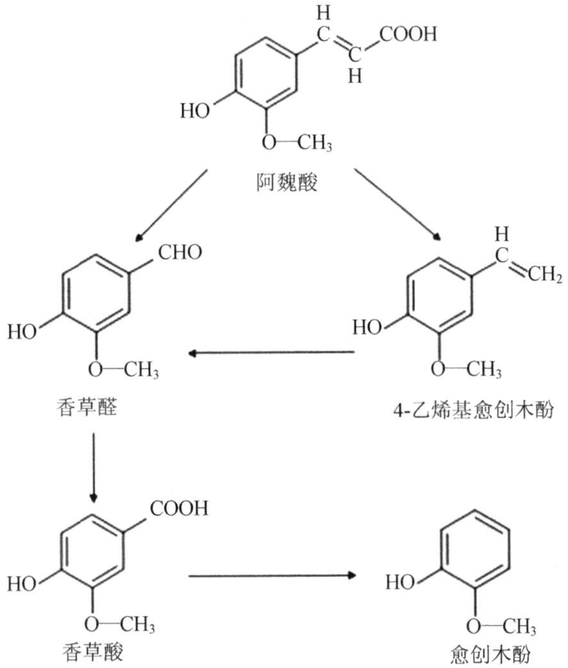

图 8-6　微生物代谢产生愈创木酚的途径

资料来源：Chang SS，Kang DH. *Alicyclobacillus* spp. in the Fruit Juice Industry：History，Characteristics，and Current Isolation/Detection Procedures[J]. Critical Reviews in Microbiology，2004，30（2）：55-74。

（3）儿茶酚甲基化作用

Mageroy 等认为西红柿中所产生的愈创木酚是由于儿茶酚的甲基化作用，儿茶酚邻位甲基转移酶在该过程中起到了重要作用，这种酶广泛地存在于植物与微生物中。

8.3　嗅味代谢物对健康和环境的影响

水体嗅味问题已经成为水污染的重要问题之一，近年来受到了国内外的广泛关注。水体中嗅味物质的影响主要涉及以下几个方面。首先，水体中的嗅味物质会降低饮用水的质量，并且这些物质极易被人们感知，从而直接影响饮用水的可饮性。虽然关于饮用水嗅味事件对人体健康影响的报道较少，嗅味物质对人体健康的影响尚不明确，但是仍有相关事件发生。1998 年，某地居民在饮用了含有嗅味的水之后，陆续有 38 人发生呕吐、腹泻等消化道问题，对人们的身体健康产生极大影响。Yagi 等发现，GSM 和 2-MIB 对海胆的早期发育能够产生抑制作用，所以人们摄入嗅味物质可能会对健康产生不良影响。其次，水体中的嗅味物质还会对水中的水生生物造成影响，使得水中的生物大量死亡，养殖的鱼虾也可能受到影响而无法存活，严重威胁到养殖业的发展。最后，水厂常规的水处理工艺（混凝、沉淀、过滤和消毒）很难去除水中的嗅味物质，因此水源一旦发生嗅味污染，会给水处理带来不小的难度。水厂一般通过增加预处理措施，如采用高锰酸钾预氧化、投加粉末活性炭等工艺进行处理，最终造成供水成本的提高。

8.4 嗅味代谢物的标准限值

目前，《生活饮用水卫生标准》（GB 5749—2006）中仅对 GSM 和 2-MIB 两种嗅味物质的浓度作出了限值规定，提出二者的浓度限值均为 10 ng/L。日本的饮用水标准中同样也对这两种物质的浓度作出规定，两种物质的浓度限值见表 8-3。

表 8-3　日本生活饮用水水质标准

致嗅物质	处理工艺	浓度限值/（ng/L）
2-MIB	粉末活性炭处理	20
	活性炭颗粒等永久性设施	10
GSM	粉末活性炭处理	20
	活性炭颗粒等永久性设施	20

8.5 嗅味物质检测分析方法

目前，国内外关于水中嗅味物质的分析检测方法主要有感官分析法及仪器分析法等。感官分析法是一种半定量方法，该方法被自来水厂广泛使用。相较于感官分析法，仪器分析法的灵敏度更高，因此被广泛应用于对嗅味物质的定性和定量分析。

8.5.1 感官分析法

嗅味物质进入人的鼻腔后会使人产生某种嗅觉的感官信号，大脑会依据这种信号感受并判断出气味的类别及强弱程度。感官分析法主要包括气味阈值检测法、嗅觉层次分析法和嗅味等级描述法等。

（1）气味阈值检测法

气味阈值检测法（TON）是指用不含嗅味物质的纯水或蒸馏水对检测的水样进行稀释，直到水样中的气味不能被感知，采用此时稀释倍数的值来表示嗅味的总体强度。采用该方法对水样进行检测时，要求检测评定人员具有一定的专业水平，人员越多检测误差越小，检测时要求在无嗅味的环境中进行。《水和废水监测分析方法》（第 4 版）中规定使用 TON 法检测水体的嗅味。TON 法的嗅阈值计算公式如下：

$$TON = \frac{A+B}{B}$$

式中：TON——嗅阈值；

　　　A——水样体积，mL；

　　　B——稀释所用无嗅水的体积，mL。

由上式可知，TON 值越大，表明同等浓度下用于稀释的无嗅水体积越小，即水中嗅味物质的嗅味强度越小。由于水中的某些嗅味物质极易挥发，导致一些嗅味物质在水样稀释的过程中挥发失去，从而造成数据误差较大、可信度和重现性较差。因此该方法并不是水中嗅味物质精确的检测方法，有一定的局限性。

（2）嗅觉层次分析法

嗅觉层次分析法（FPA）需要专业人员对水体的嗅味种类和强度进行分析。该方法的检测原理和过程与 TON 法大体相似，不需要对水样进行稀释，从而避免了水样在检测过程中因稀释造成嗅味物质挥发的问题。FPA 法相较于 TON 法在结果的可靠性和重现性上要更好。检测人员通常由经过严格训练的 4 人以上组成的气味分析小组进行分析，每个测试员需要经过特定而严格的训练、培训才能对异嗅味提供一个具有重现性的描述，因此该方法对测试人员要求较高。美国从 1981 年起就使用 FPA 法检测水中的异嗅味物质，美国《水和废水标准检验法》（第 17 版）中将 FPA 法作为饮用水中异嗅味的标准检测方法。采用该方法对水样进行检测时必须对水样进行判断，以确保水样的安全饮用性，某些含有危险物质的水样不适合采用该方法。

（3）嗅味等级描述法

嗅味等级描述法（FRA）是指凭借专业人员的自身嗅觉，对水样进行评价并描述其特征。该方法较为粗略，不能准确地进行定性定量，但是可以对水样中嗅味的强度进行直观的表述。我国的饮用水标准检测方法采用的就是 FRA 法，该方法将水体中嗅和味的强度划分为 7 个等级，采用较为粗略的文字对饮用水中的嗅和味进行了相关描述，如表 8-4 所示。

表 8-4　水样检测等级标准

气味强度等级	文字描述
0	不易被感觉
2	感觉非常微弱
4	微弱
6	中等偏弱
8	中等
10	中等偏高
12	较强烈

感官分析法虽然成本低、效率高，但是由于检测人员易受到主观因素的影响从而无法准确定量描述水体中的嗅味强度。感官分析法目前缺乏比较实用的嗅觉理论，其数据的客观性及系统性也不充足。因此，针对嗅味物质在定性定量方面的研究，仪器分析法被广泛使用。

8.5.2　仪器分析法

感官分析法由于很难对水中嗅味物质的成分、浓度以及结构进行准确的分析，因此人们将目光聚焦到了仪器分析法，开始研究并使用仪器对水中的嗅味物质进行分析检测。水中的嗅味物质大部分是挥发性物质或半挥发性物质，在水中通常以痕量存在。因此采用仪器对水样中的嗅味物质进行分析前，需要先对水中的嗅味物质进行浓缩富集，然后再使用仪器进行定性和定量分析（GC/FID 或 GC/MS）。仪器分析法对水中嗅味物质分析的关键在于样品的前处理，前处理的效果会直接影响到后续的仪器分析。目前，常用的前处理方法较多，应根据嗅味物质自身的特性选择较为合适的前处理方法。

8.5.2.1　前处理方法

（1）闭环捕捉分析法

闭环捕捉分析法（CLSA）也称作封闭循环式吹脱法，是美国国家环保局挥发性物质检测的标准分析方法。该方法是将气泵、样品瓶及活性炭小柱连接成闭合回路，利用空气泵产生的空气形成循环气流。气泵将空气通入样品瓶的底部，在循环气流下将水中的目标物质吹脱出来并吸附到活性炭柱上，然后再使用二硫化碳等有机溶剂作为洗脱液，将富集好的目标物质洗脱下来，最后对洗脱液进行定性定量分析。CLSA 法对典型嗅味物质 GSM 和 2-MIB 的检出限约为 2 ng/L。CLSA 法回收率较低，耗时长，对于挥发性较小的嗅味物质，不能使用此方法。

（2）开环捕捉分析法

开环捕捉分析法（OLSA）是在 CLSA 方法的基础上进行适当改动，用氮气替换空气，避免水分蒸发，通过提高吹脱温度从而加强吹脱效果，降低背景污染，对于一些弱挥发性和强亲水性有机物回收率的提高能够起到一定的帮助作用。

（3）吹扫捕集法

吹扫捕集法（P&T）又称为自动顶空法，是目前普遍用于水和废水中挥发性有机物的分析测定方法。该方法是将水样置于专用的惰性化的熔融玻璃管中，使用惰性气体连续通过水样从而将挥发性有机物从水中吹脱出来，最终富集到吸附剂中。这种方法不仅能将目标有机物吹脱得更加彻底，而且富集效率高。若水样的量较少，可以通过增加水样量或向水溶液中加盐提高检测的灵敏度。John 等使用 500 mL 水样进行吹扫捕集，然后进行 GC 分析，水中 2-MIB 和 GSM 的检出限为 5 ng/L。

（4）液-液萃取法

液-液萃取（LLE）法是目前较为常用的前处理方法，LLE 法可以将水中多种不同溶解性、极性和挥发性的有机物萃取出来。依据嗅味物质在水相和有机相中分配系数的差异，利用合适的有机溶剂将水样中的嗅味物质萃取出来，利用仪器进行分析，从而测定水中目标待测物的含量。Desideri 等用正己烷作为有机萃取溶剂，萃取 1 L 水样，水中 2-MIB 和 GSM 的检测限达到 1 ng/L。该方法设备简单，操作方便，分析时间短，目标有机物的浓缩程度高，方法灵敏度较高。但该方法回收率低，重现性差，无法现场取样分析，而且有机溶剂萃取时容易产生乳化现象，使检测结果偏低。此外，该方法对有机溶剂要求较高，通常要求使用色谱纯级别的有机溶剂。

（5）固相萃取法

固相萃取法（SPE）是将水样中的目标待测物吸附到固相吸附剂上面，再用洗脱液将固相吸附剂中的待测物质洗脱或是采用热解析法将待测物质从吸附剂中解析，最后进行 GC/MS 分析。Palmentier 等以 Amebersorb572 作为吸附剂，二氯甲烷作为洗脱剂，对水样中的两种嗅味物质 GSM 和 2-MIB 进行萃取，采用 GC/MS 进行分析，水样中两种嗅味物质的检出限为 2 ng/L。SPE 法操作简单，有机溶剂用量少，但是该方法的回收率和精密度较低，所以还需要对此方法进行进一步的优化。

（6）固相微萃取法

固相微萃取（SPME）技术是在固相萃取（SPE）的基础上进一步开发研究出的萃取方法，它是一种基于气固吸附和液固吸附平衡的富集技术。该方法在高温和搅拌的条件下，利用均匀涂覆在石英纤维头上面的吸附剂涂层萃取富集待测水样中的挥发性有机物。目前，该技术在饮用水的痕量级嗅味物质的富集检测方面的应用较为广泛。SPME 的操作过程一般分为两步：① 萃取过程，萃取头位于待测水样中或是上方，水样中的待测物质在加热搅拌条件下从水样中挥发出来并富集到萃取头上面；② 解吸过程，将已经富集了目标待测物的萃取头置于 GC 汽化室中，在高温条件下富集在萃取头上面的目标待测物解吸附进入完成分析检测。SPME 的结构类似一个注射器活塞，熔融石英纤维的萃取头上附着有用来萃取样品的吸附剂，通过活塞可以将石英纤维的萃取头缩回到针管内部从而保护易损的纤维。使用针管刺穿样品瓶的密封垫，然后通过活塞把石英纤维头推出针管进行吸附富集。萃取方式一般有 4 种：顶空式萃取法、淹没式萃取法、膜保护萃取法和衍生化萃取法。Lloyd 等对 SPME-GC/FID、SPME-GC/ITD、吹扫捕集-GC/FID 和吹扫捕集-GC/MSD 几种检测方法进行了比较，发现 SPME 的萃取效果优于吹扫捕集法。SPME 方法集采样、萃取、浓缩、进样于一体，相较于其他方法具有以下优势：操作方便，可以节省预处理 70%的时间，从而实现快速分析；成本较低，每个萃取头可以反复使用 100 次以上；处理过程中无需使用有机溶剂，使操作人员的工作环境得到大幅度的改善；试验用的手柄和萃取头携带方便，可以进行现场采样；具有普适性，可以在任何型号的 GC 上直接进样分析。

8.5.2.2　检测方法

气相色谱法（GC）是一种常用的分离分析技术，该方法将气体作为流动相进行色谱分析。由于 GC 的定性能力不强，所以需要依靠组分的保留特性来对样品进行定性。相较于 GC，气相色谱-质谱联用（GC/MS）技术不仅保留了 GC 的优点，同时还弥补了其定性不强的缺点。GC/MS 对样品进行分析检测时，样品首先经过分离进入质谱仪离子源，通过电离过程转化为离子，然后离子再逐步经过质量分析器和检测器成为质谱信号录入到计算机中。在检测过程中，只需将分析器的扫描质量和扫描时间设置在一定范围内，就可以利用计算机采集每一个质谱。GC/MS 主要有离子扫描和全扫描两种。离子扫描仅对特定离子进行选择性扫描并记录其特征，排除其他离子，从而在全扫描的基础上大大提高了灵敏度。GC/MS 是目前对水中嗅味物质能够进行较为精确的定性与定量分析的技术。

（1）2-MIB 和 GSM 检测方法

1）固相微萃取条件：新萃取头（PDMS/DVB）使用前需在 250℃色谱进样口内活化 30 min，顶空萃取瓶中加入 20 mL 水样和 5 g NaCl；磁力搅拌器转速 1 200 r/min；萃取温度 65℃；平衡时间 10 min；萃取时间 60 min；解吸温度 250℃，解吸时间 3 min。

2）色谱条件：HP-5MS 毛细管柱（30 m×0.25 mm×0.25 μm）；高纯氦气（99.999%），采用恒流模式，载气流速 1.0 mL/min；程序升温控制，初始温度 40℃（保持 2 min），以 4℃/min 升至 140℃，再以 10℃/min 升至 280℃；280℃后运行 3 min；进样口温度 250℃，不分流进样。

3）质谱条件：电子轰击离子源（EI），离子源温度 230℃，四极杆温度 150℃，传输线温度 280℃，电子能量 70 eV。选择离子扫描（SIM）模式采集数据。2-MIB 定量离子为 m/z 95，定性离子为 m/z 95、108 和 168；GSM 定量离子为 m/z 112，定性离子为 m/z 112、125 和 182。

（2）IPMP 和 IBMP 检测方法

1）液液萃取过程：用 5 mL 移液枪移取 5 mL 水样，置于 10 mL 具塞比色管中，操作过程中使水样沿瓶壁流下，尽量避免搅动造成的曝气。根据实验需要加入一定量的盐，密闭后轻微振荡使之溶解，然后加入 1 mL 正己烷溶液，密闭振荡萃取一定时间，静置 4 min，取上层正己烷溶液，GC/MS 进样分析。

2）气相色谱-质谱条件：载气为高纯氦气（99.999%）；载气流量控制方式为压力控

制；柱头压为 90 kPa（压力过高或过低都会导致信噪比降低）；进样量为 1 μL；进样方式为无分流进样；数据采集和处理采用 GC/MS solution 软件工作站。进样口温度为 180℃；质谱检测器离子源温度为 250℃；离子源为电子轰击离子源（EI）；检测模式为选择离子检测（SIM）。溶剂延迟 6.5 min。升温程序为初始温度为 40℃，保持 10 min，再以 40℃/min 的速率升温至 250℃保持 4.75 min；IPMP 的特征离子（m/z）为 124、137、152，出峰时间为 13.055 min；IBMP 的特征离子（m/z）为 124、151，出峰时间为 13.533 min。

（3）β-环柠檬醛

β-环柠檬醛采用 QP2010S 气相色谱质谱仪、RTX-5MS 毛细管柱（30 m×0.25 mm×0.25 μm）测量。升温程序为在 40℃保温 5 min，然后以 10℃/min 的升温速率升温至 100℃，再以 30℃/min 的速率升温到 250℃。进样口温度为 180℃，离子源温度为 200℃，接口温度为 250℃，无分流进样模式，柱流压力为 90 kPa。选择离子检测模式，β-环柠檬醛的特征离子（m/z）为 67 和 109，保留时间为 13.658 min。内标法定量，内标物 1-氯辛烷的特征离子（m/z）为 55 和 91，保留时间为 11.875 min。

（4）愈创木酚

1）固相微萃取：取 9 mL 水样置于 15 mL 的 SPME 萃取瓶中，加入 1.8 g Na_2SO_4，然后插入萃取头，以磁力搅拌器搅拌，加热温度为 55℃（水浴加热），萃取 35 min，放入 GC-MS 中进行分析检测。

2）色谱条件：色谱柱为 Agilent HP-5MS（30 m×0.25 mm×0.25 μm）。进样口温度为 270℃，解析时间 10 min，30∶1 分流进样。程序升温：初始温度 50℃，保持 2 min，然后以 30℃/min 的速度升至 260℃，保持 1 min。载气为高纯氦气（99.999%），流速 1.0 mL/min。传输线温度为 270℃。

3）质谱条件：离子源为 EI；电子轰击能为 70 eV，离子源温度 230℃。选择离子扫描（SIM），愈创木酚的特性离子（m/z）：81、109、124，全扫描模式（Scan），扫描范围 m/z：55～280。

第9章 群体感应现象及群体感应分子的检测技术

9.1 群体感应简述

9.1.1 群体感应介绍

群体感应是细菌之间的一种交流方式，而用来描述细菌之间交流的群体感应（quorum sensing，QS）是 1994 年由 Fuqua 首次提出的。20 世纪 70 年代，在探究 *V. fisheri* 和 *V. harveyi* 发光机制的过程中，发现细菌发光与其所处环境中的浓度有关联。当细菌分布较散，浓度较低（5 cells/mL）时，仅能观察到少数菌体发光；而当细菌大量聚集时（$10^9 \sim 10^{10}$ cells/mL），可观察到强烈的光。通过深入研究发现，*V. fisheri* 和 *V. harveyi* 能够分泌一类小分子化合物，其浓度随着细菌繁殖而增大，当浓度达到一定阈值时，即可通过调节细菌发光基因的表达使细菌发光。群体感应又可称作"自动诱导"（autoinduction），或"细胞与细胞的交流"（cell to cell communication），或"细菌之声交响曲"（symphony of bacterial），是一种微生物间通过化学信号分子进行信息传递的形式，且这种群体效应不单存在于同种微生物细胞间，它还可以调节不同种微生物间的相互关系，被视为微生物的语言，因此受到了研究人员的高度重视。但产生群体感应需要具有一定的前提条件：感应现象的发生，需要一定的细菌密度。通常情况下，细菌在自我繁殖过程中会产生特定的信息分子，这种信号分子就是自诱导物（autoinducer，AI）。环境中，细菌分泌的信息分子浓度会随着细菌数量的急剧增加而相应升高，而信息分子的浓度也可反映细菌细胞的数量，细菌根据特定信号分子的浓度可以监测所处环境中自身及其他细菌的数量变化，当信息分子的浓度达到阈值时，菌体为适应环境变化就会启动相关基因表达。有研究者将这种现象称为细胞密度依赖的基因表达（cell density dependent control of gene expression），并同时将这种调控系统称为群体感应系统（quorum sensing System，QS 系统），是因为这种现象的发生需要细菌的密度达到特定阈值后才会发生。当群体感应信号分子的浓度达到阈值，即可启动信号传递、调控某些特定基因的表达，最终使整个群体适应功能受到调节。QS 系统参与许多细菌重要的生物学功能调节，如生物的发光、抗生素的合成、质粒的结合转移、病原细菌胞外酶与毒素的产生、生物群游现象以及生物膜形成、根瘤菌与植物共生等。

目前已知的群体感应信号包括酰基高丝氨酸内酯（N-Acyl homoserine lactones，AHLs）、寡肽（oli-gopeptide）类分子、羟基棕榈酸甲基酯（palmitic acid methyl ester，PAME）、呋喃硼酸二酯（Fura-nosyl borate diester，AI-2）和扩散性信号分子（diff usible signal factor，DSF），其中大部分涉及细菌毒力的调节。根据信号分子种类的不同，细菌群体感应系统可大致分为三类：革兰氏阴性菌 QS 系统，主要存在于革兰氏阴性菌中，以酰基高丝氨酸内酯（AHLs）类物质为信号分子；革兰氏阳性菌 QS 系统，主要存在于革兰氏阳性菌中，以寡肽类蛋白为信号分子；混合型 QS 系统，存在于革兰氏阴性菌与革兰氏阳性菌中，以呋喃酰硼酸二酯为信号分子。

9.1.2　革兰氏阴性菌 QS 系统

现今研究最多的一类群体感应系统是革兰氏阴性菌 QS 系统，其分泌的信号分子一部分属于内酯类小分子，但大部分属于酰基高丝氨酸内酯（AHLs），革兰氏阴性菌中香豆酸酰高丝氨酸（P-coumaroyl-HSL）是 QS 系统中分泌的一种信号分子，二酮哌嗪类化合物（DKP）同时是荧光假单胞菌（*P. fluorescens*）、弗罗因德枸橼酸杆菌（*C. freundii*）、产碱假单胞菌（*P. alcaligenes*）和成团肠杆菌（*E. agglomerans*）分泌的信号分子。如图 9-1 所示，AHLs 属于特殊的两亲性化合物，其具有水溶性和膜透过性，可以利用扩散作用自由穿越或通过特定的转运通道到达胞外，从而在周围环境中逐渐累积。当处于低浓度环境时，信号分子 AHLs 便会沿着浓度梯度的方向主动地扩散，扩散作用随着内外浓度差的不断缩小而逐渐减弱，直至细胞内外的浓度大致相同。当 AHLs 浓度达到特定阈值时，细菌的某些功能基因便会开始诱导表达。

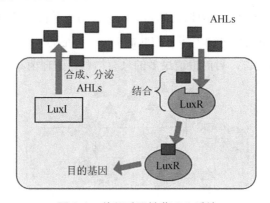

图 9-1　革兰氏阴性菌 QS 系统

资料来源：张曙梅，徐向荣，徐浩. 细菌生物膜群体感应系统研究进展[J]. 生物技术通报，2016，32（12）：19-22。

QS 系统的作用方式在革兰氏阴性菌中基本相似，以下以费氏弧菌为例进行阐述。费氏弧菌的 QS 系统包括信号分子 AHLs、自诱导物合成酶 LuxI 和自诱导物受体蛋白 LuxR，随着细胞密度的增大，LuxI 负责诱导 AHLs 的合成，它通过使酰基-酰基载体蛋白（Acyl-ACP）的酰基侧链与 S-腺苷甲硫氨酸（SAM）上的高半胱氨酸基团相结合，生成具有特异性的酰化 HSL 分子后内酯化形成 AHLs 信号分子。自由扩散的信号分子 AHLs 通过细胞膜到达细胞的周边，随着细胞密度的增加其密度也会随之增加，并随着细胞的密度到达一定阈值，此时 AHLs 就会与 LuxR 的 N-端区域结合，形成 LuxR-AI 复合物，LuxR 被激活，C-端区域发生寡聚化并能够识别、结合并激活其下游发光基因（*luciferace*）的启动子，发光蛋白因此得以表达从而发光。

9.1.3　革兰氏阳性菌 QS 系统

革兰氏阳性菌 QS 系统的 AIPs（auto inducing peptides）是一种寡肽类的信号分子，调控过程主要包括 AIPs 的合成、加工、分泌以及细菌对 AIPs 的信号响应等，其信号识别系统是双组分信号转导系统（two component system，TCS），该系统可用来调控细菌体内相关基因的表达。由于 AIPs 不具有自由穿透细胞壁出入细胞的能力，因此便需要借助其他系统，如通过 ABC（ATP-binding-cassette）转运系统或其他膜通道蛋白的作用才能到达细胞外行使其特有的信号功能。具体作用机制是指分泌的信号分子 AIPs 通过 ATP-结合盒（ATP-binding cassette，ABC）转运系统通过细胞膜进入细胞的外周，如图 9-2 所示。AIPs 的浓度随细菌细胞密度的增加而逐渐增大，当其达到一定的阈值时，可与细胞膜上的传感蛋白激酶（sensor kinase）相结合，在磷酸化与去磷酸化的作用下，传感蛋白激酶与下游的调控基因相结合并促使其表达。当二者结合后，传感蛋白激酶自身的组氨酸残基发生磷酸化，随后将该磷酸基团传递给反应调节蛋白的天冬氨酸残基上，使目的基因的启动子与磷酸化反应调节蛋白相结合导致启动相关基因的表达。与革兰氏阴性菌相比，革兰氏阳性菌的信号分子 AIPs 由一系列经过加工修饰的肽而形成，其形态、作用等相差较大。所以对于革兰氏阳性菌 QS 系统而言，目前报道最多的只有枯草芽孢杆菌和金黄色葡萄球菌。

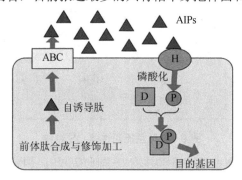

图 9-2　革兰氏阳性菌 QS 系统

资料来源：张曙梅，徐向荣，徐浩. 细菌生物膜群体感应系统研究进展[J]. 生物技术通报，2016，32（12）：19-22。

9.1.4　混合型 QS 系统

研究发现，某些信号分子可以在革兰氏阴性菌和革兰氏阳性菌中被同时检测到，研究者对这类信号分子诱导基因表达的系统称为混合型系统（图 9-3）。混合型 QS 系统可以帮助细菌了解自身群体的浓度变化的同时还可以清楚地了解到周围环境中其他细菌的浓度变化，这相较于前两种 QS 系统有所不同。另外，种间产生信号分子后的反应与种内的不同，种间产生的信号分子有助于细菌通过了解其在周围环境中的浓度从而判断自己的等级，借此来适当调整细菌自身的生理行为。因此，在多类细菌中同时生成和存在的信号分子便可作为通用的信号分子，便于细菌种间交流。通常，混合型 QS 系统具有两条平行的感应路径，可以独立地将信息传递给各自的感应调控处，诱导各自的基因表达。

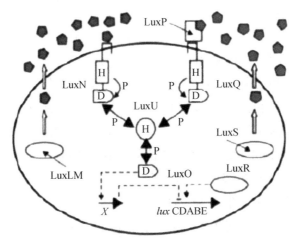

图 9-3　夏威夷弧菌混合型 QS 系统

资料来源：李俊英，王荣昌，夏四清. 群体感应现象及其在生物膜法水处理中的应用[J]. 应用与环境生物学报，2008（1）：138-142。

最初，信号分子 AI-2 是从哈维氏弧菌中被发现的，其广泛存在于革兰氏阳性菌和革兰氏阴性菌中。随后，在许多其他有机体中也发现了 AI-2 的存在。研究发现，这种信号分子能够控制多种具有特定功能的基因进行表达，如在放线杆菌中可控制编码毒力因子，生物膜的形成以及糖代谢的基因等。细菌种内及种间的信号交流均有 AI-2 的参与。在革兰氏阴性菌和革兰氏阳性菌中，无论是 AHLs 还是 AIPs，由于细菌的不同，其产生的信号分子也都具有合成和结构的特异性。而 AI-2 较为特殊，其合成的机制和结构无论是在革兰氏阴性菌还是革兰氏阳性菌中都极其相似，因此 AI-2 被看作细菌种间进行交流的信号分子。这些特性决定了细菌能否通过调节自身基因的表达而较快地适应环境。研究者发现 AI-2 的性质与革兰氏阴性菌的信号分子比较相似，它是由 S-腺苷同型半胱氨酸（SAH）经过高半胱氨酸核苷酶（Pfs）和 S-腺苷同型半胱氨酸核苷酶（LuxS）的一系列反应被分解转化成腺嘌呤、同型半胱氨酸和 4,5-二羟基-2,3-戊二酮（4,5-dihydroxy-2,3-pentanedione，DPD）。DPD 具有不稳定性，能自发环化形成不同的呋喃化合物。作为 AI-2 信号分子或 AI-2 的前体物质，其作用方式与革兰氏阳性菌的 AIP 的作用方式极其相似。另外，LuxS 是信号分子 AI-2 的合成酶，Lsr 的前 4 个基因 ACDB 用于编码 AI-2 转运体的结构，并随着信号分子 AI-2 的导入，LsrK 编码磷酸激酶。LuxN 和 LuxP、Q 依次与信号分子作用使 LuxU 产生磷酸化反应，激活 LuxO 后使目标基因发生相应的表达。

9.1.5　其他信号分子介导 QS 系统

除了以上几种介导 QS 系统的信号分子还包括假单胞菌喹诺酮信号分子（pseudommonas quinolone signal，PQS）以及它的前体 HHQ（2-heptyl-4-quinoline）、扩散性信号分子（diffusible signal factor，DSF）和 AI-3 均属于 QS 信号分子，随着研究的深入，新的信号分子无疑将会被陆续发现。PQS 和 HHQ 是 pqsABCDE 操纵子生物合成的产物，它们能够通过与转录调控因子 PqsR 的相互作用来调整目标基因的表达。DSF 最初是在野生型的黄杆菌属（*X. campestris*）中被识别的，属于多种细菌的信号分子，目前发现的菌属包括洋葱伯克霍尔德菌（*B. cenocepacia*）和叶缘焦枯病菌（*X. fastidiosa*）。DSF 和 BDSF（*B. cenocepacia* DSF）需要黄杆菌属的 RpfB 及葱伯克霍尔德菌的 Bcam0581，且二者属于同源。最近发现 BDSF 通过 3-羟基癸酸的硫酯酰基载体蛋白（acyl carrier protein，ACP）使 Bcam0581 的催化脱水和硫酯裂解反应相继产生。AI-3 属于一种芳香信号分子，由人体肠道菌群和某些肠溶性病原菌产生，目前还并未获得它的结构。AI-3 通过 QseC 传感激酶在肠溶性病原菌大肠杆菌和鼠伤寒沙门氏菌中担任信号分子，并通过反应调节器 QseB 激活目标基因的转录。

9.2　群体感应对微生物生物膜形成的调控作用

生物膜（biofilm）是由细菌及其分泌的胞外多聚物（EPS）所组成的共聚体，是地球上普遍存在的成功的生命形式之一。与游离细菌相比，生物膜拥有一些新的性质：生理及"社会"间相互联系（合作或竞争）的建立、基因交换频率的增加以及对抗生素耐受程度的增大等。在成熟生物膜中，细菌被包裹在由蛋白质、多糖、脂质和胞外核酸组成的 EPS 中。由于生物膜中营养物质、电子受体及代谢废物的分布不同，生物膜中的细菌在基因表达、形态、性状和分化发展阶段等各不相同，它们的不同状态或分工决定了生物膜的结构和性质。EPS 在生物膜中起到重要的作用：① 限制细菌的活动能力；② 形成捕获营养物质和多种生物活性分子的骨架结构；③ 组成外部消化系统，EPS 中的酶类可以降解多种 EPS 成分和其他营养物质或底物；④ 是抵抗外界侵害的屏障，保护细菌免受毒素、抗生素和其他生物等的危害。

生物膜的形成一般包括 4 个阶段（图 9-4）。第一阶段为细菌初始黏附。浮游的细菌借助鞭毛的运动、流体动力或布朗运动到达载体表面。第二阶段为细菌微集落形成。吸附到载体表面的细菌在繁殖过程中通过调节基因表达，分泌出胞外聚合物，如多糖、蛋白质、胞外 DNA 等，黏附于载体表面形成微集落。第三阶段为生物膜成熟。细菌通过生长和繁殖形成复杂的三维结构的生物膜。第四阶段为生物膜的分散。生物膜中的胞外聚合物分解，单个细菌脱离生物膜，进入周围环境中，进入下一个生物膜周期。细菌生物膜形成的不同阶段与群体感应密切相关，受群体感应系统的调控。群体感应系统对生物被耐药性的调控作用主要表现为：群体感应系统首先调节细菌生物膜的生成，再由生成的生物被膜保护细菌免受抗菌药物攻击，最终导致广泛耐药性。研究发现，很多细菌的群体感应系统与它们生物膜的形成、成熟及解体相关，表 9-1 列出了部分细菌群体感应系统缺陷对生物膜的影响。此外，群体感应信号分子 AI-2 还可参与多种细菌生物膜的调控，如 *Actinobacillus pleuropneumoniae*、*B. cereus*、*E. coli K12*、*Moraxella catarrhali*、*Aggregatibacter actinomycetemcomitans*、*Mycobacterium avium*、*S. gordonii*、*S. pneumoniae* 等。群体感应系统对细菌生物膜的调控主要是通过 c-di-GMP 或 cAMP，这样可以将复杂的外界信息转化为单一的通用的胞内信号分子，从而实现对细菌相关基因的快速调控。

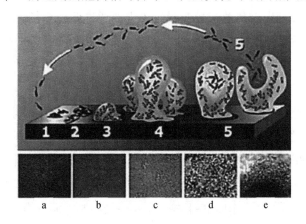

图 9-4　生物膜形成过程

资料来源：李俊英，王荣昌，夏四清. 群体感应现象及其在生物膜法水处理中的应用[J]. 应用与环境生物学报，2008（1）：138-142。

AHLs 介导的群体感应系统是一种细胞与细胞间的通信机制，现发现有超过 200 种细菌产生 AHL 型群体感应信号，其中多为病原菌，如农业上的根癌农杆菌（*Agrobacterium tumefaciens*）和软腐病菌（*Erwinia carotovora*）、医学上的病原细菌绿脓杆菌（*Pseudomonas aeruginosa*）和伯克氏菌（*Burholderia cepacian complex*）。Parsek 和 Greenberg 发现生物膜通过微生物间的相互协调而发挥作用，为此提出了细菌社会化行为的概念，并指出形成生物膜的微生物具有社会化行为特征。这种行为正是通过微生物间的群体感应系统来实现的。Shrout 等研究发现，绿脓杆菌的 *las* 和 *rhl* 群体感应系统均参与鼠李糖脂的形成，这种糖脂可用于维持生物膜结构，由此表明绿脓杆菌的群体感应会影响生物膜结构。因此，群体感应与生物膜形成之间是一个极为复杂的过程。目前研究表明，群体感应调控生物膜的途径是通过促进 EPS 的产生，而 EPS 的产生在生物膜形成中最为重要。目前，为控制生物膜的形成，枯草芽孢杆菌（*Bacillus subtilis*）和霍乱弧菌（*Vibrio cholera*）已经被用于群体感应系统以限制 EPS 的产生。信号分子 AHLs 对生物膜的调控是目前群体感应与生物膜的研究重点。Lade 等通过研究确定了 AHLs 的产生和生物膜形成之间的关系，同时发现气单胞菌属和肠杆菌属对生物膜的形成起到了重要作用。Hu 等发现 AHLs 与生长阶段的生物膜量呈正相关，并且总 AHLs 的量与 EPS 特别是多糖密切相关。但生物膜中发现的不动杆菌属、弓形杆菌属、军团菌属、鞘脂单胞菌属等的群体感应系统对于生物膜形成的具体作用尚不清楚。影响膜生物反应器大范围应用的主要障碍包括膜污染现象。部分研究者认为群体感应能够促进生物膜的形成，调控群体感应则可以抑制生物膜形成、防止膜污染，并对此进行了深入研究。此方法对于解决膜污染问题极为重要。Yeon 等首先提出了利用群体感应控制膜污染的概念，并证实利用群体感应系统控制膜污染是可行的。如今，利用群体感应控制膜污染主要通过两种途径：一种是群体感应降低微生物附着实现膜污染的控制，如 Xu 和 Liu 通过加入 2,4-二硝基酚干扰 ATP 合成来降低 AI-2 的产生，进而通过抑制微生物的附着来实现膜污染控制；另一种主要是通过减少 EPS 的产生不利于生物膜形成，从而实现膜污染的控制。Kim 等利用群体淬灭酶干扰群体感应系统实现膜污染控制，由于淬灭酶减少了 EPS 的分泌，从而控制了生物膜的形成。Kim 等通过利用 CEBs 的群体猝灭效应，向 MBR 中投加带有群体淬灭菌的细胞诱骗小球（CEBs），使微生物产生的 EPS 减少而使得生物膜松散，便于脱落而减轻膜污染。此外，Nam 等发现香兰素对群体感应菌的抑制活性，并通过投加香兰素实现了膜污染控制，结果显示，香兰素明显减少了生物膜的形成，在膜污染控制方面具有巨大潜力。除了 AHLs 信号分子对生物膜有重要调控功能，DSF 信号和细菌第二信使 c-di-GMP 对生物被膜也同样具有不同程度的影响。野油菜黄单胞杆菌属于十字花科致病菌，通过 DSF 信号的浓度变化，该致病菌能够调控细菌生物膜的形成和驱散。研究发现，菌株中若 DSF 信号发生缺陷会致使与细菌胞外多糖合成密切相关的 *xagABC* 基因簇被激活表达，促进细菌形成生物膜。与此相反的是，大量的 DSF 信号在高密度的野生型细菌群体中产生，DSF 信号的大量生成可通过 RpfC 降解细胞内的 c-di-GMP 信号，抑制 *xagABC* 基因簇的表达，并

且促进野油菜黄单胞菌产生由 manA 基因编码的内-1,4-β-甘露聚糖酶,催化降解细菌群落中的胞外多糖,从而抑制野油菜黄单胞杆菌生物膜的形成。因此,群体感应系统在野油菜黄单胞杆菌中分别以反向调控和正向调控的方式,同时控制与生物膜形成相关的 xagABC 基因簇和与生物膜驱散有关的 manA 基因的表达,但其分子机制仍需进一步研究阐明。

c-di-GMP 是细菌细胞内的第二信使,通过其浓度的改变可以控制细菌的状态,使其在浮游状态(motility)和固着状态(sessility)之间的进行转化。通常,c-di-GMP 浓度较低时不利于生物膜的形成,细菌将处于浮游生长状态,c-di-GMP 浓度较高时能够加快细胞黏附机制组分的产生和分泌,促进生物膜形成,使其转换为固着状态。大肠杆菌(*Escherichia coli*)中 c-di-GMP 增加的同时可结合到其受体蛋白 PgaC 和 PgaD 上,因此改变了 PgaCD 的结构并激活其酶活性,促进胞外多糖的合成和释放,进而促进了大肠杆菌生物膜的形成。增加的 c-di-GMP 分子与荧光假单胞杆菌(*P. fluorescens*)内的 LapD 蛋白结合可引起构象改变,使其与 LapG 蛋白结合并释放 LapA 蛋白,LapA 蛋白通过 ABC 型运输结构分泌到细胞表面涉及细胞表面的黏附性,进而促进生物膜的形成。研究表明,群体感应系统与 c-di-GMP 信号系统形成复杂的多级信号网络导致了细菌生物膜的形成受到调控。如前所述,黄单胞杆菌的群体感应信号分子 DSF 通过 RpfC 激活 RpfG 降解细胞内的 c-di-GMP 信号,降低编码多糖合成的 xagABC 基因簇的表达并促进 Xcc 产生胞外多糖降解酶内-1,4-β-甘露聚糖酶,从而使生物膜的形成被抑制。在霍乱弧菌(*vibrio cholerae*)中,群体感应受体 HapR 受高细胞密度激活进而调控下游与 14 个基因的表达,这些基因与 c-di-GMP 合成及降解息息相关。最终细胞内的 c-di-GMP 浓度被降低,从而抑制了生物膜的形成。

近几年研究发现,群体感应系统与细菌生物膜的形成、成熟及解体相关,表 9-1 列出了部分细菌群体感应系统缺陷对生物膜的影响。此外,群体感应信号分子 AI-2 参与了多种细菌生物膜的调控,如胸膜肺炎放线杆菌(*actinobacillus pleuropneumoniae*)、蜡样芽孢杆菌(*B. cereus*)、大肠杆菌 K12(*E. coli* K12)、卡他莫拉菌(*moraxella catarrhali*)、放线共生放线杆菌(*aggregatibacter actinomycetemcomitans*)、鸟〔型〕结核分支杆菌(*mycobacterium avium*)、格氏链球菌(*streptococcus gordonii*)、肺炎链球菌(*S. pneumoniae*)等。群体感应系统主要通过 c-di-GMP 或 cAMP 对细菌生物膜进行调控,将复杂的外界信息转化为单一通用的胞内信号分子,从而实现对细菌相关基因的快速调控。

表 9-1　部分细菌群体感应系统缺陷对生物膜的影响

细菌	被破坏的群感系统	对生物膜的影响
A. hydrophila	AHLs	无法形成成熟的生物膜
klebsiella pneumoniae	AI-2	延迟生物膜发展
listeria monocytogenes	AI-2	促进生物膜形成

细菌	被破坏的群感系统	对生物膜的影响
P. aeruginosa	AHLs	生物膜失去立体结构，对 SDS 更加敏感
P. putida	AHLs	形成具有明显微菌落和水通道的更加复杂的生物膜
serratia liquefaciens	AHLs	生物膜结构变薄，无细菌聚集体
S. marcescens	AHLs	生物膜不再解体
helicobacter pylori	AI-2	促进生物膜形成

9.3　群体感应系统对微生物耐药性机制的调控作用

目前，抗生素药物根据其攻击靶点的不同可分为 3 类：① 破坏细菌细胞膜的生物合成；② 影响细菌关键蛋白的合成；③ 干扰细菌 DNA 的复制和损伤修复。抗生素的过量使用使得微生物形成了多种相对应的耐药性机制，主要包括 3 种机制（图 9-5）：通过化学修饰钝化抗生素，利用外排泵系统排出抗生素，以及药物靶向基因的修饰。同时，多种病原菌能够形成致密的生物膜，这使细菌的耐药性增强。

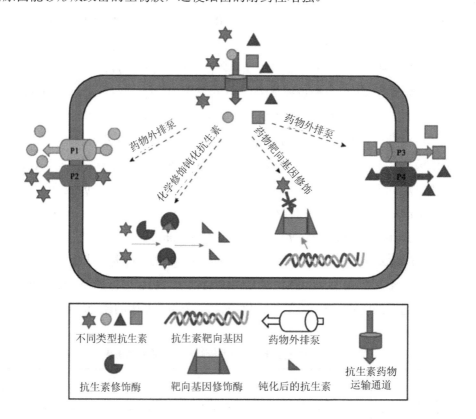

图 9-5　微生物常见耐药性机制

资料来源：陈昱帆，刘诗胤，梁志彬，等. 群体感应与微生物耐药性[J]. 遗传，2016，38（10）：881-893。

　　微生物群体感应系统在调控生物膜形成的同时还能参与如细菌药物外排泵等其他耐药性机制。微生物耐药性的一个重要机制是抗生素药物外排抗性，这种机制通常是由药物外排泵来完成的，而研究表明抗生素类药物需通过微生物的细胞膜进入细胞内后才能进行有效攻击。微生物通过细胞膜上的外排泵蛋白，使细胞内的抗生素药物排出速度快于药物的渗透，由此可将细胞内的抗生素控制在非敏感水平。目前，微生物外排泵系统包括亲脂性、亲水性等。其种类的多种多样使得微生物外排泵可以有效地排出进入菌体的多种抗生素，且细菌针对不同类型的抗生素可进化形成多种不同的外排泵类型。在革兰氏阴性菌中，目前 RND 家族（resistance-no-dulation-cell division superfamily）是研究得最为透彻的一类药物外排泵，该外排泵由转运蛋白、融合蛋白和孔道蛋白三部分组成。研究发现，RND 类型外排泵受质子梯度的驱动使转运蛋白对药物进行选择性结合，随后药物则通过孔道蛋白被排出菌体。研究结果表明，群体感应系统能够调控药物外排泵相关基因的表达，与 RND 类型外排泵之间存在互相影响的关系。在外源加入群体感应信号分子 C4-HSL 能够上调绿脓杆菌中药物外排泵系统基因 mexAB-oprM 的表达，从而使细菌对氟喹诺酮类药物、氯霉素以及大多数β-内酰胺类药物的抗性增强。但群体感应信号3-oxo-C12-HSL，绿脓杆菌中的则对于绿脓杆菌中 mexAB-oprM 基因表达的调控没有发现显著效果。研究证实，若外源添加其自发诱导因子 C8-HSL 或者 C10-HSL，均能使类鼻疽伯克氏菌（*B. pseudomallei*）中外排泵基因 *bpeAB-oprB* 提前表达而增强了细菌的抗药性。此外，在研究类鼻疽伯克氏菌时发现，外排泵系统也参与到了群体感应信号的运输中。与野生型菌株相比，类鼻疽伯克氏菌外排泵 *bpeAB* 基因发生突变的菌株培养液中检测不到群体感应信号 C8-HSL 的生成，其原因不排除是外排泵系统 BpeAB-OprB 受损，使得群体感应信号在菌体内过量累积进而反馈抑制了自发诱导因子合成酶基因 bpsI 表达的情况，这表明类鼻疽伯克氏菌的 BpeAB-OprB 系统与其群体感应信号的外排转运有关。QS 系统可对生物膜形成基因和细菌耐药相关基因同时进行调节。如 QS 系统的 LuxR 受体在调节生物膜形成的同时，又可调节外排泵 bmeB 表达。同样，生物膜中的 ampC 抗性基因在亚胺培南存在的情况下可被高度表达。这种在游离菌不表达或低表达而生物膜菌高表达时的情况表明，QS 系统调节生物膜形成的同时可能也调节了与耐药相关的基因表达，这可能是 QS 系统通过直接调控相关基因使耐药性形成的另一种途径。此外，Hendrickx 等也观察到，当根癌农杆菌中的 QS 系统信号分子不存在时，Ti 质粒的转化会失败，生物膜菌体间质粒传递率会较浮游菌出现显著提高，而与耐药基因整合转移有关的 I 类整合酶也在生物膜内被高达表达。这说明 QS 系统可能通过对质粒与整合酶的调控而在微生物的耐药基因传递和转移中发挥了重要的调控作用，因为耐药基因的传递和转移与质粒和整合酶密切相关，但其调控机制尚需进一步研究证实。

9.4 群体感应分子检测技术

9.4.1 生物学方法

（1）生物学方法概念与原理

生物学方法主要是利用 QS 系统控制色素或荧光的产生来检测群体感应发信号分子，特别是 AHLs 的存在。通常情况下，不同传感菌对 AHLs 具有不同的敏感度，一种传感菌只能检测酰基侧链在一定范围的 AHLs，现如今多种传感菌已被发现，用以检测不同种类、不同结构的 AHLs。其工作原理是通过大肠杆菌或根癌土壤杆菌的 lacZ、gfp 或 lux 等报告融合基因进行构建，或利用 AHLs 的产生调节紫色杆菌素进行检测。这些细菌中产生 AHLs 的功能基因被人工剔除或其本身就不能产生 AHLs，但含有 luxR 类功能基因和其相应的靶启动子序列以及与其融合在一起的报告基因（如 luxAB、lacZ、gfp 等），这些重组细菌就成为 AHLs 的生物感应器，当遇到外源 AHLs 时，报告基因转录表达被启动，通过检测报告基因活性来检测 AHLs 的存在。

1993 年，Swift 等基于 *lux* 报告基因进一步构建了重组质粒 pSB315，这种质粒缺乏 luxI 功能区域，只有外源 AHLs 存在并以长链饱和醛（如十二烷醛）为底物时，携带 pSB315 的大肠杆菌才能发光。此外，基于根癌土壤杆菌构建的检测菌质粒 pDCI41E33 将 lacZ 与 traG 融合，traG 受 TraR（LuxR 同系物）调控，用混有 5-溴-4-氯-3-吲哚-β-D-葡萄糖基吡喃糖苷（X-gal）的琼脂覆盖培养，可在薄层层析板（TLC）或培养皿看到被检测到的 AHLs 出现蓝色斑点。紫色杆菌（*chromobacterlervio laceum*）作为革兰氏阴性菌，其产生的紫色杆菌素能够被诱导或抑制，菌株 CV026 是不产紫色杆菌素的最小化 Tn5 突变株，但在含外源 AHLs 的基质中培养时可恢复产生紫色杆菌素。虽然 10～14 个 C 原子 N-酰基链长分子结构不能诱导紫色杆菌素产生，但当遇到起激活作用的 AHLs 时，紫色的背景下产生了白色晕环，检测到抑制紫色杆菌素产生的能力。

（2）生物学方法的检测步骤

生物学方法主要包括平板划线法、报告平板打孔法、β-半乳糖苷酶活性检测法，这三种方法均通过 AHLs 产生菌诱导传感菌产生特征性表型变化来检测。

1）平板划线法检测：通过对信号分子 AHLs 具有敏感度的传感菌来检测 AHLs 的浓度。具体操作如图 9-6 所示，首先将菌株进行过夜培养，在 LB 固体平板上，检测菌与传感菌平行划线培养，二者不接触但成"T"型，无菌风吹干后过夜进行培养，观察两菌交互点附近菌体表型可推知 AHL 的存在及浓度。当 LB 平板表面涂布适量 X-gal，以根癌土壤杆菌为传感菌时，若 AHL 产生，通过琼脂扩散至报告菌，诱导群体感应系统使含

X-gal 的平板产生蓝色；紫色杆菌诱导报告菌群体感应系统则产生紫色。这种方法可进行初步筛选。

　　2）报告平板打孔法：AHLs 在报告平板孔中向琼脂周围扩散，孔周围报告菌引发群体感应呈现颜色变化，颜色变化区域大小即可表示 AHLs 含量高低。参考 Holden 等的方法制备报告平板。将报告菌株按一定量的接种量接种在 LB 液体培养基中振荡培养，与 LB 营养琼脂按一定比例混匀并倒入已放好牛津杯的平板中，待其凝固后，将待测菌加入孔中培养，恒温培养 24 h，观察颜色变化，以群体感应信号分子标准品为阳性对照。采用紫色杆菌检测不同浓度的 C6-AHL，其结果表明颜色变化区域的直径大小与 AHLs 浓度具有相关性，因此，该法可对产生的 AHLs 进行定量检测。

　　3）β-半乳糖苷酶活性检测法：采用 AHLs 诱导根癌土壤杆菌中 *lacZ* 基因的表达，使其产生β-半乳糖苷酶水解底物邻硝基苯-β-D-半乳糖苷（ONPG）并产生黄色。β-半乳糖苷酶的活性可随 AHLs 的含量的增加而增强，通过对β-半乳糖苷酶活性的检测而间接反映 AHLs 水平。因此，该方法能够有效检测 AHLs 活性变化及其规律。

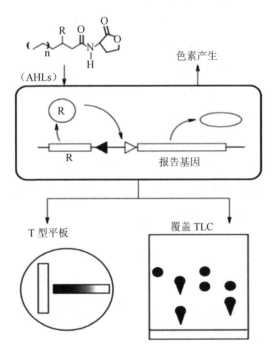

图 9-6　平板划线法和薄层层析法检测 AHLs 过程

资料来源：储卫华，刘永旺，朱卫. 群体感应信号分子及其抑制剂快速检测方法的建立[J]. 生物技术通报，2011（3）：166-169。

（3）生物学方法的优缺点

传感菌可作为检测 AHLs 的有效手段，其方法不仅简单、快捷，且不需昂贵设备，有助于研究与真核生物的相互作用和交流。但细菌提取物中含有的非 AHLs 化合物，可能对报告系统产生干扰或激活从而出现假阳性，因此在检测 AHLs 时需相当谨慎。结果表明，由于实验条件下产生的 AHLs 浓度太低而不足以激活报告系统，或对于该特异 AHLs 而言所采用的生物感应器不适等原因，而不能排除检测结果为阴性就确认待测菌却不产生 AHLs 的情况。因此需在检测时采用多个传感菌交叉检测并严格控制条件。

（4）生物学方法的应用

生物学方法作为群体感应的检测方法已经较为成熟，Zhu 等在根癌土壤杆菌中构建了一株高效检测菌株 KYC55（pJZ372）（pJZ384）（pJZ410），该菌株导入能超量表达 TraR 蛋白的质粒（pT7-traR）及含有 PtraI-lacZ 启动子序列的报告质粒，由于 TraR 与自体诱导物结合后转变为活性形式并与 tra 启动子序列结合，启动其转录使 lacZ 表达。因此，TraR 的超量表达能提高其与自体诱导物的结合，这可以增强 lacZ 报告基因的表达。用该检测菌株可对 32 种 AHLs 进行检测，这些 AHLs 具有不同侧链长度、饱和度和氧化程度，且到目前为止，仅有少数的几个生物传感器被用于 AHLs 信号分子的定量检测。这些生物传感器是将报告基因如 gfp、luxCDABE、lacZ 置于受群体感应调控的启动子下游，当生物传感器感受到超过浓度阈值的 AHLs 信号分子便会启动报告基因的表达，以此达到检测样品中 AHLs 信号分子浓度的目的。同样地，这些方法也存在明显缺陷。如采用 lacZ 作为报告基因时需要细胞破碎和酶活测定过程，具有耗时长且成本高的缺点；若采用 gfp 作为报告基因，则需要专门的荧光检测设备；而 lux 发光信号的强度极易受到细胞能量状态的影响，这使得对样品的测定须在极短时间内同时进行，结果容易出现误差。但采用色素作为生物传感器的输出信号就能够利用简单的仪器进行，不仅能够避免上述问题，且检测较为方便快速。

9.4.2 薄层层析法

（1）薄层层析法概念与原理

薄层层析法（thin layer chromatography，TLC）是指将待测样品及标准物在 C_{18} 反相薄板上经层析分离，之后在其表面覆盖一层含报告菌的琼脂，冷却后置于消毒的密闭容器中培养，最后通过与标准品的 Rf 值对比，即可知道测物中是否含信号分子 AHLs 并对其进行鉴定（图 9-7）。这种方法属于物理、化学与生物学结合的检测方法。

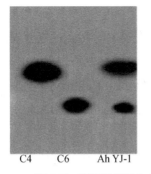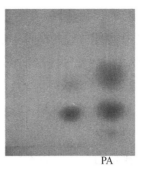

C4   C6   Ah YJ-1   PA

图 9-7 薄层层析法与指示菌结合分析 AHLs

资料来源：储卫华，刘永旺，朱卫. 群体感应信号分子及其抑制剂快速检测方法的建立[J]. 生物技术通报，2011（3）：166-169。

（2）薄层层析法的检测步骤

1）萃取及浓缩待测菌株的 AHLs 信号分子：

① 向 5 mL 离心后的上清液中加入 5 mL 乙酸乙酯，振荡 1 min 使其充分混匀；

② 静置 5 min 后将上层乙酸乙酯吸出至 10 mL 离心管中，小心操作避免吸到下层液体；

③ 再向瓶中加入等体积的乙酸乙酯，振荡 1 min 使其充分混匀；

④ 静置 5 min 后将上层乙酸乙酯吸出，合并两次的萃取液；

⑤ 将所得溶液用真空旋转蒸发器进行真空浓缩蒸干；

⑥ 加入 100 μL 乙酸乙酯溶解，–20℃保存备用。

2）使用 TLC 方法检测待测菌株的 AHLs 信号分子类型：

① 培养 20 mL KYC55 报告菌液待用；

② 准备层析缸，在其中加入 60%的甲醇溶液，平衡 2 h；

③ 用铅笔在 10 cm×10 cm 的 TLC 板上标记点样点，各样品间间隔 1.5 cm；

④ 用移液枪吸取样品在标记处点样，点样量的多少依据各菌株信号分子的活性强度来确定；

⑤ 将 TLC 板竖直放入层析缸中，注意缸内甲醇的液面不能没过 TLC 板上的样品点；

⑥ 当液面上升至距离 TLC 板上边缘约 1 cm 时将其取出，用铅笔标记层析液最后到达的位置，室温风干；

⑦ 分别取等体积（10 mL）的报告菌悬液、AT 缓冲液及 1.5%水琼脂混合，向内加入 90 μL X-gal（终浓度为 20 mg/mL），充分混匀后置于 45℃水浴保温；

⑧ 将混合液均匀覆盖在 TLC 板上，厚度约 1 cm；

⑨ 待琼脂充分凝固后置于 28℃培养箱中培养 12～18 h，观察蓝斑的出现，不同比移值的人工合成 AHLs 标准品作为参照物。

（3）薄层层析法的优缺点

① 优点：具有操作方便、设备简单、显色容易等特点，展开仅需 15～20 min；混合物易分离，分辨力也比以往的纸层析高 10～100 倍，既适用于 0.01 μg 的样品分离，又能分离大于 500 mg 的样品，还可以使用（如浓硫酸、浓盐酸等）的腐蚀性显色剂。

② 缺点：由于分离效果不甚理想，该方法不适用于生物高分子。

（4）薄层层析法的应用

薄层色谱法不仅操作简单，且成本较低，近年来在分析速度、灵敏度、分辨力及定量测定方法等方面都有了显著的提高，因此成为一种重要的分析方法，可以广泛应用于科研、生产、医药卫生和环境保护等部门。储卫华等通过紫色色杆菌（*chromobacterium violaceum*）和根癌农杆菌（*agrobacterium tumefaciens*）作为指示菌，建立检测高丝氨酸内酯（AHLs）及其抑制剂的简便方法，通过薄层层析（TLC）与细菌生物感应器相结合的方法可以快速、方便地鉴定 AHLs 的种类。李蒙英等通过研究从有机废水处理系统的生物膜中分离到 2 株分泌酰基高丝氨酸内脂类（AHLs）群体感应信号分子的菌株 M10和 M22，并通过分离发现 M10 产生 4 种 AHL 信号分子，M22 产生 3 种 AHL 信号分子。随后以 *E.coli* DH5α 作为对照进一步测定了它们的成膜能力及群游能力，结果表明，M22具有很强的成膜能力，而 M10 则具有很强的群游能力。现代薄层色谱法多年来有了很大的发展，目前已成为一种有效的分析工具。然而就当前发展水平看，尚有许多问题有待进一步的研究，如提高分离效能、改进定量方法、提高制备能力和实现仪器操作自动化，改善仪器的分析性能。

9.4.3　气相色谱-质谱联用法

（1）气相色谱-质谱联用法概念与原理

对于复杂多组分的混合物，单种方法难以用于其分析，通常需要两种或两种以上的分析方法才能够有效解决。气相色谱、质谱具有较高的灵敏度，二者的最小检测量接近，且被分析样品都必须气化，所以色谱-质谱联用更为适宜，这成为最早的色谱-质谱联用仪器，且发展相对最为完善。目前，GC-MS 已经在部分实验室研究中作为最主要的定性确认手段之一，并在多种情况下也用于定量分析。

（2）气相色谱-质谱联用法的检测步骤

1）检测 AHLs 的方法步骤：

① 样品前处理。将待测细菌或菌液培养至一定密度（$OD_{630}=0.6$），取培养液以8 000 r/min 离心 10 min 除去菌体，上清液用等量乙酸乙酯萃取 3 次，合并乙酸乙酯相于37℃旋转蒸干，浓缩的膏状物用 1 mL 乙酸乙酯溶解作为细菌代谢产物的粗提取物，4℃保存备用。

② GC-MS 混合标准样品制备。N-酰基高丝氨酸内酯标准品分别溶于甲醇，配制成一定质量浓度的母液，于–20℃保存。再将实验所需母液用甲醇稀释成终浓度均为 100 mg/L 的混合标准液用于 GC-MS 检测。

③ 确定 GC-MS 检测条件。AHLs 标准品和细菌代谢产物粗提液中的 AHLs 采用 GC-MS（安捷伦 Agilent7890A/5975C）检测，如图 9-8 所示。

图 9-8　Agilent7890A/5975C 型号 GC-MS

以安捷伦 Agilent7890A/5975C 型号的 GC-MS 为例：

气相色谱条件：色谱柱为 AgilentHP-5MS 石英毛细管柱（30 m×0.25 mm×0.25 μm）；载气为高纯氦气，流速为 1 mL/min；进样口温度 200℃；传输线温度为 280℃。升温程序为：初温 150℃，以 25℃/min 升至 280℃，保持 3 min。进样量 1 μL，分流进样：分流比 150∶1。

质谱条件：电子能量 70 eV，离子源温度 230℃，四极杆温度 150℃。全扫描模式（m/z 15～800）和选择离子检测（m/z 143）。

2）检测 AI-2 的方法步骤：

GC-MS 分析能准确定量 AI-2 的前体物质 DPD，且分析仅需要两步衍生化过程。首先，在细菌上清液中添加过量的 1,2-苯二胺，使其形成对应的喹喔啉衍生物。这步美拉德反应需要等待 30 min，采用 1H 核磁共振谱检测。随后，上清液的 pH 可由 6.5 升至 8.5，这诱导了基质中其他化合物的副反应。采用磷酸钾缓冲液调节 pH，使其稳定在 7.2 左右，避免其他化合物生成 DPD。为了分析具有极性的喹喔啉衍生物，需要先对其极性羟基进行修饰，因此采用 ExtrelutNT 液-液萃取，以二氯甲烷作为洗脱液除去水分及过滤掉某些不溶性物质。

第二步的衍生化反应是采用 N-甲基三甲基硅基三氟乙酰胺（MSTFA）对二氯甲烷提取物进行处理，将 20 μL 二氯甲烷提取液注入气相色谱后采用全扫描 EI 源（70 eV）进行检测。再利用质谱根据关键片段的特征确定该衍生物，以及同位素稀释内标法对 DPD 进行定量检测。有试验表明，硼离子的有无并不会影响实验结果，当信噪比（S/N）为 5 时，

检测限为 $0.7×10^{-3}$ mg/L，定量限为 $2.1×10^{-3}$ mg/L，该浓度下，分析物的相对标准偏差小于 7.5%。

（3）气相色谱质谱联用法的优缺点

根据 AHL 分子质量的特点，通过对待测物特征碎片、特征峰的分离鉴定，以标准品为模板，可以同时检测多种信号分子，对信号分子进行定性定量的分析。该方法检测简单准确，只需在前期富集样品内的 AHLs 即可，但对仪器要求较高，检测费用比较昂贵。在没有标样的情况下可对样品进行定性分析，在有标样的情况下，定量分析也比较快速准确。

气质联用（GC-MS）的方法检测限低，灵敏度接近甚至高于生物感受系统，可直接分析 AI-2 目标分子的前体物质 DPD，且可以满足多种条件下 AI-2 的检测。但工序复杂，需要两步衍化过程，操作起来较为困难。

（4）气相色谱-质谱联用法的应用

气相色谱-质谱联用技术因其独特的优势在近年来得到了非常迅速的发展，多位学者应用该技术于群体感应效应的研究中并取得了显著的效果。生弘杰等采用该方法对土壤提取液中的 AHLs 进行测定，在砖红壤和黄标壤提取液中发现 7 种 AHLs（C4-HSL、C6-HSL、C7-HSL、C8-HSL、C10-HSL、C12-HSL 和 C14-HSL），其浓度为 3.8～8.7 μg/L 和 4.2～9.8 μg/L。郭秀春等以常见的 3 种 AHLs（C6-HSL、C8-HSL 和 C14-HSL）为标样建立了用于检测 AHLs 信号分子的 GC-MS 方法，不仅通过该方法证实细菌 NJ6-3-1 能够产生 3 种 AHLs 信号分子，且此种方法还用于嗜水气单胞菌（*aeromonas hydrophila*）、灭鲑气单胞菌（*A. salmonicida*）、铜绿假单胞菌、荧光假单胞菌（*P. fluorescens*）、小肠结肠炎耶尔森菌（*yersinia enterocolitica*）和液化沙雷菌等 6 种病原菌 AHLs 的检测。相信随着科学技术的不断发展，气相色谱-质谱联用技术会向着更加快捷、灵敏以及多物质检测的方向迅速发展。

9.4.4　高效液相色谱-质谱联用法

（1）高效液相色谱-质谱联用法概念与原理

HPLC-MS 技术的技术路线起点高，与单纯的高效液相色谱技术相比，其专一性更强、可靠程度增加、灵敏度增加等性质而增加了 HPLC-MS 的应用范围。此外，HPLC-MS 技术操作成本低廉，简单、便捷等优势使其在面对高通量的样品分析时具有良好的应对能力。

HPLC-MS 可以为微量物质的定性、定量分析提供十分优良和可靠的检测结果，其准确度及精密度远超过国内外检测机构提出的技术标准。就目前而言，虽然 HPLC-MS 与其他已经发展成熟的联用、分析技术相比仍处于发展阶段，但是其所具备的独特性能和优势，使其具有很大的发展空间和广阔的应用前景。

（2）高效液相色谱-质谱联用法的检测步骤

1）检测 AHLs 的方法步骤：

① 样品前处理。

取目的菌株单菌落培养于含 LB 培养基的三角瓶中，摇床培养 12 h，制备种子培养液。12 h 的培养后，将种子培养液换置于含有 LB 培养液的三角瓶中培养。将上述培养液待培养后放于离心管中，于 4℃下以 27 000×g 离心 20 min。将上清液用等量含 0.02 moL/L 冰乙酸的乙酸乙酯萃取 3 次，弃水相，混合有机相。得到的乙酸乙酯抽提液通过旋转蒸发仪进行旋转蒸干。无水甲醇将上述蒸干的蒸发瓶进行溶解，随后定容至 5 mL。加 0.5 mL 超纯水于 0.5 mL 的该溶液，采用 0.45 μm 滤膜过滤后测定。

② 确定 HPLC-MS 检测条件。

以美国 Waters 公司的 2695 Quattro Micro 型液相色谱-质谱联用仪（图 9-9）为例：

图 9-9　2695 Quattro Micro 型液相色谱-质谱联用仪

色谱条件：Waters Sunfire C_{18} 色谱柱（50 mm×2.1 mm，3.5 μm）；流速：0.2 mL/min；进样量：10 μL；分析时间：12 min；柱温：35℃；流动相 A 为甲醇（2 mmol/L 乙酸铵，0.1%甲酸），B 为水（2 mmol/L 乙酸铵，0.1%甲酸）。之后按照一定比例进行梯度洗脱。

质谱条件：采用电喷雾离子源（ESI），离子源温度 120℃，脱溶剂温度 350℃；脱溶剂气和锥孔气 N_2，脱溶剂气流速 500L/h，锥孔气流速 50 L/h，碰撞气体为氩气；毛细管电压为 3.50 kV；扫描方式为正离子扫描，驻留时间 50 ms；监测模式为 MRM 模式。

2）检测 AI-2 的方法步骤：

HPLC-MS 检测 AI-2 时，主要是利用一系列功能化的邻苯二胺标记试剂与 DPD 反应。DPD 进行衍化后，通过液相色谱分离和串联质谱的选择反应监测（SRM）方式进行检测。同时监控第一个质量分析器对特定起源离子质荷比的分析和后续质量分析器对大量碎片离子质荷比的分析。该技术对具有相同标称质量的混合物（如柠檬酸盐和异柠檬酸盐）也可以使其区分开而无需使用色谱。

（3）高效液相质谱联用法的优缺点

采用 HPLC-MS 检测法时，被测样品只需进行简单处理，在没有标样时也可对复杂混合物任意 AHL 进行定性分析，简单、高效、灵敏，是鉴定 AHLs 的有效手段。利用 HPLC-MS 法虽然能定量分析 AHLs 信号分子，但易受细菌种类多样及其生存环境差异的影响，如在检测常见食源致病性副溶血弧菌及其生物膜产生的信号分子时，存在提取率不高、检测信噪比大、易受杂峰干扰、检出限偏高等问题。HPLC-MS 检测法能对多种来源样品中的 AI-2 进行定量检测，特别是对复杂基质的临床样品，影响因素少。但是，该方法中功能化的衍化试剂具有复杂的结构，需要很多合成程序，且 HPLC-MS 检测法的设备较为昂贵，这些因素限制了它的广泛使用。

（4）高效液相色谱-质谱联用法的应用

高效液相色谱-质谱联用法应用极为广泛，常用于土壤、水等样品中多种有机污染物的测定。目前在群体感应效应研究中应用愈加广泛，对多种群体感应信号分子 AIPs、AHLs 等进行检测。其中，AIPs 种类较多，难分离，目前没有有效的生物检测法，仪器法是检测 AIPs 的有效手段，Junio 等利用 HPLC-MS 的方法检测了金黄色葡萄球菌中 4 种 AIPs。

马晨晨等通过高效液相色谱-质谱联用技术、电喷雾离子源正离子模式和多反应监测（MRM）模式对质谱进行定量分析，实现了 11 种 AHLs 分子的同时测定，结果显示在 1～250 μg/L 范围内呈良好的线性关系（$r > 0.996$），检出限为 0.1～1.0 μg/kg。刘云曼等通过对厌氧氨氧化菌和反硝化细菌颗粒污泥样品进行分析，证明了厌氧氨氧化菌确实存在群体感应系统，且两种微生物分泌的部分信号分子相同，如 C4-HSL、C6-HSL、C8-HSL、3-OXO-HSL、C10-HSL、C12-HSL、C14-HSL。Campagna 等通过 AI-2 对该方法进行了概念验证，之后又对临床相关样品唾液中的 AI-2 进行了定量检测，结果表明唾液中 DPD 的平均浓度为 526 nmol/L，这足以介导口腔细菌的繁殖。随着 HPLC-MS 法的不断优化与完善，其准确度和精密度得到不断提高，并且可以达到更低的检测限。

9.4.5 超高效液相色谱-质谱联用法

（1）超高效液相色谱-质谱联用法概念与原理

超高效液相色谱法（UPLC-MS）基于小颗粒填料和 LC 原理，是美国 Waters 公司于 2004 年 3 月正式推出的分离科学新技术，该法实现了超高分离度、灵敏度和分析速度。美国科学家认为 HPLC 的极限可以作为 UPLC 的起点。通过 Van-Deemter 曲线，科学家得到以下启示：① 采用的颗粒度越小，柱效就越高；② 颗粒度不同，各自最佳柱效的流速也不同；③ 更小的颗粒度有更宽的线速度范围，可以使最高柱效点向更高流速（线速度）方向移动。降低颗粒度在有效提高柱效的同时亦可以提高其分析速度。如果不用到最佳流速，小颗粒度填料的高柱效就无法体现，但高流速会受到色谱柱填料耐压及仪器耐压的限制。此外，研究发现更高的柱效就需要更小的系统体积和更快的检测速度等，否则小粒度填料的高柱效无法得到充分体现。

该方法采用新型的色谱填料及装填技术，解决小颗粒填料的耐压和装填问题的同时，大幅度提高色谱柱的性能，从而使 UPLC 色谱柱的性能得到了质的飞跃。UPLC 与 HPLC 的原理较为相似，但其使用的快速自动进样器降低了进样时可能产生的交叉污染，设置高速检测器，优化流动池以解决高速检测及扩散问题。更高级的系统控制及数据管理，解决高速数据的采集、仪器的控制问题（图 9-10）。UPLC 具有更高的分离能力，而且与新技术色谱柱相结合，可以在很宽的线速度、流速和高反压下进行高效的分离工作，从而获得优异的实验结果。

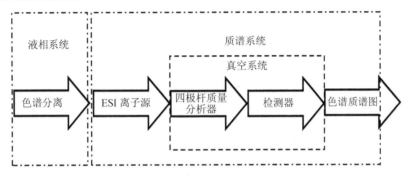

图 9-10 UPLC-MS 工作原理

资料来源：袁子婷. 地下水中典型内分泌干扰物的测试方法与环境风险评估研究[D]. 北京：中国地质大学（北京），2018。

（2）超高效液相色谱-质谱联用法的检测步骤

1）样品前处理：

将 100 mL 样品置于 30℃摇床中振荡 30 min 后，12 000 r/min 离心 7 min，收集 50 mL 上清液。等量的乙酸乙酯萃取 3 次上清液后收集上层有机相，经含有适量无水硫酸钠的过滤柱除水后旋转蒸干，用甲醇溶液定容至 5 mL。取 1 mL 经甲醇定容的溶液，经 0.22 μm 注射式过滤器过滤后，用于 UPLC-MS 检测分析。

2）UPLC-MS 检测条件的确定：

色谱条件：BEH C_{18} 色谱柱（2.1 mm×50 mm，1.7 μm；Waters）；分析时间 6.5 min；柱温 35℃；流速 200 μL/min；进样体积 10 μL；流动相：A 为含有 0.1%（v/v）甲酸和 5 mmol/L 乙酸铵的甲醇，B 为含有 0.1%（v/v）甲酸和 5 mmol/L 乙酸铵的纯水。梯度洗脱条件：0～1 min，50%～60% A；1～2.5 min，60%～80% A；2.5～6 min，80%～100% A；6～6.1 min，100%～50% A；6.1～6.5 min，50% A。

质谱条件：离子源：电喷雾离子源（ESI）；检测模式：多反应离子监测（MRM）；正离子扫描模式；毛细管电压：3.0 kV；毛细管温度：375℃；锥孔电压：30 V；分析载气：氮气，流速 600 L/h；碰撞载气：氩气，流速 0.15 mL/min。

（3）超高效液相色谱-质谱联用法的优缺点

UPLC 是当前质谱检测器的最佳液相色谱入口，除其自身具有的高速度、灵敏度和分离度外，UPLC 超强的分离能力也有助于更好地分离杂质，通过离子抑制现象的减弱或克服从而使质谱检测器的灵敏度得到进一步的提高。UPLC-MS 系统定量分析的重复性、可靠性以及定性分析的准确性都得到了显著提高，最大限度地发挥了两者的优势，具有卓越的分离性能和高通量的检测水平，可以成为复杂体系分离分析以及化合物结构鉴定的良好平台，为研究测试分析工作带来更多便利。

（4）超高效液相色谱-质谱联用法的应用

由于气相或液相色谱与质谱串联的方法具有检测时间长、测量精度低、操作复杂等不足，李玖龄等为探究微氧活性污泥系统的生物脱氮机制，深入了解脱氮功能菌群的群体生长及其代谢规律，因此建立了采用超高效液相色谱-质谱联用法同时定量检测信号分子酰基高丝氨酸内酯（AHLs）的方法。该方法使用乙酸乙酯液液萃取升流式微氧活性污泥反应器的泥水混合物，采用旋转蒸干，以甲醇定容并经 C_{18} 色谱柱分离。以 5 mmol/L 乙酸铵（含 0.1%甲酸）和甲醇为流动相进行梯度洗脱，采用多反应离子监测模式，使用配有电喷雾离子源的三重四极杆质谱进行检测。对 9 种 AHLs（C4-HSL、C6-HSL、C8-HSL、C10-HSL、C14-HSL、3-oxo-C8-HSL、3-oxo-C10-HSL、3-oxo-C12-HSL 和 3-oxo-C14-HSL）的检测结果表明，在 0.5～100 μg/L 呈现良好的线性关系，检出限为 0.01～0.5 μg/L，回收率为 62.5%～118.1%，相对标准偏差为 2.9%～12.1%，分析时间为 6.5 min。

参考文献

[1] 安钢力. 实时荧光定量 PCR 技术的原理及其应用[J]. 中国现代教育装备，2018（21）：19-21.

[2] 安娜，高乃云，楚文海，等. 液液萃取-气质联用法检测水中 IPMP 与 IBMP[J]. 同济大学学报（自然科学版），2011，39（8）：1177-1180.

[3] 安娜，谢茴茴，高乃云，等. 粉末活性炭对水中嗅味物质 IPMP 和 IBMP 的吸附特性[J]. 中南大学学报（自然科学版），2012，43（9）：399-407.

[4] 白淼，张灿，张明露，等. 动态显色法鲎试验用于果汁细菌内毒素活性检测及干扰分析[J]. 食品安全质量检测学报，2019，10（10）：3192-3196.

[5] 白晓慧，孟明群，贾程慎. 顶空固相微萃取-色谱质谱联用测定饮用水中二甲基异冰片和土味素[J]. 中国环境监测，2010，26（3）：14-16.

[6] 蔡瑞. 脂环酸芽孢杆菌产愈创木酚代谢途径解析及检测控制方法研究[D]. 杨凌：西北农林科技大学，2016.

[7] 曹广霞，徐素平，彭远义. 细菌群体感应信号分子 N-酰基高丝氨酸内酯的检测[J]. 生物技术通讯，2010，21（3）：433-437.

[8] 曹宇. 农药工业废水的生物毒性评价研究[D]. 西安：长安大学，2015.

[9] 陈建玲，李文学，张全新，等. 广州市水源水、出厂水及珠江广州河段微囊藻毒素污染现状调查[J]. 热带医学杂志，2010，10（5）：567-569.

[10] 陈昱帆，刘诗胤，梁志彬，等. 群体感应与微生物耐药性[J]. 遗传，2016，38（10）：881-893.

[11] 成建国，刘开颖，白敏冬，等. 顶空固相微萃取-气相色谱-质谱联用测定饮用水中的 2-甲基异莰醇和土臭素[J]. 色谱，2015，33（12）：1287-1293.

[12] 成银，高乃云，张可佳. 硫醚类嗅味物质的检测和去除技术研究进展[J]. 四川环境，2011，30（2）：125-130.

[13] 程龙凤. 淮河流域某地区浅地下水遗传毒性监测[D]. 武汉：华中科技大学，2013.

[14] 储卫华，刘永旺，朱卫. 群体感应信号分子及其抑制剂快速检测方法的建立[J]. 生物技术通报，2011（3）：166-169.

[15] 丛佳，张肖，赵乐军，等. 成组生物毒性测试法在水质生物安全性评价中的应用[J]. 天津理工大学学报，2018，34（6）：62-67.

[16] 戴睿，夏四清. PCR 技术在水体微生物检测中的应用[J]. 环境科学与技术，2006（9）：103-105，121.

[17] 丁震. 水体中藻源致嗅物质的辨识、分布与处理研究[D]. 南京：东南大学，2017.

[18] 董汝月，于晓倩，曾名湧，等. 细菌群体感应对细菌生物膜形成与调控的研究进展[J]. 生物加工过程，2019，17（3）：271-277.

[19] 董轶茹，刘文丽. 焦化废水对蚕豆毒性的研究[J]. 环境监测管理与技术，2009，21（6）：24-28.

[20] 杜丽娜，曹宇，穆玉峰，等. 羊角月牙藻在制药废水毒性评价中的应用[J]. 环境科学研究，2014，27（12）：1525-1531.

[21] 冯津津. 四环素抗性基因在污水生物处理系统中的产生与变化规律[D]. 西安：西安建筑科技大学，2014.

[22] 郭秀春，郑立，张魁英，等. 气相色谱-质谱法检测细菌中 N-酰基高丝氨酸内酯类信号分子[J]. 分析测试学报，2012，31（3）：347-350.

[23] 韩珊珊. 凹凸棒土吸附与强化混凝去除水中嗅味物质的效能研究[D]. 哈尔滨：哈尔滨工业大学，2011.

[24] 侯海峰，陈龙明，邱静，等. 山东食管癌高发区脱氧雪腐烯醇和硒元素含量检测研究[J]. 中国肿瘤，2011，20（6）：406-408.

[25] 黄会，刘慧慧，李佳蔚，等. 水产品中微囊藻毒素检测方法及污染状况研究进展[J]. 中国渔业质量与标准，2019，9（2）：32-43.

[26] 黄韵. 冷鲜肉中单增李斯特菌活菌分子检测技术研究[D]. 广州：华南理工大学，2014.

[27] 贾军梅，罗维，吕永龙. 太湖鲫鱼和鲤鱼体内微囊藻毒素的累积及健康风险[J]. 环境化学，2014，33（2）：186-193.

[28] 江磊. 水体中粪大肠菌群的悬沙吸附特性与底泥交换过程研究[D]. 北京：清华大学，2015.

[29] 李今，吴振斌，贺锋. 生物膜活性测定中 TTC-脱氢酶活性测定法的改进[J]. 吉首大学学报（自然科学版），2005（1）：37-39.

[30] 李玖龄，孙凯，孟佳，等. 超高效液相色谱-串联质谱法检测微氧生物脱氮菌群酰基高丝氨酸内酯信号分子[J]. 分析化学，2016，44（8）：1165-1170.

[31] 李丽君，刘振乾，徐国栋，等. 工业废水的鱼类急性毒性效应研究[J]. 生态科学，2006（1）：43-47.

[32] 李蒙英，陆鹏，张迹，等. 生物膜中群体感应因子细菌的分离及成膜能力[J]. 中国环境科学，2007（2）：194-198.

[33] 李青青. 调查证明美国饮用水中存在痕量药物[J]. 中国环境科学，2009，29（5）：523.

[34] 李勇，张晓健，陈超. 水中嗅味评价与致嗅物质检测技术研究进展[J]. 中国给水排水，2008，24（16）：1-6.

[35] 梁鹏，黄霞. 利用 LIVE/DEAD Baclight 染色测定活性污泥中的活菌水平[J]. 环境化学，2007（5）：

598-601.

[36]　梁惜梅，聂湘平，施震. 珠江口典型水产养殖区抗生素抗性基因污染的初步研究[J]. 环境科学，2013，34（10）：4073-4080.

[37]　梁毓，王树玉，贾婵维. 荧光原位杂交技术的研究进展[J]. 中国优生与遗传杂志，2005（5）：119-120.

[38]　林怡雯，杨天，李丹，等. 基于CTC-流式细胞仪活性细菌总数的快速检测技术研究[J]. 环境科学学报，2013，33（9）：2511-2515.

[39]　刘小琳，刘文君，金丽燕，等. 北京市给水管网管壁微生物膜群落[J]. 清华大学学报（自然科学版），2008，48（9）：1458-1461.

[40]　刘新星，霍转转，云慧，等. 流式细胞术在细菌快速检测中的应用[J]. 微生物学通报，2014，41（1）：161-168.

[41]　刘云曼，李亚静，张燕，等. 液质联用检测微生物菌群高丝氨酸内酯类信号分子[J]. 分析仪器，2017（5）：26-30.

[42]　罗方园，潘根兴，李恋卿，等. 洪泽湖沉积物中四环素土霉素及相关抗性基因的分布特征及潜在风险分析[J]. 农业环境科学学报，2017，36（2）：369-375.

[43]　罗义，周启星. 抗生素抗性基因（ARGs）——一种新型环境污染物[J]. 环境科学学报，2008，28（8）：1499-1505.

[44]　骆和东，洪专，黄晓淳，等. 厦门市主要水源水及出厂水中微囊藻毒素调查[J]. 环境与健康杂志，2014，31（11）：1008-1011.

[45]　马晨晨，李柏林，欧杰，等. 高效液相色谱-串联质谱法同时测定细菌群体感应效应的11种AHLs类信号分子[J]. 分析化学，2010，38（10）：1428-1432.

[46]　马美玲. 不同污水处理工艺微生物生长特性比较研究[D]. 西安：西安建筑科技大学，2008.

[47]　裴宇盛，蔡彤，高华. 细菌内毒素检查新方法进展[J]. 药物分析杂志，2014，34（3）：392-395.

[48]　蒲朝文，李恒，张仁平，等. 三峡库区水及鱼体中微囊藻毒素污染现状[J]. 职业与健康，2011，27（7）：804-805.

[49]　綦国红，董明盛，王岁楼. N-酰基-高丝氨酸内酯类群体感应信号分子检测方法的建立[J]. 农业生物技术学报，2007，15（4）：694-699.

[50]　邱健，李承光，贾振华，等. 酰基高丝氨酸内酯酶SS10的酶学特性及其抗软腐病功能的初探[J]. 植物病理学报，2007（6）：629-636.

[51]　邵鹏，刘锐，袁星，等. 太湖周边典型区域水体污染的遗传毒性研究[J]. 中国环境科学，2011，31（S1）：19-23.

[52]　沈菊芳，房新宇，戴艺，等. 水中微囊藻毒素的氧化水解产物2-甲基-3-甲氧基-4-苯基丁酸的气相色谱-质谱检测研究[J]. 环境与职业医学，2013，30（11）：880-883.

[53]　沈银忠. 细菌内毒素检测方法及其临床应用[J]. 上海医药，2018，39（21）：3-6.

[54] 生弘杰，宋洋，卞永荣，等. 土壤提取液中酰基高丝氨酸内酯的气相色谱-质谱检测方法优化[J]. 土壤学报，2015，52（1）：95-103.

[55] 苏磊. 基于海洋倾倒目的之污水污泥化学分析及生物毒性研究[D]. 上海：上海海洋大学，2015.

[56] 田振华. （1,3）-β-D 葡聚糖的检测方法学研究[D]. 长春：长春理工大学，2016.

[57] 汪靖，郑竟，鄢灵君，等. 福建沿海市售海产贝类微囊藻毒素的污染状况[J]. 环境与职业医学，2016，33（11）：1037-1042.

[58] 王超，阮鸿洁，豆捷雄，等. 采用蚕豆根尖微核试验检测自来水厂水体的遗传毒性[J]. 癌变·畸变·突变，2016，28（6）：481-483，490.

[59] 王海涛，魏慧娟，马吉林，等. 食管癌高发区玉米中伏马菌素 B_1 的检测[J]. 肿瘤防治研究，1999（3）：13-15.

[60] 王惠，钱冲，郭峰，等. 实时定量 PCR 检测技术研究进展[J]. 种子，2013，32（6）：43-47.

[61] 王黎. 生物造粒流化床微生物特性研究[D]. 西安：西安建筑科技大学，2007.

[62] 王立燕，刘永生. 细菌群体感应种类及其信号分子的研究进展[J]. 中国预防兽医学报，2015，37（4）：318-320.

[63] 王青，林惠荣，张舒婷，等. 九龙江下游水源水中新发病原微生物和抗生素抗性基因的定量 PCR 检测[J]. 环境科学，2012，33（8）：2685-2690.

[64] 王双玲，王礼，周贺，等. 饮用水系统中抗生素抗性基因的研究进展[J]. 环境化学，2017，36（2）：229-240.

[65] 王婷婷，邓天龙，廖梦霞. 水生细菌计数方法研究进展及展望[J]. 世界科技研究与发展，2008（2）：138-142.

[66] 王文超，徐绍峰，徐梦瑶，等. 水体扰动对铜绿微囊藻生长和酶活性的影响[J]. 军事医学，2019，43（6）：448-453.

[67] 王小博. 水产品中常见真菌毒素的污染调查及对虾中残留的风险评估[D]. 湛江：广东海洋大学，2017.

[68] 王英，曹艳红. 真菌毒素检出现状及其相关疾病[J]. 中华地方病学杂志，2015，34（7）：539-542.

[69] 魏雁虹. （1,3）-β-D-葡聚糖检测对深部真菌感染早期诊断的意义[D]. 长春：吉林大学，2008.

[70] 吴丹青. 太湖水中微囊藻毒素的检测技术及其方法比对分析[D]. 杭州：浙江工业大学，2017.

[71] 吴楠，乔敏，朱永官. 猪场土壤中 5 种四环素抗性基因的检测和定量[J]. 生态毒理学报，2009，4（5）：705-710.

[72] 吴楠，杨静慧，张伟玉，等. 不同环境介质中抗生素耐药性的检测方法研究进展[J]. 微生物学通报，2016，43（12）：2720-2729.

[73] 谢冰，徐华，徐亚同. 荧光原位杂交法在活性污泥硝化细菌检测中的应用[J]. 上海环境科学，2003（5）：363-365，369.

[74]　解军. 脱氢酶活性测定水中活体藻含量的研究[D]. 济南：山东大学，2008.

[75]　徐冰洁，罗义，周启星，等. 抗生素抗性基因在环境中的来源、传播扩散及生态风险[J]. 环境化
学，2010，29（2）：169-178.

[76]　徐海滨，孙明，隋海霞，等. 江西鄱阳湖微囊藻毒素污染及其在鱼体内的动态研究[J]. 卫生研究，
2003（3）：192-194.

[77]　薛蕾. 基于流式原理的细菌测量方法及食品中致病菌标准物质制备技术研究[D]. 太原：山西农业
大学，2015.

[78]　杨帆. 某制药厂废水的生物毒性评价研究[D]. 西安：长安大学，2013.

[79]　杨凤霞，毛大庆，罗义，等. 环境中抗生素抗性基因的水平传播扩散[J]. 应用生态学报，2013，
24（10）：2993-3002.

[80]　杨京亚，赵璐璐，张洲，等. 利用大型蚤和斑马鱼评价腈纶废水好氧-厌氧处理过程的急性毒性和
遗传毒性变化[J]. 生态毒理学报，2016，11（1）：225-230.

[81]　杨冉. 细胞 FISH 图像分割、计数和检索研究[D]. 新乡：河南师范大学，2016.

[82]　杨旭. 水中土霉味化合物的鉴定与去除研究[D]. 南京：南京理工大学，2008.

[83]　杨延友，高文花，温红玲，等. 济南市售小米和玉米中赭曲霉素 A 污染状况研究[J]. 山东大学学
报（医学版），2010，48（11）：125-128.

[84]　于苗苗. FISH 和 Q-PCR 技术在生物地浸样品分析中的应用[D]. 南昌：东华理工大学，2016.

[85]　于鑫，张晓键，王占生. 饮用水生物处理中生物量的脂磷法测定[J]. 给水排水，2002（5）：1-5.

[86]　余斌，方园，段迎超，等. 微生物群体感应调节信号分子 N-酰化高丝氨酸内酯研究进展[J]. 国际
药学研究杂志，2011，38（4）：254-262.

[87]　俞敏馨，吴国庆，孟宪庭. 环境工程微生物检验手册[M]. 北京：中国环境科学出版社，1990.

[88]　郁晰，高红梅，王霞，等. 上海市淀山湖水质富营养化状况及常见水生生物体内微囊藻毒素水平[J].
环境与职业医学，2015，32（2）：136-139.

[89]　袁雅心. 石家庄污水处理厂进出水生物毒性效应研究[D]. 保定：河北大学，2019.

[90]　詹晓静，向垒，李彦文，等. 微囊藻毒素（MC-LR）和重金属铬复合污染对白菜种子发芽的影响[J]. 农
业环境科学学报，2013，32（1）：203-204.

[91]　张彩凤. 细菌群体感应系统信号分子的分类及检测[J]. 生命科学仪器，2011，9（5）：52-53.

[92]　张灿，白淼，张明露，等. 3 种鲎试验在乳品内毒素活性定量检测中的应用评价[J]. 食品安全质量
检测学报，2019，10（23）：7996-8003.

[93]　张灿，刘文君，敖渡，等. 北京自备井水源内毒素污染及与其他水质参数的相关分析[J]. 环境科
学，2015，36（12）：239-244.

[94]　张灿，刘文君，张明露，等. 水中细菌内毒素污染特性及检测方法研究进展[J]. 环境科学，2014，
35（4）：1597-1601.

[95] 张丹丹, 郭亚平, 任红云, 等. 福建省敖江下游抗生素抗性基因分布特征[J]. 环境科学, 2018, 39（6）：2600-2606.

[96] 张建超. 检测水体遗传毒性的短期遗传毒性试验方法[J]. 科技信息, 2013（11）：88, 170.

[97] 张君倩, 谢志才, 王智, 等. 微囊藻毒素在滇池螺蛳各组织中的积累及动态分布[J]. 长江流域资源与环境, 2011, 20（2）：179-184.

[98] 张可佳, 高乃云, 黎雷. 高锰酸钾氧化嗅味物质 β-环柠檬醛的动力学[J]. 中南大学学报（自然科学版）, 2011, 42（4）：1161-1166.

[99] 张玲玲. 微囊藻毒素总量的快速检测方法研究[D]. 无锡：江南大学, 2016.

[100] 张明露, 王礼, 徐梦瑶, 等. 饮用水处理工艺去除藻毒素的研究进展[J]. 军事医学, 2018, 42（1）：68-71, 76.

[101] 张明露, 周贺, 关磊, 等. 饮用水配水系统中微生物研究方法的进展[J]. 环境与健康杂志, 2015, 32（5）：458-462.

[102] 张曙梅, 徐向荣, 徐浩. 细菌生物膜群体感应系统研究进展[J]. 生物技术通报, 2016, 32（12）：19-22.

[103] 张玮. 环境因子对铜绿微囊藻产毒的影响及浮萍对微囊藻毒素的去除[D]. 武汉：华中师范大学, 2005.

[104] 张云芳, 陈楚. 淮北地区几种工业废水的遗传毒性检测[J]. 淮北师范大学学报（自然科学版）, 2012, 33（3）：50-54.

[105] 章先. 农产品中四种常见真菌毒素免疫检测技术研究[D]. 杭州：浙江大学, 2016.

[106] 赵洪娟. 来源于微生物的易挥发性物质——geosmi[J]. 国外医药（抗生素分册）, 2001（3）：105-107, 145.

[107] 赵璐璐. 典型制药废水及其受纳水体的毒性研究[D]. 大连：大连理工大学, 2015.

[108] 郑桂丽, 廖绍安, 翟俊辉, 等. 环境中"活的非可培养（VBNC）"细菌的研究进展[J]. 微生物学免疫学进展, 2004（4）：58-66.

[109] 中国国家药典委员会. 中国人民共和国药典[M]. 北京：中国医药科技出版社, 2015.

[110] 中华人民共和国国家质量监督检验检疫总局, 中国国家标准化管理委员会. 水中微囊藻毒素的测定：GB/T 20466—2006[S]. 北京：中国标准出版社, 2007.

[111] 周贺, 王双玲, 徐梦瑶, 等. 管网多相界面下抗生素抗性菌的分布特征研究[J]. 中国环境科学, 2017, 37（6）：2347-2351.

[112] 周美霞. 砷脉冲暴露对大型溞和嗜热四膜虫的生态效应研究[D]. 马鞍山：安徽工业大学, 2019.

[113] 周卓晟. 检测细菌内毒素的酶联免疫吸附法及免疫传感器法的研究[D]. 武汉：华中科技大学, 2010.

[114] 朱艮苗, 杨维青. 群体感应系统对细菌耐药的调控作用[J]. 中国抗生素杂志, 2011, 36（1）：7-10.

[115] 朱曜. 免疫染色法快速检验食品中沙门氏菌[J]. 现代商检科技，1995（2）：18-21.

[116] 祝倩倩，萧伟，王振中，等. 注射用芪红脉通微滤液的超滤工艺适用性研究[J]. 中草药，2013（9）：56-60.

[117] 邹淼，陈曦，刘思飞，等. 超高效液相色谱-串联质谱法测定食用油中 16 种真菌毒素[J]. 化学分析计量，2019，28（6）：55-59.

[118] 邹叶娜，蔡焕兴，薛银刚，等. 成组生物毒性测试法综合评价典型工业废水毒性[J]. 生态毒理学报，2012，7（4）：381-388.

[119] Ai J, Beate I E, Frederic D L, et al. In vitro bioassays to evaluate complex chemical mixtures in recycled water[J]. Water Research,2015,80:1-11.

[120] Amrani A, Nasri H, Azzouz A, et al. Variation in cyanobacterial hepatotoxin (microcystin) content of water samples and two species of fishes collected from a shallow lake in Algeria[J]. Archives of environmental contamination and toxicology,2014,66(3).

[121] Amy C, Ana R, Kristen G, et al. Airborne Multidrug-Resistant Bacteria Isolated from a Concentrated Swine Feeding Operation[J]. Environmental Health Perspectives,2005,113(2):137-142.

[122] Anderson W B, Mayfield C I, Dixon D G, et al. Endotoxin inactivation by selected drinking water treatment oxidants[J]. Water Research,2003,37: 4553-4560.

[123] Anderson W B, Slawson R M, Mayfield C I. A review of drinking-water-associated endotoxin, including potential routes of human exposure[J]. Canadian Journal of Microbiology,2002,48:567-587.

[124] Andrea W, Angela H H, Ruth G J, et al. Persistence of DNA studied in different ex vivo and in vivo rat models simulating the human gut situation[J]. Food and Chemical Toxicology, 2004, 42(3):493-502.

[125] Annadotter H, Cronberg G, Nystrand R, et al. Endotoxins from cyanobacteria and gram-negative bacteria as the cause of an acute influenza-like reaction after inhalation of aerosols[J]. Ecohealth, 2005,2:209-221.

[126] Anne O, Silvia H, Trinh V D. Influence of seasons and sampling strategy on assessment of bioaerosols in sewage treatment plants in Switzerland[J]. Annals of Occupational Hygiene,2005,49:393-400.

[127] Bamburg J R, Riggs N V, Strong F M. The structures of toxins from two strains of Fusarium tricinctum[J]. Tetrahedron, 1968, 24(8):3329-3336.

[128] Besnard V, Federighi M, Declerq E, et al. Environmental and physico-chemical factors induce VBNC state in *Listeria monocytogenes*[J]. Veterinary Research,2002,33(4):359-370.

[129] Binding N, Jaschinski S, Werlich S, et al. Quantification of bacterial lipopolysaccharides (endotoxin) by GC–MS determination of 3-hydroxy fatty acids[J]. Journal of Environmental Monitoring,2004,6:65-70.

[130] Boulos L, Prévost M, Barbeau B, et al. LIVE/DEAD BacLight: application of a new rapid staining method for direct enumeration of viable and total bacteria in drinking water[J]. Journal of Microbiological Methods,

1999, 37(1):77-86.

[131] Brebu M, Vasile C. Thermal degradation of lignin-A Review[J]. Cellulose Chemistry and Technology,2010,44(9):353-363.

[132] Broitman S A, Gottlieb L S, Zamcheck N. Influence of neomycin and ingested endotoxin in the pathogenesis of choline deficiency cirrhosis in the adult rat[J]. Journal of Experimental Medicine,1964, 119:633-642.

[133] Burgos J M, Ellington B A, Varela M F. Presence of Multidrug-Resistant Enteric Bacteria in Dairy Farm Topsoil[J]. Journal of Dairy Science, 2005, 88(4):1391-1398.

[134] Campagna S R, Gooding J R, May A L. Direct quantitation of the quorum sensing signal, autoinducer-2, in clinically relevant samples by liquid chromatography-tandem mass spectrometry[J]. Analytical Chemistry, 2009, 81(15):6374-6381.

[135] Carlos V M, Bortoli S, Pinto E, et al. Cyanobacteria and cyanotoxin in the Billings reservoir (Sao Paulo, SP, Brazil) [J]. Limnetica,2009,28(28):273-282.

[136] Chen B W, Liang X M, Huang X P, et al. Differentiating anthropogenic impacts on ARGs in the Pearl River Estuary by using suitable gene indicators[J]. Water Research,2013,47(8):2811-2820.

[137] Chen J, Xie P. Tissue distributions and seasonal dynamics of the hepatotoxic microcystins-LR and -RR in two freshwater shrimps, Palaemon modestus and Macrobrachium nipponensis, from a large shallow, eutrophic lake of the subtropical China[J].Toxicon,2005,45(5):615-625.

[138] Chen W, Jia Y L, Li E H, et al. Soil-based treatments of mechanically collected cyanobacterial blooms from Lake Taihu: Efficiencies and potential risks[J]. Environmental Science and Technology,2012, 46(11):13370-13376.

[139] Christoph H, Stefan G, Manuel G, et al. Investigations on sediment toxicity of German rivers applying a standardized bioassay battery[J]. Pubmed,2015,22(21):16358-16370.

[140] Cooke M D. Antibiotic resistance among coliform and fecal coliform bacteria isolated from sewage, seawater, and marine shellfish[J]. Antimicrobial Agents and Chemotherapy, 1976,9(6):879-884.

[141] Coutard F, Lozach S, Pommepuy M, et al. Real-time reverse transcription-PCR for transcriptional expression analysis of virulence and housekeeping genes in viable but nonculturable *Vibrio parahaemolyticus* after recovery of culturability[J]. Applied and Environmental Microbiology, 2007, 73(16):5183-5189.

[142] Crawford R L, Olson P P. Microbial catabolism of vanillate: decarboxylation to guaiacol[J]. Applied and Environmental Microbiology,1978,36(4):539-554.

[143] Creely S J, McTernan P G, Kusminski C M, et al. Lipopolysaccharide activates an innate immune system response in human adipose tissue in obesity and type 2 diabetes[J]. American Journal of

Physiology Endocrinology and Metabolism, 2007, 292: 740-747.

[144] Douwes J, Mannetje A, Heederik D. Work-related symptoms in sewage treatment workers[J]. Annals of Agricultural and Environmental Medicine,2001,8:39-45.

[145] Erridge C, Bennettguerrero E, Poxton I R. Structure and function of lipopolysaccharides[J]. Microbes and Infection, 2002, 4:837-851.

[146] Evans T M, Schillinge J E, Stuart D G. Rapid determination of bacteriological water quality by using limulus lysate[J]. Applied and Environmental Microbiology, 1978,35:376-382.

[147] Faix O, Fortmann I, Bremer J, et al. Thermal degradation products of wood[J]. Holz als ROH-und Werkstoff,1990,48(7-8):351-354.

[148] Fiddler W, Parker W E, Wasserman A E, et al. Thermal decomposition of ferulic acid[J]. Journal of Agricultural and Food Chemistry,1967,15(5):757-761.

[149] Francisco D E, Mah R A, Rabin A C. Acridine orange-epifluorescence technique for counting bacteria in natural waters[J]. Transactions of the American Microscopical Society,1973,92(3):416-421.

[150] Fuqua W C, Winans S C, Greenberg E P. Quorum sensing in bacteria: the LuxR-LuxI family of cell density-responsive transcriptional regulators[J]. Journal of bacteriology,1994,176(2):269-275.

[151] Gao P P, Mao D Q, Luo Y, et al. Occurrence of sulfonamide and tetracycline-resistant bacteria and resistance genes in aquaculture environment[J]. Water Research,2012,46(7):2355-2364.

[152] Gehr R, Uribe S P, Baptista I F D S, et al. Concentrations of endotoxins in waters around the island of Montreal, and treatment options[J]. Water Quality Research Journal of Canada,2008,43:291-303.

[153] Gerber N N, Lechevalier H A G. An earthly-smelling substance isolated from actinomycetes[J]. Applied Microbiology,1965,13(6):935-938.

[154] Gibbs S G, Green C F, Patrick M T, et al. Airborne Antibiotic Resistant and Nonresistant Bacteria and Fungi Recovered from Two Swine Herd Confined Animal Feeding Operations[J]. Journal of Occupational and Environmental Hygiene, 2004, 1(11):699-706.

[155] Gitte S, Yvonne A, Bent H, et al. Bacterial antibiotic resistance levels in Danish farmland as a result of treatment with pig manure slurry[J]. Environment International,2003,28(7):587-595.

[156] Graham J L, Loftin K A, Meyer M T, et al. Cyanotoxin mixtures and taste-and-odor compounds in cyanobacterial blooms from the midwestern United States[J]. Environmental Science Technology,2010,44 (19):7361-7368.

[157] Guizani M, Dhahbi M, Funamizu N. Survey on LPS endotoxin in rejected water from sludge treatment facility[J]. Journal of Environmental Monitoring,2009,11: 1935-1941.

[158] Guizani M, Kato H, Funamizu N. Assessing the removal potential of soil-aquifer treatment system (soil column) for endotoxin[J]. Journal of Environmental Monitoring, 2011,13:1716-1722.

[159] Guo X P, Li J, Yang F, et al. Prevalence of sulfonamide and tetracycline resistance genes in drinking water treatment plants in the Yangtze River Delta, China[J]. Science of the Total Environment,2014,493:626-631.

[160] Handelsmen J, Rondon M R, Brady S F, et al. Molecular biological access to the chemistry of unknown soil microbes: a new frontier for natural products[J]. Chemistry & Biology,1998,5(10):245-249.

[161] Harshad L, Diby P, Hyang K J. Isolation and molecular characterization of biofouling bacteria and profiling of quorum sensing signal molecules from membrane bioreactor activated sludge[J]. International Journal of Molecular Sciences,2014,15(2):2255-2273.

[162] Hayes J R, English L L, Carter P J, et al. Prevalence and antimicrobial resistance of enterococcus species isolated from retail meats[J]. Applied and Environmental Microbiology,2003,69(12):7153-7160.

[163] Hendrickx L, Hausner M, Wuertz S, et al. Natural genetic transformation in mono culture Acinetobactersp.strainBD413 biofilms[J]. Appl Environ Microbiol, 2003, 69 (3):1721-1727.

[164] Henne K, Kahlisch L, Brettar I, et al. Analysis of structure and composition of bacterial core communities in mature drinking water biofilms and bulk water of a citywide network in Germany [J]. Applied and Environmental Microbiology,2012,78:3530-3538.

[165] Henne K, Kahlisch L, Hofle M G, et al. Seasonal dynamics of bacterial community structure and composition in cold and hot drinking water derived from surface water reservoirs[J]. Water Research,2013,47:5614-5630.

[166] Hindman S H, Favero M S, Carson L A, et al. Pyrogenic reactions during haemodialysis caused by extramural endotoxin[J]. Lancet,1975(2):732-734.

[167] Hisashi S, Satoshi O, Yuki Y, et al. Evaluation of the impact of bioaugmentation and biostimulation by in situ hybridization and microelectrode[J]. Water Research, 2003, 37(9):2206-2216.

[168] Hobbie J E, Daley R J, Jasper S. Use of nuclepore filters for counting bacteria by fluorescence microscopy[J]. Applied and Environmental Microbiology,1977,33(5):1225-1228.

[169] Homma R, Takada Y, Karube I, et al. Application of a novel apparatus, the quartz chemical analyzer, to the determination of endotoxin in blood[J]. Analytical Biochemistry, 1992,204(2):398.

[170] Jancula D, Strakova L, Sadílek J, et al. Survey of cyanobacterial toxins in Czech water reservoirs--the first observation of neurotoxic saxitoxins[J]. Environmental Science Pollution Research, 2014, 21(13): 8006-8015.

[171] Jia A, Escher B I, Leusch F D L, et al. In vitro bioassays to evaluate complex chemical mixtures in recycled water[J]. Water Research, 2015, 80:1-11.

[172] Jiang L, Hu X L, Xu T, et al. Prevalence of antibiotic resistance genes and their relationship with antibiotics in the Huangpu River and the drinking water sources, Shanghai, China[J]. Science of the

Total Environment,2013,458-460:267-272.

[173] Jorgensen J H, Lee J C, Alexander G A, et al. Comparison of Limulus assay, standard plate count, and total coliform count for microbiological assessment of renovated wastewater[J]. Applied and Environmental Microbiology,1979,37:928-931.

[174] Karen G P, Yvette S F. The Use of DAPI for Identifying and Counting Aquatic Microflora[J]. Limnology and Oceanography,1980,25(5):943-948.

[175] Kazuhiro K, Ushio S, Nobuo T. A tentative direct microscopic method for counting living marine bacteria[J]. Canadian Journal of Microbiology, 1979, 25(3):415-420.

[176] Ke J L, Wen H H, Qian H, et al. Ecological restoration of reclaimed wastewater lakes using submerged plants and zooplankton[J]. Water and Environment Journal,2014,28(3):323-328.

[177] Kim J H, Choi D C, Yeon K M, et al. Enzyme-immobilized nanofiltration membrane to mitigate biofouling based on quorum quenching[J]. Environmental Science & Technology, 2011, 45(4): 1601-1607.

[178] Kim S R, Oh H S, Jo S J, et al. Biofouling control with bead-entrapped quorum quenching bacteria in membrane bioreactors: physical and biological effects[J]. Environmental Science & Technology, 2013, 47(2): 836-842.

[179] Korsholm E, Søgaard H. An evaluation of direct microscopical counts and endotoxin measurements as alternatives for total plate counts[J]. Water Research, 1988,22:783-788.

[180] Korsholm E, Søgaard H. Comparison of endotoxin (LPS) measurements and plate counts for bacteriological assessment of drinking water[J]. Zentralbl Bakteriol Mikrobiol Hyg B,1987, 185: 121-130.

[181] Lee D H, Zo Y G, Kim S J. Nonradioactive method to study genetic profiles of natural bacterial communities by PCR-single-strand-conformation polymorphism[J]. Applied and Environmental Microbiology, 1996,62:3112-3120.

[182] Li K J, He W H, Hu Q, et al. Ecological restoration of reclaimed wastewater lakes using submerged plants and zooplankton[J]. Water and Environment Journal,2014,28(3):323-328.

[183] Limbut W, Martin H, Thavarungkul P, et al. Capacitive biosensor for detection of endotoxin[J]. Analytical and Bioanalytical Chemistry, 2007, 389:517-525.

[184] Liu W T, Marsh T L, Cheng H, et al. Characterization of microbial diversity by determining terminal restriction fragment length polymorphisms of genes encoding 16S rRNA[J]. Applied and Environmental Microbiology, 1997, 63(11):4516-4522.

[185] Looft T, Johnson T A, Allen H K, et al. In-feed antibiotic effects on the swine intestinal microbiome[J]. Proceedings of the National Acade my of Sciences of the USA, 2012,109(5):1961-1966.

[186] Lowder M, Unge A, Maraha N, et al. Effect of starvation and the viable-but-nonculturable state on green fluorescent protein (GFP) fluorescence in GFP-tagged *Pseudomonas fluorescens A506*[J]. Applied and Environmental Microbiology, 2000, 66(8):3160-3165.

[187] Luo Y, Mao D Q, Michal R, et al. Trends in antibiotic resistance genes occurrence in the Haihe River, China[J]. Environmental science & Technology,2010,44(19):7220-7225.

[188] Luzio N R D, Friedmann T J. Bacterial endotoxins in the environment[J]. Nature,1973,244:49-51.

[189] Mageroy M H, Tieman D M, Floystad A, et al. A Solanum lycopersicum catechol-O-methyltransferase involved in synthesis of the flavor molecule guaiacol[J]. Plant Journal, 2012, 69(6):1043-1051.

[190] Magãlhaes V F D, Soares R M, Azevedo S M F O. Microcystin contamination in fish from the Jacarepaguá Lagoon (Rio de Janeiro, Brazil): ecological implication and human health risk[J].Toxicon,2001,39(7):1077-1085.

[191] Man H D, Heederik D D J, Leenen E J T M, et al. Human exposure to endotoxins and fecal indicators originating from water features[J]. Water Research,2014,51: 198-205.

[192] Meyer-Reil L A. Seasonal and spatial distribution of extracellular enzymatic activities and microbial incorporation of dissolved organic substrates in marine sediments[J]. Applied and Environmental Microbiology,1987,53(8):1748-1755.

[193] Michael W, Gabriele R, Hans-Peter K, et al. In situ analysis of nitrifying bacteria in sewage treatment plants[J]. Water Science and Technology, 1996, 34(1-2):237-244.

[194] Mitsoura A. The presence of microcystins in fish Cyprinus carpio tissues: a histopathological study[J]. Intrnational Aquatic Research,2013,5(1):1-16.

[195] Muramatsu H, Tamiya E, Suzuki M, et al. Viscosity monitoring with a piezoelectric quartz crystal and its application to determination of endotoxin by gelation of limulus amebocyte lysate[J]. Analytica Chimica Acta, 1988,215(1-2):91-98.

[196] Muyzer G, de Waal E C, Uitterlinden A G. Profiling of complex microbial populations by denaturing gradient gel electrophoresis analysis of polymerase chain reaction-amplified genes coding for 16S rRNA[J]. Applied and Environmental Microbiology, 1993, 59(3):695-700.

[197] Na, F, Zhao, L. An opportunistic pathogen isolated from the gut of an obese human causes obesity in germfree mice[J]. ISME Journal, 2013,7:880-884.

[198] Nadine C, Tom B, Serena C, et al. Increased levels of multiresistant bacteria and resistance genes after wastewater treatment and their dissemination into lake Geneva, Switzerland[J]. Frontiers in microbiology,2012,3:106.

[199] Nwadiuto E, Lisa A, Joseph I. Antibiotic resistance in soil and water environments[J]. International Journal of Environmental Health Research,2002,12(2):133-144.

[200] Ohkouchi Y, Ishikawa S, Takahashi K, et al. Factors associated with endotoxin fluctuation in aquatic environment and characterization of endotoxin removal in water treatment process[J]. Environmental Engineering Research,2011,44: 247-254.

[201] O'Toole J, Sinclair M, Jeavons T, et al. Alternative water sources and endotoxin[J]. Water Science and Technology,2008,58:603-607.

[202] Pan Y, Breidt F. Enumeration of Viable Listeria monocytogenes Cells by Real-Time PCR with Propidium Monoazide & Ethidium Monoazide in the Presence of Dead Cells[J]. Applied and Environmental Microbiology,2007, 73(24): 8028-8031.

[203] Parsek M R, Greenberg E P. Sociomicrobiology: the connections between quorum sensing and biofilms[J]. Trends in microbiology,2005,13(1):27-33.

[204] Pei R T, Kim S, Carlson K H, et al. Effect of River Landscape on the sediment concentrations of antibiotics and corresponding antibiotic resistance genes (ARG)[J]. Water Research, 2006, 40(12):2427-2435.

[205] Pruden A, Pei R T, Storteboom H, et al. Antibiotic resistance genes as emerging contaminants: studies in northern Colorado[J]. Environmental Science & Technology,2006,40(23):7445-7450.

[206] Rapala J, Lahti K, Räsänen L A, et al. Endotoxins associated with cyanobacteria and their removal during drinking water treatment[J]. Water Research,2002,36: 2627-2635.

[207] Rita D P, Valeria V, Silvia B M, et al. Microcystin contamination in sea mussel farms from the Italian southern adriatic coast following cyanobacterial blooms in an artificial reservoir[J]. Journal of Ecosystems,2014(11):536-547.

[208] Romo S, Fernandez F, Ouahid Y, et al. Assessment of microcystins in lake water and fish (Mugilidae, Liza, sp.) in the largest Spanish coastal lake[J]. Environmental Monitoring and Assessment, 2012, 184(2): 939-949.

[209] Rylander R. Endotoxin in the environment exposure and effects[J]. Journal of Endotoxin Research,2002,8(4):241-252.

[210] Sakti S P, Lucklum R, Hauptmann P, et al. Disposable TSM-biosensor based on viscosity changes of the contacting medium[J]. Biosensors & Bioelectronics, 2001, 16(9-12): 1101-1108.

[211] Sapkota A R, Ojo K K, Roberts M C, et al. Antibiotic resistance genes in multidrug‐resistant Enterococcus spp. and Streptococcus spp. recovered from the indoor air of a large‐scale swine‐feeding operation[J]. Letters in Appliecl Microbiology, 2010, 43(5):534-540.

[212] Schuster M, Greenberg E P. A network of networks: Quorum-sensing gene regulation in Pseudomonas aeruginosa[J]. International Journal of Medical Microbiology,2006,296(2):73-81.

[213] Semyalo R, Rohrlack T, Naggawa C, et al. Microcystin concentrations in Nile tilapia (Oreochromis

niloticus) caught from Murchison Bay, Lake Victoria and Lake Mburo: Uganda[J]. Hydrobiologia, 2010,638(1):235-244.

[214] Shrout J D, Chopp D L, Just C L, et al. The impact of quorum sensing and swarming motility on Pseudomonas aeruginosa biofilm formation is nutritionally conditional[J]. Molecular Microbiology, 2006,62(5):1264-1277.

[215] Singh S, Asthana R K. Assessment of microcystin concentration in carp and catfish: A case study from Lakshmikund pond, Varanasi, India[J]. Bulletin of Environmental Contamination and Toxicology, 2014,92(6):687-692.

[216] Sivonen K. Effects of light, temperature, nitrate, orthophosphate, and bacteria on growth of and hepatotoxin production by Oscillatoria agardhii strains[J]. Applied and Environmental Microbiology,1990,56(9):2658-2666.

[217] Snella M C, Rylander R. Endotoxins: a neglected environmental factor[J]. Sozial-und Praventivmedizin, 1977,22:137-138.

[218] Stoll C, Sidhu J P S, Tiehm A, et al. Prevalence of clinically relevant antibiotic resistance genes in surface water samples collected from Germany and Australia[J]. Environmental Science & Technology,2012,46(17):9716-9726.

[219] Swift S, Karlyshev A V, Fish L, et al. Quorum sensing in Aeromonas hydrophila and Aeromonas salmonicida: identification of the LuxRI homologs AhyRI and AsaRI and their cognate N-acylhomoserine lactone signal molecules[J]. Journal of bacteriology,1997,179(17):5271-5281.

[220] Suffet I H, Djanette K, Auguste B. The drinking water taste and odor wheel for the millennium: Beyond geosmin and 2-methylisoborneol[J]. Water Scionce & Technology, 1999,40(6):1-13.

[221] Thorn J. The inflammatory response in humans after inhalation of bacterial endotoxin: a review[J]. Inflammation Research,2001,50 (5): 254-261.

[222] Tigini V, Giansanti P, Mangiavillano A, et al. Evaluation of toxicity, genotoxicity and environmental risk of simulated textile and tannery wastewaters with a battery of biotests[J]. Ecotoxicology & Environmental Safety,2011,74(4):866-873.

[223] Trainer V L, Hardy F J. Integrative monitoring of marine and freshwater harmful algae in Washington State for public health protection[J]. Toxins, 2015,7(4):1206-1234.

[224] Valster R M, Wullings B A, Bakker G, et al. Free-living protozoa in two unchlorinated drinking water supplies, identified by phylogenic analysis of 18S rRNA gene sequences[J]. Applied and Environmental Microbiology, 2009, 75(14):4736-4746.

[225] Watanabe M F, Oishi S. Effects of environmental factors on toxicity of a cyanobacterium (Microcystis aeruginosa) under culture conditions[J]. Applied and Environmental Microbiology,1985,49(5):1342-1344.

[226]　Wei D B, Tan Z W, Du Y G. Toxicity-based assessment of the treatment performance of wastewater treatment and reclamation processes[J]. Pubmed,2012,24(6):969-978.

[227]　Wu N, Qiao M, Zhang B, et al. Abundance and diversity of tetracycline resistance genes in soils adjacent to representative swine feedlots in China[J]. Pubmed,2010,44(18):6933-6939.

[228]　Xi C W, Zhang Y L, Marrs C F, et al. Prevalence of antibiotic resistance in drinking water treatment and distribution systems[J]. Applied and environmental microbiology,2009,75(17):5714-5718.

[229]　Xu H J, Liu Y. Control of microbial attachment by inhibition of ATP and ATP-mediated autoinducer-2[J]. Biotechnology and Bioengineering,2010,107(1):31-36.

[230]　Xu L K, Ouyang W Y, Qian Y Y, et al. High-throughput profiling of antibiotic resistance genes in drinking water treatment plants and distribution systems[J]. Environmental Pollution,2016,213:119-126.

[231]　Xu H S, Roberts N, Singleton F L, et al. Survival and viability of nonculturable *Escherichiacoli* and *Vibriocholerae* in the estuarine and marine-environment[J]. Microbial Ecology,1982,8(4):313- 323.

[232]　Yeon K M, Cheong W S, Oh H S, et al. Quorum sensing: a new biofouling control paradigm in a membrane bioreactor for advanced wastewater treatment[J]. Environmental Science & Technology, 2009, 43(2):380-385.

[233]　Yu L S L, Reed S A, Golden MH. Time-resolved fluorescence immunoassay (TRFIA) for the detection of *Escherichia coli* O157:H7 in apple cider[J]. Journal of Microbiological Methods,2002, 49 (1) :63-68.

[234]　Yvonne A, Morten S B, Inger D, et al. The tetracycline resistance gene tet (E) is frequently occurring and present on large horizontally transferable plasmids in *Aeromonas* spp. from fish farms[J]. Aquaculture, 2007, 266(1):47-52.

[235]　Zhang C, Tian F, Zhang M, et al. Endotoxin contamination, a potentially important inflammation factor in water and wastewater: A review[J]. The Science of The Total Environment,2019,681:365-378.

[236]　Zhang M L, Wang L, Xu M Y, et al. Selective antibiotic resistance genes in multiphase samples during biofilm growth in a simulated drinking water distribution system: Occurrence, correlation and low-pressure ultraviolet removal[J]. The Science of The Total Environment,2019, 649:146-155.

[237]　Zhang X X, Wu B, Zhang Y, et al. Class 1 integronase gene and tetracycline resistance genes tet A and tet C in different water environments of Jiangsu Province, China[J]. Ecotoxicology, 2009, 18(6): 652-660.

[238]　Zhang Y, Shao Y, Gao N, et al. Removal of microcystin-LR by free chlorine: identify of transformation products and disinfection by-products formation[J]. Chemical Engineering Journal, 2016, 287(1): 189-195.

[239]　Zhu J, Chai Y R, Zhong Z T, et al. Agrobacterium bioassay strain for ultrasensitive detection of N-acylhomoserine lactone-type quorum-sensing molecules: detection of autoinducers in *Mesorhizobium huakuii*[J]. Applied and environmental microbiology,2003,69(11):6949-6953.